本教材第4版曾获首届全国教材建设奖全国优秀教材二等奖

"十二五"职业教育国家规划教材

"十三五"职业教育国家规划教材配套教学用书

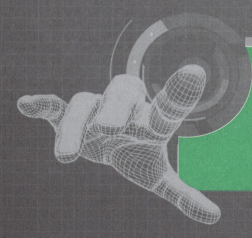

计算机应用基础实训
（Windows 10+Office 2016）
（第5版）

主编 王津

高等教育出版社·北京

内容提要

本教材第 4 版曾获首届全国教材建设奖全国优秀教材二等奖。本教材为"十三五"职业教育国家规划教材《计算机应用基础数字课程》的配套教学用书，同时为"十二五"职业教育国家规划教材。本书严格遵从教育部"高等职业教育专科信息技术课程标准（2021 年版）"基础模块的教学要求，以当今流行的 Windows 10 和 Office 2016 为平台，教学内容覆盖了全国计算机等级考试一级计算机基础及 MS Office 应用考试大纲（2021 年版）。

本教材是新形态一体化教材，是王津主编的《计算机应用基础（Windows 10+Office 2016）》（第 5 版）的配套教材，教材内容分为实验篇、实训篇和测试篇，全书将各知识点与操作技能恰当地融入各个任务中。实验篇根据教学内容安排了 20 个丰富多彩的上机实验；实训篇以 40 个实训项目为基础，按提出问题、分析项目、解决问题的思路，全面讲解相关软件各项功能的用法；测试篇精选了大量的基础知识测试题，供学生进行自我测试，以巩固所学知识。

与本书配套的数字课程在"智慧职教"（http://www.icve.com.cn）平台上线，学习者可以访问"智慧职教 MOOC 学院"（www.icve.com.cn），搜索"计算机应用基础"，点击"加入课程"，即可进行在线开放课程的学习。教师也可发邮件至编辑邮箱 1548103297@qq.com 索取相关资源。

本书可作为高等职业院校信息技术公共课程或计算机公共基础课程的实训教材，也可作为全国计算机等级考试一级计算机基础及 MS Office 应用考试培训、计算机从业人员和爱好者的上机实训教材。

图书在版编目（CIP）数据

计算机应用基础实训：Windows 10+Office 2016 /
王津主编 . --5 版 . --北京：高等教育出版社，2021.4（2022.11重印）
ISBN 978-7-04-055879-1

Ⅰ. ①计⋯ Ⅱ. ①王⋯ Ⅲ. ①Windows 操作系统-高等职业教育-教材②办公自动化-应用软件-高等职业教育-教材 Ⅳ. ①TP316.7②TP317.1

中国版本图书馆 CIP 数据核字（2021）第 044676 号

Jisuanji Yingyong Jichu Shixun（Windows 10+Office 2016）

| 策划编辑 | 侯昀佳 | 责任编辑 | 侯昀佳 | 封面设计 | 赵 阳 | 版式设计 | 王艳红 |
| 插图绘制 | 于 博 | 责任校对 | 马鑫蕊 | 责任印制 | 赵 振 | | |

出版发行	高等教育出版社	网　　址	http://www.hep.edu.cn
社　　址	北京市西城区德外大街 4 号		http://www.hep.com.cn
邮政编码	100120	网上订购	http://www.hepmall.com.cn
印　　刷	高教社（天津）印务有限公司		http://www.hepmall.com
开　　本	889 mm×1194 mm　1/16		http://www.hepmall.cn
印　　张	15.5	版　　次	2008 年 8 月第 1 版
字　　数	430 千字		2022 年 4 月第 5 版
购书热线	010-58581118	印　　次	2022 年 11 月第 2 次印刷
咨询电话	400-810-0598	定　　价	32.00 元

本书如有缺页、倒页、脱页等质量问题，请到所购图书销售部门联系调换
版权所有　侵权必究
物 料 号　55879-00

ⅲ 智慧职教服务指南

　　本书是基于"智慧职教"开发和应用的新形态一体化教材，素材丰富、资源完整。它可以促进教师在备课中不断创新，让学生享受学习过程。它通过线上线下的资源实现了教学内容和教学方法的融合、创新与互补，意图打造能够优化教学流程、提高教学效果的"智慧课堂"。

　　"智慧职教"是由高等教育出版社建设和运营的"职业教育数字教学资源共建共享平台"和"在线教学服务平台"构成的，包括职业教育数字化学习中心（www.icve.com.cn）、MOOC 学院（mooc.icve.com.cn）、职教云 2.0（zjy2.icve.com.cn）和云课堂（APP）四个组件。其中：

　　● 职业教育数字化学习中心为学习者提供了包括"职业教育专业教学资源库"项目建设成果在内的优质的数字化教学资源。

　　● MOOC 学院为学习者提供了大规模在线开放课程的展示学习。

　　● 职教云实现了学习中心资源的共享，可构建适合学校和班级的小规模专属在线课程（SPOC）教学平台。

　　● 云课堂是对职教云的教学应用，可用于开展混合式教学，是一种以课堂互动性、参与感为重点的，贯穿课前、课中、课后的移动学习 APP 工具。

　　"智慧课堂"具体实现路径如下：

　　1. 基本教学资源的便捷获取及 MOOC 课程的在线学习

　　职业教育数字化学习中心为教师提供了丰富的数字化课程教学资源，包括与本书配套的电子课件（PPT）、微课、动画、教学案例、实验视频、习题及答案等。未在 www.icve.com.cn 网站注册的用户，请先注册。用户登录后，在首页或"课程"频道搜索本书对应课程"计算机应用基础"，即可进入课程进行教学资源下载。注册用户同时可登录"智慧职教 MOOC 学院"（http://mooc.icve.com.cn/），搜索"计算机应用基础"，点击"加入课程"，即可进行与本书配套的在线开放课程的学习。

　　2. 个性化 SPOC 的重构

　　教师若想开通职教云 SPOC 空间，可将院校名称、姓名、院系、手机号码、课程信息、书号等发至1548103297@qq.com（邮件标题格式：课程名+学校+姓名+SPOC 申请），审核通过后，即可开通专属云空间。教师可根据本校的教学需求，基于示范课程进行个性化改造，快捷构建自己的 SPOC，也可利用资源库资源和自有资源新建课程。

　　3. 云课堂 APP 的移动应用

　　云课堂 APP 无缝对接职教云，是"互联网+"时代的课堂互动教学工具，支持无线投屏、手势签到、随堂测验、课堂提问、讨论答疑、头脑风暴、电子白板和课业分享等，帮助激活课堂，教学相长。

‖ 第 5 版前言

《计算机应用基础（Windows 10+Office 2016）（第 5 版）》及《计算机应用基础实训（Windows 10+Office 2016）（第 5 版）》为"十三五"职业教育国家规划教材《计算机应用基础数字课程》的配套教学用书，同时为"十二五"职业教育国家规划教材。本套教材第 4 版曾获首届全国教材建设奖全国优秀教材二等奖。

《计算机应用基础》及《计算机应用基础实训》于 2008 年 8 月正式出版，2011 年 8 月修订出版了第 2 版，2014 年 8 月修订出版了第 3 版，2017 年 9 月修订出版了第 4 版，从第 1 版算起距今已使用了十余年的时间。在此期间，已重新印刷数十次，得到了国内众多高职院校教师和学生的喜爱。

一、修订缘起

根据教育部"高等职业教育专科信息技术课程标准（2021 年版）"要求，高等职业教育专科信息技术课程教学内容由基础模块和拓展模块两部分构成，其中基础模块是必修或限定选修内容，是高等职业教育专科学生提升其信息素养的基础。基础模块的教学内容是国家信息化发展战略对人才培养的基本要求，是高等职业教育专科人才培养目标在信息技术领域的反映。

本书严格遵从教育部"高等职业教育专科信息技术课程标准（2021 年版）"基础模块的教学要求，在第 4 版的基础上，总结国家"双高计划"高职院校"计算机应用基础"MOOC 课程建设与应用教学改革经验，修订编写了《计算机应用基础（Windows 10+Office 2016）（第 5 版）》及《计算机应用基础实训（Windows 10+Office 2016）（第 5 版）》。

二、教材结构

本书是与《计算机应用基础（Windows 10+Office 2016）（第 5 版）》配套的辅助教材。教材编写严格落实课程思政要求并突出职业教育特点，教材设计与高等职业教育专科的教学组织形式及教学方法相适应，整个课程教学内容的学习路径分为：信息意识和计算思维的培养、主要 OA 软件应用能力的培养、数字化创新与发展能力的培养、信息社会价值观和责任感的培养 4 个阶段。

本书以当今流行的 Windows 10 和 Office 2016 为平台，从学生能力训练的角度将教学内容分成了三个部分：实验篇、实训篇和测试篇。各教学单元与内容的结构见表 1。

表 1　教学单元及内容

序号	单元名称	表现形式与内涵
1	实验篇	按照软件的功能分类，安排了 20 个实验。每个实验配有相关实验的原文和样文及要求
2	实训篇	将知识点与实训项目紧密结合，针对各个应用软件精心制作了 40 个实训项目
3	测试篇	综合了每一章的要点，以基础知识测试题的形式，设计了 21 套测试题，以作为对理论知识和基本操作能力的考查

三、教材特点

特点 1：教师的好帮手，学生的好老师

本书配合主教材各章内容，按照软件的功能分类，设计了 20 个实验项目和 40 个实训项目。每个实验项目和实训项目都配有相关的原文、样文及要求，使学生可以做到有的放矢，改变学生在上机时由于缺少操作对象而收效欠佳的状况。本书在学生可能有困难的地方给予了一定的提示，尽量做到既让学生不依赖于书本，又能充分发挥其主观能动性。

特点 2：精心设计，教学内容与数字化资源有机结合

　　本书将教学内容与数字化教学资源有机结合在一起，形成完整的数字课程。数字化资源包含三个大方面的内容：第一，课程本身的基本信息，包括课程简介、课程标准、授课计划、电子教案、线上教学电子教案、电子课件、考核方式等；第二，教学内容中的知识点和技能点的微课视频教学资源，既方便课内教学，又方便学生课外预习与复习；第三，课程案例资源，这包含课程案例素材和实训教学案例素材、相关综合练习、素材资源等。

　　本书内容满足课堂教学的需要，而数字化资源为学生课外自主探究学习提供了一个良好的平台，课堂平台与智慧职教平台结合，提高了教学效果与学习效果。

四、教材使用

1. 教学内容学时安排

　　本书建议授课（线下）58 学时+自学（线上）20 学时，可根据实际情况决定是否进行混合式教学。教学单元与学时安排见表 2。

表 2　教学单元与学时安排

序　　号	单元名称	授课（线下）学时安排	自学（线上）学时
1	信息技术基础知识	6	1
2	Windows 10 的使用	6	2
3	Word 2016 的使用	16	5
4	Excel 2016 的使用	12	5
5	PowerPoint 2016 的使用	10	4
6	Internet 与信息检索	2	1
7	新一代信息技术	4	1
8	信息素养与社会责任	2	1

2. 课程资源一览表

　　本书是新形态一体化教材，开发了丰富的数字化教学资源。可使用的教学资源见表 3 和表 4。

表 3　课程教学资源一览表（主教材）

序号	资源名称	数量	表现形式与内涵
1	授课计划	1 个	Word 文档，包含课序、章节内容、重点与难点、课外安排、课时安排，让学习者知道如何使用资源完成学习
2	电子教案	28 个	Word 文档，分 2 课时给出课程教案，帮助教师完成一堂课的教学细节分析，有助于教学实施
3	线上教学电子教案	10 个	Word 文档，包括线上课程教学设计思路，线上课程的具体目标要求以及分 2 课时课程内容设计和能力训练设计，同时给出考核方案设计，让教师更好地进行线上教学活动设计，有助于混合式教学实施
4	电子课件	8 个单元	PPT 文件，采用 PowerPoint 2016 版，可供教师根据具体实际需要加以修改后使用
5	微课视频	349 个	MP4 文件，包含"综合案例、操作实例、举一反三"三种微课，提供给学习者更加直观的学习方式，有助于学习知识
6	案例素材	12 个	主教材中 12 个教学案例所用的原文、样文、图片等
7	综合练习	8 个	Word 文档，包括 8 个课程单元的理论题和项目实训题，可供教师根据具体实际需要加以修改后使用

表 4 课程教学资源一览表（实训教材）

序号	资源名称	数量	表现形式与内涵
1	案例素材	35 个	实训教材中实训篇所包含的 35 个实训项目所用的原文、样文、图片、音频文件等
2	微课视频	54 个	MP4 文件，提供给学习者更加直观的学习方式，有助于学习知识

3. 混合式教学

与本书配套的数字课程在"智慧职教"（http://www.icve.com.cn）平台上线，学习者可以登录网站进行学习，也可以通过扫描书中的二维码观看教学视频，详见"智慧职教服务指南"。

使用本书的教师也可以使用本数字课程所提供的教学资源搭建自己的慕课开展教学。

4. 实训教学

本书按照"营造应用环境—模仿工作现场—进行规范训练—解决实际问题"为主体的实践教学要求，进一步优化了 20 个实验和 40 个实训项目，以加强学生实践能力训练。

对老师而言，本书安排好了实训课时和内容，为每次实训课准备好了上机练习方案。对学生而言，本书能有的放矢，上机实训有项目可做。对课后自学者而言，本套书完全按老师的教学安排学习，使自学者仿佛置身于课堂中；书中的"提示""注意""技巧"等特色段落还可以答疑解惑；对于习题的难点，书中都有解答，就像老师在旁边指导。

五、特别致谢

本书由王津担任主编，刘鹏、裴清福、薛美英、李晓艳、张克诚、王传合、宋承继、王洲杰、李龙龙、刘引涛、李莹、张晓、纪恩涛等分别修改了相关内容，刘鹏、王洲杰、纪恩涛制作了相应的数字化教学资源，全书由王津负责修改并统稿。

由于编者水平有限，书中的缺点和疏漏在所难免，恳请各位读者和专家批评指正，以便在再版时得以修正。

编 者

2021 年 11 月

授课计划　　　　案例素材　　　　线上教学电子教案　　　　全书电子课件

获取方法：

方法 1：登录"智慧职教"（http://www.icve.com.cn）网站，详见"智慧职教服务指南"。

方法 2：发送邮件至 1548103297@qq.com。

⫼ 第 1 版前言

2006 年教育部启动了"高等学校教学质量工程",其中"精品课程建设"是高校教学质量工程的主要工作之一。教材建设是精品课程建设的重要组成部分,系列化的优秀教材与精品课程相呼应非常有必要。因此在"计算机应用基础"精品课程建设的基础上,我们及时编写了全新的《计算机应用基础》和配套教材《计算机应用基础实训》。

本套教材是按照基于工作过程导向的课程开发新思路而编写的。《计算机应用基础》采用"问题(任务)驱动"的编写方式,《计算机应用基础实训》采用环境教学法的编写方式。主教材与辅教材二者相辅相成,相得益彰。

《计算机应用基础实训》编写的主导思想是:配合计算机基础课程理论教学、改变教师上课缺少演示实例和学生在上机时由于没有操作对象而收效欠佳的局面,特编写此书。在编写本书时,为了让读者在最短的时间掌握最多的知识,运用了环境教学法。书中大量的应用实例、样文、电脑常识、电脑故事和经验技巧,让读者融入到电脑知识的环境中,充分体验计算机文化的魅力。实际上,在茶余饭后,读者信手翻开它,会像看小说似地、无意识地掌握到很多东西,因此,这本书读者不用"学",不需要"死记硬背",即可在轻松自然中掌握重要知识点。

本书内容分为实验篇、实例篇、测试篇和综合练习解答。

实验篇则配合各章内容,按照操作软件的功能分类,安排了 20 个实验,每个实验配有相关实验的原文和样文及要求,使学生可以做到有的放矢,改变学生在上机时由于没有操作对象而收效欠佳的局面。力求上机操作时以学生主动思考为主,在估计学生有困难的地方给予一定的提示,尽量做到使学生不依赖于书本,发挥其主观能动性。

实训篇采用新颖的模式,将知识与实训项目紧密结合,为了让读者能深入而且熟练地掌握相关软件的应用方法,针对各个应用软件精心制作了 40 个实训项目,通过对各种实训项目的详细讲解,使读者从实训项目的制作过程中体会到各个软件每项功能的使用方法,并自己做出各种实例效果。这样既节省了读者大量时间,同时也使读者有身临其境的感觉,并可以通过反复演练,将所学的知识运用到工作中去。

测试篇综合了每一章的要点,以基础知识测试题的形式,作为对理论知识和基本操作的完善和扩充。基础知识测试题题量大、题型丰富多彩,供学生在学习结束时进行自我测试,这样一方面可以巩固基本知识,另一方面可以对理论和基本操作进行完善和扩充,使学生开阔了眼界,对所学内容有全面、深入的了解,并使学生对所学的知识产生较强的兴趣。

解答篇为主教材的综合练习解答,内容实用,解析准确。

本书所有的教学课件、电子教案、书中实例涉及的所有素材和源文件,读者可以直接从开放的教学网站上(课程网址:http://221.11.70.133/计算机应用/index.asp)调用,以方便教师授课和学生学习。若不能正常下载,请发 E-mail 到 Wangjin1962@163.com 索取。同时为选用教材的教师提供作者精心制作的教学光盘。

本书由王津(陕西工业职业技术学院)担任主编,张敏(西安翻译学院)、文欣(西安外事学院)、董亚谋(陕西邮电职业技术学院)任副主编。实验篇由李庆丰(陕西青年职业学院)、李永峰(西安航空职业技术学院)、方树峰(陕西纺织职业技术学院)编写,实训篇由张敏(西安翻译学院)、李岭(陕西航天职工大学)、文欣(西安外事学院)、董亚谋(陕西邮电职业技术学院)编写,测试篇由杨绿芳（西安科技商贸学院）、向秀丽（铜川职业技术学院）编写，韩银峰（西安航空职业技术学院）、薛国瑞（西安翻译学院）、李彦（西安翻译学院）、杨永刚（西安培华学院）、毛四本（汽车科技学院）参加了本书其余部分的编写工作，全书由王津负责统稿。

由于编写时间仓促，作者水平有限，书中缺点和疏漏在所难免，恳请各位读者和专家批评指正，以便下次再版时得以修正。

编　者
2008 年 4 月

‖目录

测　试　篇

实 验 篇

第 1 部分　计算机基础实验

实验 1　认识计算机和输入法测试

实验目的

（1）熟悉计算机的基本组成和配置。

（2）输入法基本练习。

（3）特殊字符和汉字输入练习。

实验内容

（1）熟悉计算机机房环境及计算机的基本组成和配置

① 结合实物，认识计算机的各个部件，了解主机面板和显示器上各个按钮的作用。将计算机主机面板和显示器上的按钮名称写在相应条目的后面：

主机面板上有_____按钮，显示器上有_____按钮。

② 了解实验所用微型计算机的品牌、档次，将计算机各个部件的相关情况写在相应条目的后面：

CPU 型号及频率：_____；内存容量：_____；光盘驱动器类型：_____；显示器分辨率：_____；硬盘容量：_____；键盘上的按键数：_____；使用的是单机还是网络终端：_____。

（2）掌握启动计算机的方法

将计算机机房内你所使用的计算机的开、关机步骤写在相应条目的后面：

开机步骤：_____；关机步骤：_____。

> **思考**
>
> 为什么有些计算机在关机时，只需要通过菜单命令关闭电源，而有些计算机却必须手动关闭？

（3）输入法测试

启动 Word 2016，输入以下内容，要求在 10 分钟内完成。

- Can he really be typical? He thinks. He has an umbrella, healthy rolled, but no bowler hat; in fact, no hat at all. Of course, he is reading about cricket and he is reserved and not interested in other people.
- ① ② ③ ④ ⑤ ⑥ ⑦ ⑧ ⑨ ⑩　A)　B)　C)　D)　(5)　(6)　(7)　(8)　(9)　(10)
1.　2.　3.　4.　5.　6.　7.　8.　9.　10.　Ⅰ　Ⅱ　Ⅲ　Ⅳ　Ⅴ　Ⅵ　Ⅶ　Ⅷ　Ⅸ　Ⅹ

（4）特殊字符输入练习

启动 Word 2016，输入下列特殊字符。

① 标点符号：　。　，　、　：　……　～　〔　【　《　『

② 数学符号：　≈　≠　≤　∢　∷　±　÷　∫　Σ　∏

③ 特殊符号：　§　№　☆　★　○　●　◎　◇　◆　※

④ Webdings：　℗　‖　⏭　📷　🖻　⛈　⛅　♫　🖎　ⓘ

3

⑤ Wingdings： ✐ ✍ 📖 ✉ 💻 ✎ 🔒 ❹ ⏰ ☑

⑥ 特殊字符： © ® ™ §

提示

①～③通过软键盘输入，④～⑥通过单击"插入"→"符号"→"其他符号"按钮来输入。

（5）汉字输入练习

启动"记事本"程序，输入下述文字。要求正确地输入标点符号、英文和数字。

1946 年 2 月，世界上第一台电子数字计算机 ENIAC（Electronic Numerical Integrator And Calculator）在美国宾夕法尼亚大学问世，它采用电子管作为基本部件，使用了 18 800 只电子管、10 000 只电容器和 7 000 只电阻，每秒可进行 5 000 次加减运算。这台计算机占用面积为 170 平方米，重达 30 吨，耗电 150 千瓦。这种计算机的程序是外加式的，存储容量很小，尚未完全具备现代计算机的主要特征。后来，美籍匈牙利科学家冯·诺依曼提出了存储程序的原理，即由指令和数据组成程序存放在存储器中，程序在运行时，按照其指令的逻辑顺序把指令从存储器中取出并逐条执行，自动完成程序所要求的处理工作。1951 年，冯·诺依曼等人研制成功世界上首台能够存储程序的计算机 EDVAC（Electronic Discrete Variable Automatic Computer），它具有现代计算机的 5 个基本部件：输入设备（Input Device）、运算器（ALU，又称算术逻辑部件）、存储器（Memory）、控制器（Control Unit）、输出设备（Output Device）。

第2部分　操作系统实验

实验2　Windows 的基本操作

实验目的

（1）掌握 Windows 的基本知识。

（2）掌握 Windows 的基本操作。

Windows 的基本
操作

实验内容

1. Windows 10 任务栏和语言栏的设置

① 显示或隐藏桌面上的"此电脑""用户的文件""控制面板"和"网络"。

> **提示**
>
> 　　当 Windows 10 安装好之后，桌面上只出现一个"回收站"图标。在桌面单击鼠标右键，快捷菜单中的"个性化"命令显示或隐藏一些常用的项目，如实验图 2.1 和实验图 2.2（单击实验图 2.1 中左侧的"主题"选项，单击右侧的"相关的设置"下的"桌面图标设置"选项）所示。

实验图 2.1

5

实验图 2.2

② 设置任务栏外观为自动隐藏。

> **提示**
>
> 在任务栏的快捷菜单中选择"任务栏设置"命令,打开如实验图 2.3 所示的任务栏设置窗口,在该窗口中,将"在桌面模式下自动隐藏任务栏"下的开关置于"开"状态,即可实现任务栏自动隐藏。

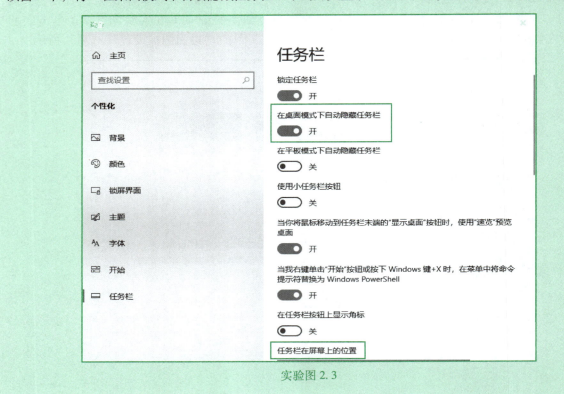

实验图 2.3

③ 移动任务栏。

在任务栏设置窗口中,设置"任务栏在屏幕上的位置"为"顶部",将任务栏移动至桌面顶部。

④ 改变任务栏的显示方式。

默认情况下，"合并任务栏按钮"为"始终合并按钮"状态，此时任务栏显示如实验图 2.4 所示，改变任务栏按钮显示方式为"从不合并"，此时图标显示如实验图 2.5 所示。

实验图 2.4 　　　　　　　　　　　　　　　　　　实验图 2.5

⑤ 将程序锁定到任务栏。

运行 Word 程序，任务栏会显示一个 Word 图标，关闭文档后任务栏上的图标将消失。按住鼠标左键将 Word 文件拖曳到任务栏上即可将 Word 程序锁定到任务栏，如实验图 2.6 所示。关闭 Word 程序后，在任务栏上仍然显示 Word 图标，单击该图标就可以打开 Word 程序。

⑥ 设置"搜狗拼音输入法"为默认输入法。

⑦ 显示或隐藏语言栏。

语言栏如实验图 2.7 所示，可悬浮于桌面上，主要用于设置输入法。

实验图 2.6 　　　　　　　　　　　　　　　　　　实验图 2.7

如果要隐藏语言栏，在"开始"→"设置"→"时间和语言"→"语言"中进行设置，单击"选择始终默认使用的输入法"超链接（实验图 2.8），打开"高级键盘设置"窗口（实验图 2.9），单击

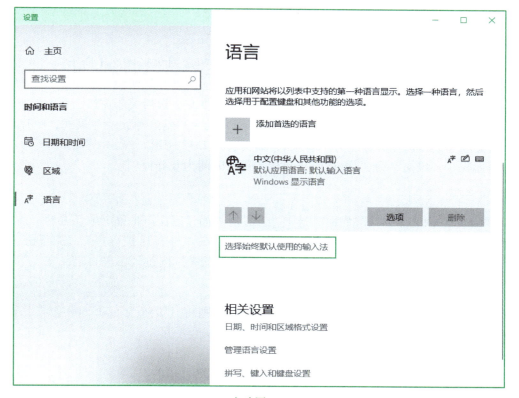

实验图 2.8

"语言栏选项"超链接,在打开的"文本服务和输入语言"对话框中单击"语言栏"选项卡,最后在"语言栏"选项卡(实验图 2.10)中选择"隐藏"选项。

实验图 2.9   实验图 2.10

如果要显示语言栏,同样可以在"文本服务和输入语言"对话框的"语言栏"选项卡下进行相应的设置。

⑧"记事本"和"画图"程序的使用。

对这些程序的窗口进行层叠、堆叠显示和并排显示等操作。

2. Windows 10 桌面的设置

① 选择主题下的"Windows 10"主题,观察桌面主题变化,如实验图 2.1 所示。

② 设置窗口颜色,在实验图 2.1 左侧选择"颜色"选项,打开如实验图 2.11 所示的颜色设置窗口,根据自己喜好选择一种颜色,观察桌面窗口边框颜色的变化,最后关闭窗口。

③ 在实验图 2.1 左侧选择"背景"选项,设置桌面背景为"幻灯片放映"模式,图片切换频率为 10 分钟,开启无序播放,选择契合度为"适应",如实验图 2.12 所示。

④ 设置屏幕保护三维文字为"你好",屏幕保护等待时间为 6 分钟。

> **提示**
>
> 在实验图 2.1 左侧选择"锁屏界面"选项,在锁屏界面设置窗口中单击最下方的"屏幕保护程序设置"超链接,打开"屏幕保护程序设置"对话框,在"屏幕保护程序"下拉列表框中选择"3D 文字"选项,将等待时间设置为"6"分钟,单击"设置"按钮,在"自定义文字"文本框中输入"你好",并设置字体。

⑤ 查看屏幕分辨率。如果分辨率为 1366×768 像素,则将其设置为 800×600 像素,否则设置为 1366×768 像素。

3. 在桌面上创建快捷方式和其他对象

① 为"Windows Media Player"创建一个名为"播放器"的快捷方式。

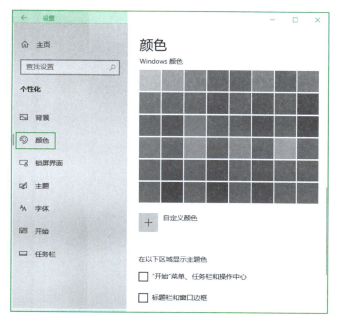

实验图 2.11

实验图 2.12

> **提示**
>
> 　　有两种创建方式：一种是用鼠标单击"开始"按钮，在应用程序列表中选择"Windows 附件"菜单项，把鼠标移至其级联菜单中的"Windows Media Player"，然后右击该图标，在弹出的快捷菜单中选择"固定到'开始'屏幕"命令，最后将"开始"屏幕上的"Windows Media Player"图标拖曳至桌面。另一种是通过桌面快捷菜单中的"新建"→"快捷方式"命令完成的，但是这个过程稍显复杂，关键是确定"Windows Media Player"程序的文件名及其所在的文件夹。该程序对应的文件名是 wmplayer.exe，其路径可以使用任务栏的"搜索框"进行查找。如果事先不知道对应的文件名，则可右击"Windows 附件"组中列出的"Windows Media Player"，然后在其快捷菜单中选择"更多"→"打开文件位置"命令，即可确定文件名及路径。

　　② 利用桌面快捷菜单中的"新建"命令，建立名称为 Myfile.txt 的文本文件和名称为"我的相片"的文件夹。

　　③ 在桌面上创建一个指向"记事本"程序（notepad.exe）的快捷方式。

> **提示**
>
> 　　创建快捷方式有 3 种方式。
>
> 　　方法 1：右击桌面空白处，在桌面快捷菜单中选择"新建"→"快捷方式"命令，打开"创建快捷方式"对话框，在"请键入对象的位置"文本框中，输入 notepad.exe 文件的路径"C:\Windows\system32\notepad.exe"（或通过单击"浏览"按钮，在打开的对话框中选择），单击"下一步"按钮，在"键入该快捷方式的名称"框中，输入"记事本"，再单击"完成"按钮即可。
>
> 　　方法 2：在资源管理器窗口中选定文件"C:\Windows\system32\notepad.exe"，用鼠标右键拖动该文件至桌面，在释放右键的同时打开一个快捷菜单，从中选择"在当前位置创建快捷方式"命令；右击所建快捷方式图标，在快捷菜单中选择"重命名"命令，将快捷方式名称改为"记事本"。
>
> 　　方法 3：双击"此电脑"图标，在地址栏输入"C:\Windows\system32\"后按 Enter 键，选定文件"notepad.exe"，右击，在快捷菜单中选择"发送到"→"桌面快捷方式"命令；右击所建快捷方式图标，在快捷菜单中选择"重命名"命令，将快捷方式名称改为"记事本"。

④ 自动排列桌面上的图标。

4. 回收站的使用和设置

① 删除桌面上已经建立的"Windows Media Player"快捷方式和"系统"快捷方式。

> **提示**
>
> 按 Delete 键或选择其右键快捷菜单中的"删除"命令。

② 恢复已删除的"Windows Media Player"快捷方式。

> **提示**
>
> 先打开"回收站",然后右击要恢复的对象,在弹出的菜单中选择"还原"命令。

③ 永久删除桌面上的 Myfile. txt 文件对象,使之不可被恢复。

> **提示**
>
> 删除文件的同时按住 Shift 键,将永久性地删除文件。

④ 设置各个驱动器的回收站容量。

C 盘回收站的最大空间为该盘容量的 10%,其余硬盘上的回收站容量为该盘容量的 5%。

> **提示**
>
> 通过"回收站 属性"对话框进行设置。

实验 3 文件和文件夹的管理

实验目的

(1) 掌握磁盘格式化的方法。

(2) 掌握"文件资源管理器"和"此电脑"的使用方法。

(3) 掌握文件和文件夹的常用操作。

文件和文件夹的
管理

实验内容

假定 Windows 10 已安装在 C 盘。

(1) 通过"此电脑"或"文件资源管理器"格式化可移动磁盘,并用你自己的学号设置可移动磁盘的卷标号。

需要注意的是:磁盘不能处于写保护状态,磁盘上不能有已经打开的文件。

(2) "此电脑"或"文件资源管理器"的使用。

① 分别选用"超大图标""大图标""中等图标""小图标""列表""详细信息""平铺""内容"等方式浏览 Windows 目录,观察各种显示方式的特点。

② 分别按名称、大小、类型和修改时间对 Windows 目录进行排序,观察这 4 种排序方式之间的区别。

③ 设置或取消下列文件夹的"查看"选项,并观察其中的区别。

● 显示隐藏的文件、文件夹和驱动器。

● 隐藏受保护的操作系统文件。

● 隐藏已知文件类型的扩展名。

④ 查看任一文件夹的属性,了解该文件夹的位置、大小,以及包含的文件和子文件夹数、创建时间等信息。

⑤ 查看"Microsoft Word 文档"的文件类型，了解这类文件的默认扩展名。

（3）在可移动磁盘上创建文件夹，对于文件夹结构的要求如实验图 3.1 所示。

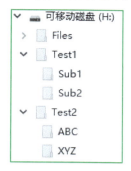

实验图 3.1

（4）浏览硬盘，在实验表 3.1 中记录 C 盘的有关信息。

实验表 3.1

项　目	信　息
文件系统类型	
可用空间	
已用空间	
驱动器容量	
Windows 系统文件夹 （任意选择 4 个文件夹填写）	

每位用户都有独立的"文档"和"桌面"，而且都对应着一个文件夹，请记录当前用户的"文档"和"桌面"对应的文件夹及其路径。

桌面：_____，文档：_____。

图片（Windows 10）：_____。

音乐（Windows 10）：_____。

（5）文件的创建、移动和复制。

① 在桌面上，用"记事本"创建一个文本文件 t1.txt。用快捷菜单中的"新建"→"文本文档"命令创建文本 t2.txt，任意输入两个文件中的内容。

② 对于桌面上的 t1.txt，用快捷菜单中的"复制"和"粘贴"命令复制到可移动磁盘 H 的 Test1 文件夹中。

③ 将桌面上的 t1.txt 用 Ctrl+C 组合键和 Ctrl+V 组合键复制到可移动磁盘 H 的 Test1\Sub1 子文件夹中。

④ 将桌面上的 t1.txt 用鼠标拖曳方式复制到可移动磁盘 H 的 Test1\Sub2 子文件夹中。

⑤ 将桌面上的 t2.txt 移动到可移动磁盘 H 的 Test2\ABC 子文件夹中。

⑥ 将可移动磁盘 H 中的 Test1\Sub2 子文件夹移动到同一磁盘的 Test2\XYZ 子文件夹中。要求移动整个文件夹，而不是仅仅移动其中的文件。

⑦ 将可移动磁盘 H 的 Test1\Sub1 子文件夹用"发送到"命令发送到桌面上，观察是在桌面上创建了文件夹还是文件夹的快捷方式。

（6）文件和文件夹的删除及回收站的使用。

① 删除桌面上的文件 t1.txt。

② 恢复刚刚被删除的文件。

③ 用 Shift+Delete 组合键删除桌面上的文件 t1. txt，观察其是否被送到回收站。

④ 删除可移动磁盘 H 中的 Test2 文件夹，观察其是否被送到回收站。

（7）查看可移动磁盘 H 中 Test1\TI. txt 文件的属性，并将其设置为"只读"和"隐藏"。

（8）搜索文件或文件夹。

要求如下：

① 查找 C 盘中扩展名为 txt 的所有文件。

在进行搜索时，可以使用通配符"?"和"＊"。"?"表示任意一个字符，"＊"表示任意一个字符串。因此，在此处应输入"＊. txt"作为文件名。

② 查找 C 盘中文件名的第 3 个字符为"a"、扩展名为 bmp 的文件，并以"BMP 文件. fnd"为文件名将搜索条件保存在桌面上。

在进行搜索时，输入"??a＊. bmp"作为文件名。搜索完成后，单击"搜索"选项卡"选项"选项组中的"保存搜索"按钮保存搜索结果。

③ 查找文件内容中含有文字"Windows"的所有文本文件，并将其复制到可移动磁盘 H 的根目录下。

④ 查找 C 盘中在去年一年内修改过的所有 bmp 文件。

⑤ 在 C 盘上查找 notepad 程序文件，若找到则运行该程序。

实验 4　Windows 的程序管理

Windows 的程序管理

实验目的

（1）掌握 Windows 的基本知识。

（2）掌握 Windows 的程序管理方法。

实验内容

1. 剪贴板查看器的使用

① 单击"开始"按钮，在应用程序列表中选择"计算器"命令。

② 按 Alt+Print Screen 组合键，"计算器"窗口将被复制到剪贴板中。

③ 启动"画图"程序，用 Ctrl+V 组合键将剪贴板中的内容复制到画板上，并保存起来，文件命名为 Calc. jpg。

2. 使用 Windows 10 的帮助

搜索关于"文件和文件夹"的信息，在搜索结果中查看有关"创建和删除文件"主题的内容，如实验图 4.1 所示，把帮助信息保存起来，文件命名为 File. txt。

> **提示**
>
> ① 以前大家熟悉的 Windows XP 和 Windows 7 的系统中，都提供了本地帮助和支持，按 F1 键可打开系统帮助文件，然而升级到 Windows 8 及 Windows 10 系统以后，系统不再提供本地帮助和支持了。在 Windows 10 系统中，按 F1 键后会调用用户当前的默认浏览器打开 Bing 搜索页面，以获取帮助信息（实验图 4.1）。
>
> ② 按 Ctrl+A 组合键选定所有的帮助信息，按 Ctrl+C 组合键将其复制到剪贴板，打开"记事本"程序，按 Ctrl+V 组合键把信息从剪贴板中粘贴过来，然后执行"文件"→"保存"命令保存文件。

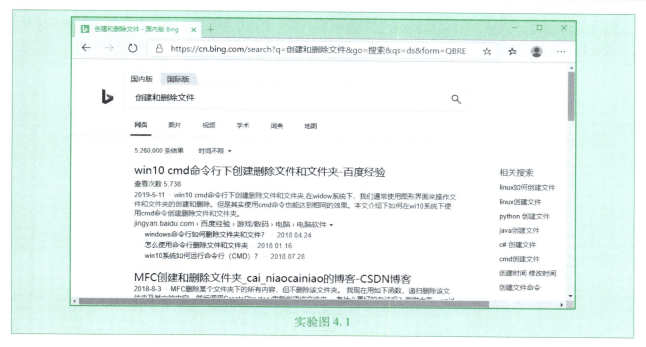

实验图 4.1

3. "任务管理器"的使用

① 启动"画图"程序，打开"任务管理器"窗口，记录系统当前进程数和"画图"的线程数。
系统当前进程数：_____；"画图"的线程数：_____。

提示

● 按 Ctrl+Alt+Delete 组合键，打开"安全选项屏幕"，单击"任务管理器"按钮可以打开"任务管理器"窗口，如实验图 4.2 所示。在默认情况下，"任务管理器"窗口不显示进程的线程数。

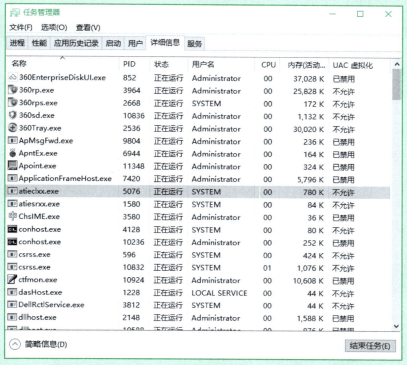

实验图 4.2

若需要显示线程数，应先选择"详细信息"选项卡，在"名称"处右击，在弹出的快捷菜单中选择"选择列"命令，在打开的"选择列"对话框中选中"线程"复选框，如实验图 4.3 所示。

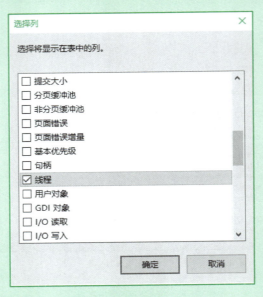

实验图 4.3

● "画图"程序的文件名是 mspaint.exe。

② 通过"任务管理器"终止"画图"程序的运行。

4. 观察并在实验表 4.1 中记录当前系统各磁盘分区的信息

实验表 4.1

存 储 器		盘 符	文件系统类型	容 量
磁盘	主分区			
	扩展分区			
CD-ROM				

提示

右击"此电脑"图标，选择"管理"命令，在打开的"计算机管理"窗口左侧选择"存储"→"磁盘管理"选项。

实验 5　控制面板的使用

实验目的

（1）掌握控制面板的使用方法。

（2）掌握磁盘碎片整理程序等实用程序的使用方法。

控制面板的使用

实验内容

（1）打开"设置"窗口（鼠标右击桌面，在快捷菜单中选择"个性化"命令），按要求完成下列操作。

① 选择"设置"窗口左侧的"背景"选项，在右侧将"背景"设置为"图片"选项，在"选择图片"区任选一张喜欢的照片作为壁纸，将其平铺在桌面上，观察实际显示效果。

② 在 D 盘新建文件夹，命名为"我的图片"，复制"库\图片\示例图片"到该文件夹中。

③ 选择"设置"窗口左侧的"背景"选项，在右侧将"背景"设置为"幻灯片放映"选项，通过单击"浏览"按钮，在打开的"选择文件夹"对话框中选择"D:\我的图片\"文件夹为幻灯片放映相册，图片切换频率为 1 分钟，无序播放图片，观察实际显示效果。

④ 选择"设置"窗口左侧的"颜色"选项，在右侧将"选择你的默认 Windows 模式"设置为"浅色"，并依照自己的喜好在"Windows 颜色"列表中选择一种颜色作为桌面的颜色，观察实际显示效果。

⑤ 将桌面的外观恢复为"Windows 10"主题，并取消壁纸及自定义的系统桌面颜色。

（2）在"控制面板"窗口中单击"外观和个性化"选项，单击"字体"超链接，查看本系统中已安装的字体。

（3）在"控制面板"窗口中单击"硬件和声音"模块的"设备和打印机"，单击"鼠标"超链接，打开"鼠标 属性"对话框，适当调整指针移动速度，并按照自己的喜好选择是否显示指针踪迹及调整指针形状，然后恢复系统默认设置。

（4）在"控制面板"窗口中单击"系统和安全"中的"管理工具"超链接，打开"管理工具"窗口，在窗口中双击"碎片整理和优化驱动器"选项，在打开的"优化驱动器"窗口（实验图 5.1）中进行下列操作。

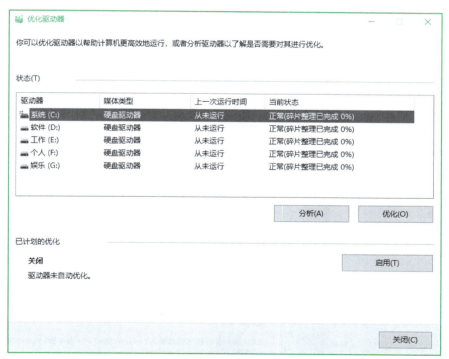

实验图 5.1

① 对本机所有磁盘分区进行分析，根据分析结果，对需要优化的分区进行优化。

② 单击"启用"按钮，在打开的如实验图 5.2 所示对话框中设置驱动器优化计划，每一个月对 C 盘优化一次。

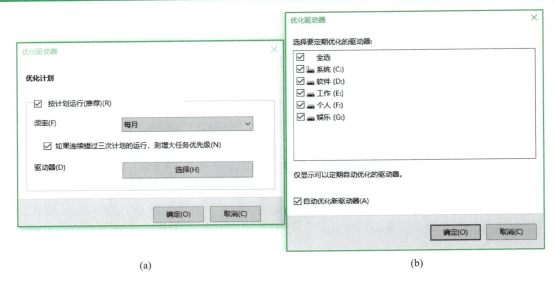

(a)   (b)

实验图 5.2

实验 6 Windows 常见问题及解决方法

实验目的
（1）掌握 Windows 的基本知识。
（2）掌握 Windows 常见问题及其解决方法。

Windows 常见问题及解决方法

实验内容

1. "任务栏" 不可见怎么办

① 首先要想办法打开如实验图 6.1 所示的任务栏设置窗口，主要有以下两种方法。

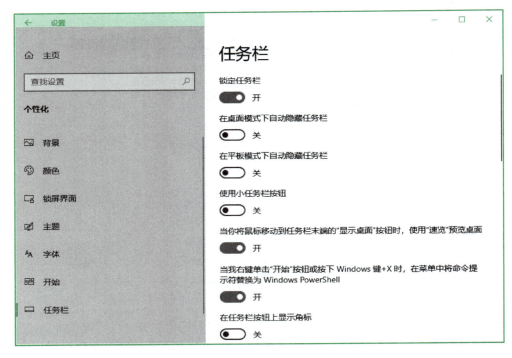

实验图 6.1

16

方法 1：按 Ctrl+Esc 组合键或单击"开始"按钮，在"开始"菜单的"固定文件夹"列表中选择"设置"命令，打开"设置"窗口，选择"个性化"，在左侧选择"任务栏"选项。

方法 2：右击桌面空白处，在弹出的快捷菜单中选择"个性化"命令，在打开的"设置"窗口左侧选择"任务栏"选项。

② 将窗口右侧"在平板模式下自动隐藏任务栏"下方的开关置于"关"的状态。

> **提示**
>
> 找不到"任务栏"右端的时钟时，可以在任务栏设置窗口右侧单击"打开或关闭系统图标"超链接，打开"打开或关闭系统图标"窗口，将"时钟"右侧的开关设置为"开"状态。

2. 找不到输入法指示器怎么办

① 依次单击"开始"→"设置"→"时间和语言"→"语言"，打开"语言"窗口，单击"选择始终默认使用的输入法"超链接，打开"高级键盘设置"窗口，单击"语言栏选项"超链接，打开如实验图 6.2 所示的"文本服务和输入语言"对话框。

② 选择"语言栏"选项卡，在"语言栏"选项组中选中"停靠于任务栏"单选按钮。

③ 单击"确定"按钮。

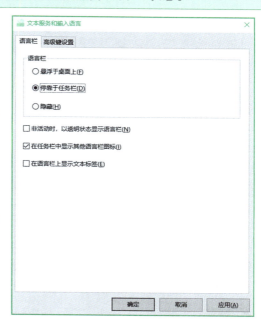

实验图 6.2

3. 文件属性设置为隐藏后，若想去除隐藏属性，但却看不见文件怎么办

① 在"资源管理器"窗口中选择"查看"选项卡，在"显示/隐藏"选项组中选中"隐藏的项目"复选框，或者单击功能区中的"选项"按钮，打开"文件夹选项"对话框，然后在"查看"选项卡的"高级设置"列表框中选中"显示隐藏的文件、文件夹和驱动器"单选按钮，然后单击"确定"按钮，此时就可以看到隐藏文件了。

② 选定隐藏文件后，单击鼠标右键，在弹出的快捷菜单中选择"属性"命令。

③ 在打开的"属性"对话框中，取消对"隐藏"属性的选中。

④ 单击"确定"按钮，即可去除该文件的隐藏属性。

4. 开机后频繁处于屏幕保护状态怎么办

① 在桌面空白处右击，在弹出的快捷菜单中选择"个性化"命令，打开"设置"窗口。

② 在窗口左侧选择"锁屏界面"选项，然后单击右侧最下方的"屏幕保护程序设置"超链接，打开"屏幕保护程序设置"对话框，如实验图 6.3 所示。

③ 在"等待"微调框中将时间从小（如 1 分钟）调大（如 15 分钟）。

④ 设置完毕后，单击"确定"按钮。

> **提示**
>
> 若想去掉屏幕保护程序的密码，则取消选择"在恢复时显示登录屏幕"选项。

5. 用鼠标双击应用程序图标却打不开应用程序窗口怎么办

① 打开"所有控制面板项"窗口，单击"鼠标"超链接，打开如实验图 6.4 所示的"鼠标 属性"对话框。

实验图 6.3

实验图 6.4

② 选择"鼠标键"选项卡，在"双击速度"选项组中，将滑块朝着慢的方向（左方）拖动到合适的位置，随后双击右侧的文件夹图标进行测试，图标发生变化即可。

③ 单击"确定"按钮。

> **提示**
>
> 对鼠标双击操作不是很熟练的用户，可右击应用程序图标，在快捷菜单中选择"打开"命令，从而打开应用程序窗口。

6. 文件未显示扩展名怎么办

文件通常都有扩展名，因为通过扩展名可以很容易地识别文件的类型。在 Windows 环境下，大多数文件的图标都能形象地反映该文件的类型，系统能够设置隐藏或显示文件的扩展名。

① 打开"此电脑"窗口，选择"查看"选项卡，单击功能区中的"选项"按钮，打开"文件夹选项"对话框，如实验图 6.5 所示。

② 选择"查看"选项卡，在"高级设置"列表框中取消选中"隐藏已知文件类型的扩展名"选项，可以设置显示文件的扩展名，如实验图 6.5 所示。

③ 单击"确定"按钮，关闭对话框。

④ 在"此电脑"窗口，选择"查看"选项卡，在"显示/隐藏"选项组中选中"文件扩展名"复选框，也可显示文件的扩展名。

7. 执行某应用程序后系统繁忙怎么办

用户在执行某个应用程序后，由于内存不足等原因，可能会导致"死机"或长时间的等待。此时，有些用户选择立即关闭电源以便重新启动计算机，这样既耽误时间又可能造成数据丢失。Windows 系统提供了关闭任务的办法来解决这类问题。

① 同时按下 Ctrl+Alt+Delete 组合键，打开安全选项屏幕，选择"任务管理器"选项，弹出如实验图 6.6 所示的"任务管理器"窗口。

② "进程"选项卡下的列表框中按照"应用"和"后台进程"两个类别列出了内存中正在运行的程序和进程，选中处于繁忙状态的那个程序，单击窗口右下角的"结束任务"按钮，即可结束繁忙或无响应的应用程序，使系统恢复正常。

8. 如何处理屏幕保护程序的密码

屏幕保护程序密码的作用是为了避免在用户离开计算机时他人操作当前的计算机，如果用户忘记了密码，或者计算机被他人设置了密码，此时将无法进入桌面。

① 重新启动计算机，然后用鼠标右击桌面空白处，在弹出的快捷菜单中选择"个性化"命令，打开"设置"窗口。

② 在窗口左侧选择"锁屏界面"选项，然后单击右侧最下方的"屏幕保护程序设置"超链接，打开"屏幕保护程序设置"对话框，如实验图 6.7 所示。

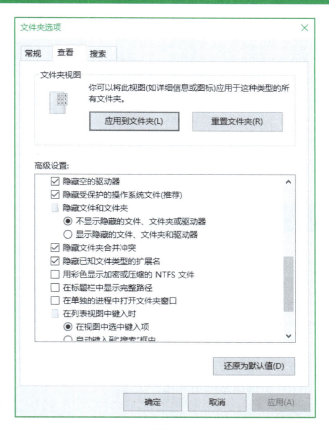

实验图 6.5

实验图 6.6

实验图 6.7

③ 取消选中"屏幕保护程序"选项组下方的"在恢复时显示登录屏幕"复选框。

④ 单击"确定"按钮，关闭对话框。

第 3 部分　文字处理软件操作实验

实验 7　Word 基本编辑和排版

实验目的
（1）掌握 Word 文档的建立、保存和打开方法。
（2）掌握 Word 文档的基本编辑操作，包括删除、修改、插入、复制和移动等操作。
（3）熟练掌握 Word 文档编辑中的快速编辑、文本替换等操作。
（4）掌握字符的格式化方法。
（5）掌握段落的格式化方法。

Word 基本编辑和排版

实验内容
建立 Word 文档，按照下列要求进行操作，将操作结果以"w1.docx"为文件名存入可移动磁盘中。

① 按照样文将标题中的"如何安装和使用"居中对齐，字号为二号；文字"Microsoft Excel"，字号为 20 磅，并加下画线，对标题添加花纹边框和 12.5% 的"红色，个性色 1，淡色 40%"底纹图案。

② 正文为五号。将正文中所有"网络"二字的格式设置成粗斜体、华文彩云。

③ 按照样文，将正文中的两个小标题居中放置，加边框，字体为黑体，字号为小四，缩放为 200%，并按样文重新排版。

④ 在第 3 段中插入"上凸带形"的插图，高 1.5 厘米，宽 4 厘米，内附文字"网络"，字体为隶书，字号为小二号；按如实验图 7.1 所示样文设置文字环绕。

如何安装和使用　　Microsoft Excel

第一部分

"在*网络*文件服务器上建立 Microsoft Excel"，是为要将 Microsoft Excel 安装到*网络*上的*网络*管理员而设计的。*网络*管理员在将 Microsoft Excel 安装到任何*网络*工作站之前都必须先将 Microsoft Excel 安装到*网络*文件服务器上。

第二部分

"为工作站用户建立自定义安装"，是为想要建立自定义安装描述文件的*网络*管理员而设计的。最终用户可以按照该安装描述文件从*网络*文件服务器上安装或更新 Microsoft Excel。

如果您的*网络*支持使用命名通则（UNC）路径，则工作站必用逻辑驱动器号。然而，就*网*络服务器设定而言，还是必须使用逻辑驱动器号的。　　\vserver\share 形式的国际命设定用户可以使用路径，而不

实验图 7.1

20

实验 8　Word 表格的应用

Word 表格的应用

实验目的

（1）熟练掌握 Word 文档中表格的建立及内容的输入方法。

（2）熟练掌握表格的编辑操作。

（3）熟练掌握表格的格式化方法。

实验内容

建立如实验图 8.1 所示的"新生军训安排表"，并以"w2.docx"为文件名将其保存在当前文件夹或可移动磁盘中。

新生军训安排表

日期 ＼ 内容	信息工程系	机械工程系	材料工程系	电气工程系
6 月 15 日	军训	培训	军训	培训
7 月 10 日	培训	军训	培训	军训
8 月 5 日	总结表彰			

实验图 8.1

操作步骤和要求如下。

（1）可通过 3 种方式建立表格。

① 单击"插入"→"表格"→"表格"按钮，在下拉列表框中根据需要拖曳出行、列数。

② 单击"插入"→"表格"→"表格"按钮，在下拉列表框中选择"插入表格"命令，在打开的"插入表格"对话框中输入所需的行、列数。

③ 单击"插入"→"表格"→"表格"按钮→在下拉列表框中选择"绘制表格"，直接绘制自由形式的表格。

（2）本实验中的表格是一个异构表，可以先建立 4 行 5 列的规律表格，然后选中要合并的单元格，利用鼠标右键菜单或"表格工具→布局选项卡"选项卡中的相关按钮实现单元格的合并和拆分。

（3）将表格第 1 行的行高设置为 0.6 厘米、最小值，该行文字字体为宋体，字号设置为小三，字符缩放比例为 80%，对齐方式是水平和垂直居中；其余各行的行高均设置为 0.5 厘米、最小值，文字水平和垂直居中，设置为宋体、五号。

（4）将表格的外框线按照实验图 8.1 样式设置为 3 磅的三线型，内框线粗细设置为 0.75 磅，然后对第 1 行和最左侧一列添加白色、背景 1、深色 25%的底纹。

（5）选中该表格，表头列标题的斜线可直接通过"绘制表格"按钮绘制，也可以通过"设计"选项卡"边框"选项组中的"边框"按钮的下拉列表进行操作；表格的行列标题"内容""日期"是通过在两行（按 Enter 键）中分别输入各自内容后再分别进行右、左对齐来实现的。

（6）根据制作表格所得到的体会，练习制作如实验图 8.2 所示的表格。

××××公司技术人员人事档案卡

姓名		性别		健康状况	
出生年月		民族		政治面貌	
联系人及电话					
通讯地址及邮编					
现（或曾）工作单位					
现从事专业		现任职务		技术职称		有何专长	

（见图示：文化程度部分）

文化程度	毕业院校	
	毕业时间		学制	
	国家承认学历		懂何种外语及程度	

| 工作简历 | |
| 备注 | |

实验图 8.2

实验 9　图形、公式和图文混排

实验目的

（1）熟练掌握在 Word 文档中插入图片、编辑图片和格式化的方法。
（2）掌握绘制简单图形和格式化的方法。
（3）掌握艺术字的使用方法。
（4）掌握公式编辑器的使用方法。
（5）掌握文本框的使用方法。
（6）掌握图文混排、页面排版的方法。

图形、公式和图文混排

实验内容

建立 Word 文档，按照下列要求进行操作，将操作结果以"w3. docx"为文件名存入可移动磁盘中。

① 按照如实验图 9.1 所示样文插入标题"计算机文化"，并设置成两个形状相同、位置不同的艺术字，加设蓝色边框。

② 正文设置为宋体、小四；按照样文将正文中的所有英文单词设置成首字母大写，其余字母设置为小写、空心字效果、斜体、加粗、加下画线。

③ 按照样文将第 2 段分成 3 栏，第 1 栏栏宽 4 厘米，第 2 栏栏宽 3.5 厘米，加设分隔线。

④ 按照样文输入公式，并将其设置到第 1 段中间，外加 3 线框。

⑤ 最后，按照样文插入"形状"，将其缩小至 15%，分散对齐。

计算机文化　　　　计算机文化

Microsoft Word For Windows 中文版是处于领先地位的 *Windows* 环境文字处理软件，它亮的文件资料。现在，用户每号、多栏编排、制作图表和绘单击鼠标来完成。用户也可以拼写错误。*Microsoft Word For* 天的工作。

比以往任何软件都适于生成漂天的任务，如制作表、加项目符画等都可以使用工具栏，通过通过单击鼠标生成信封或检查 *Windows* 中文版简化了用户每

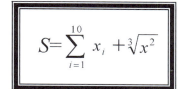
$$S = \sum_{i=1}^{10} x_i + \sqrt[3]{x^2}$$

在实际生成文档的操作中，*Word* 比以往任何软件都更快，更容易。窗口顶部的工具栏允许用户采用快捷

步骤完成每项任务：即单击某一按钮。*Word* 还拥有其他必需的，但又往往是复杂的功能。*Print Merge Helper*

引导用户在生成格式字符的过程中漫游。

实验图 9.1

实验 10　Word 综合操作

Word 综合操作

实验目的

（1）综合运用从前面实验中掌握的知识，学会对 Word 文档进行排版。

（2）掌握文档的打印方法。

实验内容

建立 Word 文档，按照下列要求操作，将如实验图 10.1 所示的操作结果以 "w4.docx" 为文件名存入可移动磁盘中。

① 标题中的英文采用 22 磅、Arial 字体，汉字采用一号、隶书、居中；正文采用五号、楷体，每段首行缩进两个汉字的位置，正文中的行距为 20 磅。

② 将正文前 3 段分两栏排版；将第 1 段加设文本框，文字竖排，填充红色、个性色 1、淡色 40%，外框双线。

③ 第 3 段首字下沉 3 行，并设置字体格式为 "空心字效果"。

④ 为最后 5 行文字加上项目符号—红色的书📖，并在右边添加艺术字 "计算机"，其位置、大小和样式如样文实验图 10.1 所示。

⑤ 页眉居中加设计算机系统当前时间，小五、黑体，将文章标题插入页脚，五号、宋体，居中显示。

12:36:58↵

Word 的 输入及修改

（竖排文字）

启动 Word 后，会显示出一空白文档供您输入，称为插入点的位置。与使用打字机不同，当您到达右界时不必进行换行，要开始新段落，只需按下"Enter"键。您可以删除插入点左右两边的字符，

多数文档都包含较多的文本。要查看没有显示出的文档部分，请使用鼠标或键盘滚动文档。在文档窗口右边和底部可以显示出滚动条，使用滚动条能在文档中快速移动。↵

修改文档中的某些项目，首先要进行标记，这称为选定。选定的常用方法是按住鼠标左键并且将鼠标拖过要选定的文本，使其突出显示。选定某一项目相当于将插入点设

置其中。例如，在要居中对齐的段落中设置插入点。↵

Word 中的编辑和审校工具可以帮助您提高写作水平，增加文章↵
的可读性。编辑和校对工具可以：↵

📖查找和修正英文拼写错误↵

📖自动更正您指定的输入和拼写错误↵

📖查找同义词、反义词及相关单词↵

📖自动对文章断字或通过控制断字改善文本的显示效果↵

📖检查在系统中安装了词典的其他语言的文字↵

Word 的输入及修改↵

实验图 10.1

实验 11 书籍的编排——Word 脚注与尾注

📱 书籍的编排——
Word 脚注与尾注

实验目的
（1）掌握文档分栏操作。
（2）掌握 Word 脚注与尾注的添加方法。

实验内容
　　按实验图 11.1 样文内容引用徐志摩的"再别康桥"，按照下列要求操作，将操作
结果以"w5.docx"为文件名存入可移动磁盘中。

　　① 标题"再别康桥"采用二号、红色、黑体，位置居中；作者名字"徐志摩"采用小三、方正舒体，位置居中，与正文间隔一行；正文采用五号、宋体。

　　② 对标题"再别康桥"和作者名字分别加上尾注，尾注采用小五、宋体。

　　③ 正文分为两栏，加设分隔线，并调整好正文与分隔线之间的距离。

　　④ 在正文中插入联机图片"雪"，图片大小为 2 厘米×2 厘米，位置如实验图 11.1 所示。

　　⑤ 给文字添加"怀旧型"封面，并添加文字。

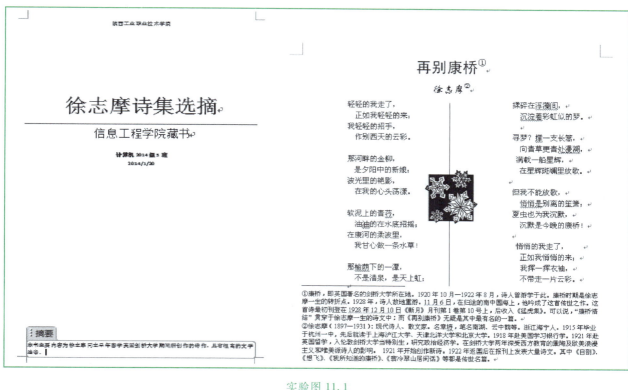

实验图 11.1

实验 12　报纸的编排——Word 高级操作

实验目的

（1）综合运用从前面实验中掌握的知识，学会对文档进行综合排版。

（2）掌握图文框和文本框的使用方法。

报纸的编排——
Word 高级操作

实验内容

建立 Word 文档，按照下列要求操作，将如实验图 12.1 所示操作结果以 "w6. docx" 为文件名存入可移动磁盘中。

（1）在相应主题中插入素材文字，每一个主题中都必须有一段文字。

（2）本期报纸的 3 个标题文字分别设置如下。

① 真人真事：方正舒体、三号、加阴影效果。

② 趣人趣事：华文新魏、四号、红色。

③ 好人好事：华文行楷、四号。

（3）在第 1 行插入形状 "横卷形"，并设置填充 "灰色-25%，背景 2"，添加文字 "星星之火"（宋体、五号）。

（4）插入一个竖排文本框，并设置填充 "白色、背景 1、深色 25%"，在其中插入 "好人好事" 文字内容。文字设置为幼圆、五号，文本框形状轮廓为 "无轮廓"。

（5）插入一个横排文本框，并设置其形状填充内容为黑色到白色的双色渐变底纹，在其中插入 "好人好事" 文字内容。文字设置为宋体、五号。

（6）在版面左侧插入一张风景图片 j0090386. jpg，设置图片版式中的文字环绕方式为 "四周型"，并调整到如样文所示位置。

（7）在第 1 行的位置插入图片 j0199661.jpg，将图片版式的文字环绕方式设置为"衬于文字下方"。

（8）在"好人好事"文章标题处插入图片 j0281904.jpg，将其图片版式的文字环绕方式设置为"浮于文字上方"。

请读者充分发挥主观能动性，将图文并茂的小报纸制作完成。

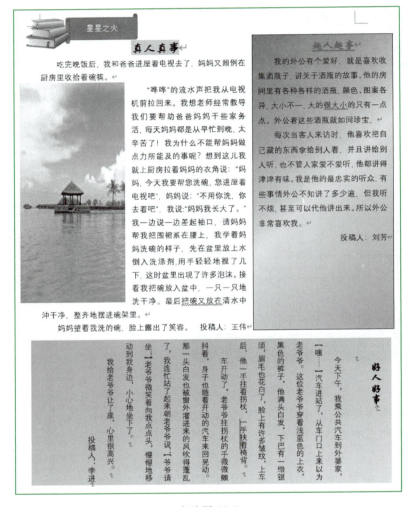

实验图 12.1

实验 13 会议通知与成绩通知单——Word 邮件合并

实验目的

掌握邮件合并的方法。

实验内容

（1）建立 Word 文档，按照下列要求操作，采用邮件合并的方法制作 5 份会议通知，将如实验图 13.1 所示的操作结果以"w7.docx"为文件名存入可移动磁盘中。

① 标题"会议通知"采用艺术字，加设阴影效果（左上对角透视），位置居中。

② 正文小二、隶书；落款"校工会""学生会"和"2020 年 1 月 5 日"采用四号、宋体，位置居右；段落左、右边距各缩进 0.5 字符。

③ 在正文中添加水印效果的剪贴画—玫瑰花，并复制 5 个，其大小设置为原图片的 50%，位置如

会议通知与成绩通知单——Word 邮件合并

实验图 13.1 所示。

④ 将主文档文件与数据源文件（自行拟定）进行邮件合并，使得"会议通知"中的教师姓名、教师所属系数据能从数据源文件中获取，并要求邮件合并后教师姓名、教师所属系有下画线。

⑤ 附注左对齐；为文字"若有事"加着重号；绘制自由表格，再加上电话符号，格式如实验图 13.1 所示。

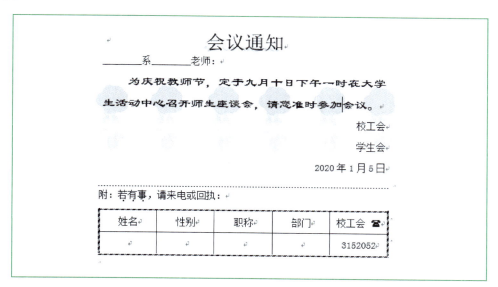

实验图 13.1

（2）建立 Word 文档，按照下列要求操作，并采用邮件合并的方法制作成绩通知单，将操作结果以"w8.docx"为文件名存入可移动磁盘中。

① 建立主文档。标题设置为粗体、三号，字符间距设置为加宽 2 磅；正文中的课程名称设置为粗体；"北京大学计算机系"与其下的日期设置为隶书、五号；在标题的前面插入图片 BD18216_.wmf，其高度、宽度均缩至 40%，效果如实验图 13.2 所示。然后，将该文档以"w8-1.docx"为文件名（保存类型为"Word 文档"）保存在当前文件夹中。

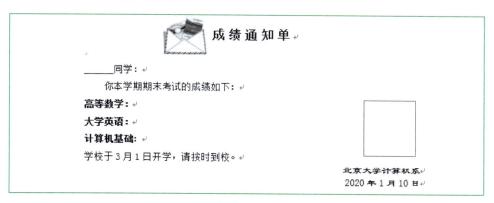

实验图 13.2

② 建立数据源，数据源包括考生的照片信息（照片可以通过单击"插入"选项卡"插图"选项组中的"图片"按钮的方式添加到数据源中），并以"w8-2.docx"为文件名（保存类型为"Word 文档"）保存在当前文件夹中。

③ 在主文档中插入合并域，然后将数据与主文档合并到一个文档中，其内容效果如实验图 13.3 所示，并将该文档以"w8-3.docx"为文件名（保存类型为"Word 文档"）保存在当前文件夹中。

④ 所建立的 3 个文档分别以同名文件形式保存到可移动磁盘中。

成 绩 通 知 单

李晓平同学：

　　你本学期期末考试的成绩如下：

高等数学：89

大学英语：88

计算机基础：92

学校于 3 月 1 日开学，请按时到校。

北京大学计算机系

2020 年 1 月 10 日

 成 绩 通 知 单

曾天同学：

　　你本学期期末考试的成绩如下：

高等数学：85

大学英语：76

计算机基础：93

学校于 3 月 1 日开学，请按时到校。

北京大学计算机系

2020 年 1 月 10 日

 成 绩 通 知 单

张蕾蕾同学：

　　你本学期期末考试的成绩如下：

高等数学：76

大学英语：83

计算机基础：87

学校于 3 月 1 日开学，请按时到校。

北京大学计算机系

2020 年 1 月 10 日

实验图 13.3

第 4 部分　电子表格软件操作实验

实验 14　学籍管理——工作表的建立、编辑与格式化

实验目的
（1）掌握 Excel 工作簿的建立、保存和打开方法。
（2）掌握在工作表中输入数据的方法。
（3）掌握公式和函数的使用方法。
（4）掌握数据的编辑和修改方法。
（5）掌握工作表的插入、复制、移动、删除和重命名方法。
（6）掌握工作表数据的自定义格式化和自动格式化方法。

学籍管理——工作表的建立、编辑与格式化

实验内容
（1）建立 Excel 文档，按照下列要求操作，将操作结果以"e1.xlsx"为文件名存入可移动磁盘中。

① 计算表格中三月份产量相对于一月份产量的增长率，精确到小数点后两位，负增长率以红色显示；计算月度平均产量和全厂一季度产量合计，并按照实验图 14.1 制作表格。

华山钢厂
产量汇总统计表

部门＼月份	一月份	二月份	三月份	增长率
一分厂	3 590	3 810	3 200	89.14%
二分厂	4 420	4 550	4 640	104.98%
三分厂	2 240	1 500	2 180	97.32%
四分厂	3 500	3 250	4 120	117.71%
五分厂	7 330	7 430	8 320	113.51%
六分厂	5 560	5 670	6 410	115.29%
月度平均产量	4 440	4 368	4 812	
全厂一季度产量合计				81720

实验图 14.1

② 将表格标题分成两行，位置居中，首行粗斜体、20 磅，第 2 行粗体、16 磅并加下画线。
③ 打印文档时，要求水平居中，取消页眉、页脚和网格线。
（2）建立 Excel 文档，在空白工作表中输入以下数据，并按照下列要求操作，将操作结果以"e2.xlsx"为文件名存入可移动磁盘中。
① 按照实验图 14.2，先计算每个学生的总分和平均分，并求出各科最高分和平均分。

电气自动化1901班学籍表								
学生情况			学生成绩表					
学号	姓名	性别	英语	语文	数学	总分	平均分	总评
06010201	李平	男	78	87	78	243	81.0	良好
06010202	张华	男	80	87	90	257	85.7	良好
06010203	刘力	男	90	90	97	277	92.3	优秀
06010204	吴一花	女	56	72	47	175	58.3	不及格
06010205	王大伟	男	88	91	81	260	86.7	良好
06010206	程小博	男	73	45	99	217	72.3	中等
06010207	丁一平	女	45	78	56	179	59.7	不及格
06010208	马红军	男	41	46	61	148	49.3	不及格
06010209	李博	女	68	77	78	223	74.3	中等
06010210	张珊珊	男	90	92	95	277	92.3	优秀
06010211	柳亚平	女	70	82	93	245	81.7	良好
06010212	李玫	男	49	79	66	194	64.7	及格
06010213	张强劲	男	89	67	66	222	74.0	中等
各科最高分							优秀率	
各科平均分								

实验图 14.2

② 利用 IF 函数按照平均分评出"优秀"（平均分≥90）"良好"（80≤平均分<90）"中等"（70≤平均分<80）……最后求出优秀率（优秀率＝优秀人数／总人数）。

③ 在已经评定的学籍表中选择总评为"优秀"的学生的姓名、各科成绩及总分，转置复制到 A20 起始的区域中，形成第 3 个表格，并设置表格套用格式为"表样式浅色 2"，并调整表格边框线，如实验图 14.3 所示。

姓名	刘力	张珊珊
英语	90	90
语文	90	92
数学	97	95
总分	277	277
总评	优秀	优秀

实验图 14.3

④ 将工作表 Sheet1 改名为"成绩表"。

⑤ 插入工作表 Sheet2，将"成绩表"复制到工作表 Sheet2 前面，并重命名为"成绩表 2"。

⑥ 将"成绩表"中的第 2 个表格移动到工作表 Sheet2 中，然后按照实验图 14.4 对"成绩表"工作表中的表格进行如下设置。

电气自动化1901班学籍表

制表日期：2020年2月1日

学生情况			学生成绩表					
学号	姓名	性别	英语	语文	数学	总分	平均分	总评
06010201	李平	男	78	87	78	243	81.0	良好
06010202	张华	男	80	87	90	257	85.7	良好
06010203	刘力	男	90	90	97	277	92.3	优秀
06010204	吴一花	女	56	72	47	175	58.3	不及格
06010205	王大伟	男	88	91	81	260	86.7	良好
06010206	程小博	男	73	45	99	217	72.3	中等
06010207	丁一平	女	45	78	56	179	59.7	不及格
06010208	马红军	男	41	46	61	148	49.3	不及格
06010209	李博	女	68	77	78	223	74.3	中等
06010210	张珊珊	男	90	92	95	277	92.3	优秀
06010211	柳亚平	女	70	82	93	245	81.7	良好
06010212	李玫	男	49	79	66	194	64.7	及格
06010213	张强劲	男	89	67	66	222	74.0	中等
各科最高分			90	92	99		优秀率	15%
各科平均分			70.54	76.38	77.46			

实验图 14.4

● 使表格标题与表格之间空一行，去掉标题栏边框，然后将表格标题设置成蓝色、加粗、楷体、16磅并加双下画线，采用合并及垂直居中对齐方式，将表头的行高设置为25磅。

● 在表格标题与表格之间的空白行中输入"制表日期：2020年2月1日"字样，右对齐，并设置成隶书、斜体、12磅。

● 将表头各列标题设置成粗体，位置居中，再将表格中的其他内容设置为居中，平均分保留1位小数。

● 将文字"优秀率"设置为45°倾斜，其值用百分比样式表示，对齐方式设置为水平居中和垂直居中。

● 设置表格边框线，内框选择最细的单线，外框选择最粗的单线，学号字段值行的上框线与"学号"行的下框线设置为双线。

● 设置单元格填充色，对前、后两行（表头、各科最高分、各科平均分及优秀率）设置"白色，背景1，深色25%"的填充色。

● 利用条件格式将表格中的优秀和90分成绩用蓝色、加粗、斜体显示，不及格和60分以下的成绩用红色、加粗、斜体显示。

● 将英语、语文和数学各列宽度设置为"自动调整列宽"。

⑦ 将文件存盘并退出Excel，将e2.xlsx文档以同名方式存入可移动磁盘中。

实验15　数据图表化

实验目的

（1）掌握嵌入图表和创建独立图表的方法。

（2）掌握图表的整体编辑和对图表中各对象进行编辑的方法。

（3）掌握图表的格式化方法。

数据图表化

实验内容

建立Excel文档，在空白工作表中输入如实验图15.1所示数据，并按照下列要求操作，将操作结果以"e3.xlsx"为文件名存入可移动磁盘中。

姓名	高等数学	大学英语	计算机基础
王大伟	78	80	90
李博	89	86	80
程小霞	79	75	86
马宏军	90	92	88
李枚	96	95	97

实验图15.1

（1）对于表格中所有学生的数据，在当前工作表中创建嵌入的三维簇状柱形图表，图表标题设置为"学生成绩表"。

（2）用王大伟、李博的高等数学和大学英语的数据创建独立的三维簇状柱形图表，如实验图15.2所示。

（3）对工作表Sheet1中创建的嵌入图表进行如下编辑操作。

① 将该图表移动、放大到A9:G23区域，并将图表类型改为簇状柱形图。

② 删除图表中高等数学和计算机基础的数据，然后将计算机基础的数据添加到图表中，并将计算机基础数据置于大学英语数据的前面。

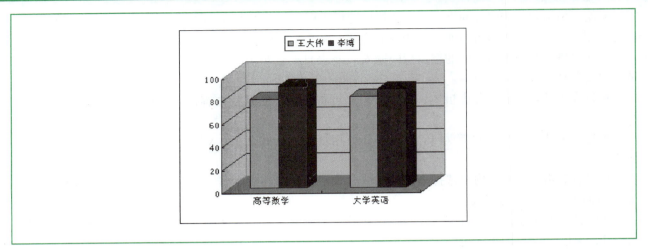

实验图 15.2

③ 为图表中计算机基础数据增加显式数据标记。

④ 为图表添加分类轴标题"姓名"及数值轴标题"分数"。

（4）对工作表 Sheet1 中创建的嵌入图表进行如下编辑操作。

① 将图表区文字的字号设置为 11 磅，并选用最粗的圆角边框。

② 将图表标题"学生成绩表"设置为粗体、14 磅并加单下画线，将分类轴标题"姓名"设置为粗体、11 磅；将数值轴标题"分数"设置为粗体、11 磅、45°倾角。

③ 将图例中文字的字号改为 9 磅，边框改为带阴影边框，并将图例移到图表区的右下角。

④ 将数值轴的刻度间距改为 10，文字字号设置为 8 磅；将分类轴的文字字号设置为 8 磅，去除背景区域的图案。

⑤ 将计算机基础数据的字号设置为 16 磅，呈上标效果。

⑥ 按照实验图 15.3 样式在图表中加上指向最高分的箭头和文本框。文本框中文字的字号设置为 10 磅，并添加"白色，背景 1，深色 25%"的填充色。

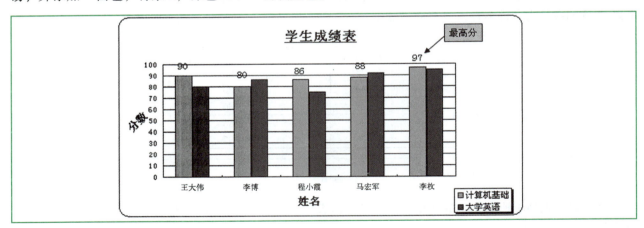

实验图 15.3

⑦ 按照实验图 15.3 调整绘图区的大小。

（5）对于实验图 15.2 中的独立图表，先将其"图表布局"修改为"布局 5"，"图表样式"选择"样式 1"，然后按照样文调整图形的大小并对"数据系列格式"进行必要的编辑和格式化，效果如实验图 15.4 所示。

（6）文件存盘并退出 Excel，将 e3. xlsx 文档以同名形式存入可移动磁盘中。

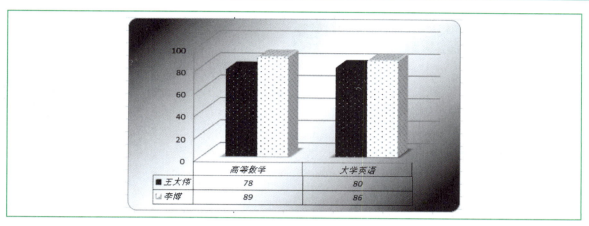

实验图 15.4

实验 16　水果营养成分——饼图的应用

实验目的

（1）掌握创建饼图的方法。
（2）掌握图表的整体编辑和对图表中各对象的编辑方法。

水果营养成分
——饼图的应用

实验内容

建立 Excel 文档，按照下列要求操作，将操作结果以"e4.xlsx"为文件名存入可移动磁盘中。

① 标题"常食水果营养成分表"字体采用楷体、18 磅，单击"开始"选项卡"对齐方式"选项组中的"合并后居中"按钮，将一个单元格的内容扩展到多个单元格中。

② 计算水果中各成分的平均含量。

③ 计算所得数据保留 3 位小数，位置居中。

④ 对各种水果的蛋白质含量根据图表内容在 A15：G30 区域作图。

⑤ 添加百分号数据标记，进行格式化，蛋白质含量最高者突出显示，图表标题加阴影，效果如实验图 16.1 所示。

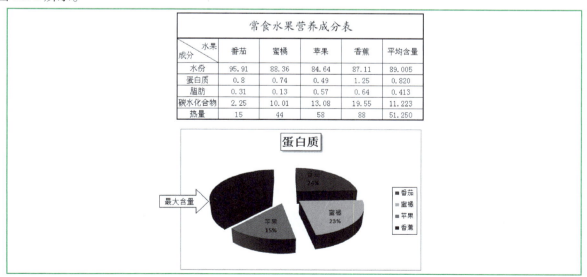

实验图 16.1

实验 17　Excel 分类汇总与数据透视表

Excel 分类汇总
与数据透视表

实验目的

（1）掌握数据列表的排序和筛选方法。

（2）掌握数据的分类汇总方法。

（3）掌握数据透视表的操作方法。

（4）掌握页面设置方法。

实验内容

（1）建立 Excel 文档，按照下列要求操作，将操作结果以 "e5. xlsx" 为文件名存入可移动磁盘中。

① 按照实验图 17.1 制作表格，将标题设置成宋体、18 磅，利用 "开始" 选项卡 "对齐方式" 选项组的 "合并后居中" 按钮，将一个单元格的内容扩展到多个单元格中。

吉祥村粮食产量情况表					
队别	组	人数	去年产量	今年产量	今年人均产量
第一小队	A	34	123 467.56	134 234.41	3 948.07
第一小队	B	45	234 122.78	254 321.77	5 651.59
第二小队	A	38	190 567.56	203 456.78	5 354.13
第二小队	B	40	234 234.77	267 890.71	6 697.27
第二小队	C	37	214 567.89	256 345.77	6 928.26

实验图 17.1

② 计算今年人均产量，保留两位小数。

③ 从 A15 单元格开始复制全部数据，进行分类汇总，求今年人均产量的平均值及人数之和，不显示明细数据，并对汇总表按照实验图 17.2 进行设置。

队别	组	人数	去年产量	今年产量	今年人均产量
第一小队 汇总		79			
第一小队 平均值					4 799.83
第二小队 汇总		115			
第二小队 平均值					6 326.55
总计		194			
总计平均值					5 715.86

实验图 17.2

④ 按照实验图 17.3 在 A35 单元格建立数据透视表并进行格式化。

队别	最大值项:去年产量	最大值项:今年产量
第一小队	234 122.78	254 321.77
第二小队	234 234.77	267 890.71
总计	234 234.77	267 890.71

实验图 17.3

（2）建立 Excel 文档，在空白工作表中输入实验图 17.4 的数据，并按照下列要求操作，将操作结果以 "e6. xlsx" 为文件名存入可移动磁盘中。

① 将数据表复制到工作表 Sheet2 中，然后进行下列操作。

● 对工作表 Sheet1 中的数据按性别进行排列。

姓名	性别	高等数学	大学英语	计算机基础	总分
王大伟	男	78	80	90	248
李博	男	89	86	80	255
程小霞	女	79	75	86	240
马宏军	男	90	92	88	270
李枚	女	96	95	97	288
丁一平	男	69	74	79	222
张珊珊	女	60	68	75	203
柳亚萍	女	72	79	80	231

实验图 17.4

- 对工作表 Sheet2 中的数据按性别进行排列，性别相同的则按总分降序排列。
- 在工作表 Sheet2 中筛选出性别为男且总分大于 240、小于 270 的记录。
② 将工作表 Sheet1 中的数据复制到工作表 Sheet3 中，然后对 Sheet3 中的数据进行下列分类汇总操作。
- 分别求出男生和女生的各科平均成绩（不包括总分，以平均值表示），平均成绩保留 1 位小数。
- 在原有分类汇总的基础上，再汇总出男生和女生的人数（汇总结果放在性别数据下面），如实验图 17.5 所示。

姓名	性别	高等数学	大学英语	计算机基础	总分
王大伟	男	78	80	90	248
李博	男	89	86	80	255
马宏军	男	90	92	88	270
丁一平	男	69	74	79	222
	男 平均值	81.5	83.0	84.3	
男 计数	4				
程小霞	女	79	75	86	240
李枚	女	96	95	97	288
张珊珊	女	60	68	75	203
柳亚萍	女	72	79	80	231
	女 平均值	76.8	79.3	84.5	
女 计数	4				
	总计平均值	79.1	81.1	84.4	

实验图 17.5

③ 以工作表 Sheet1 中的数据为基础，在工作表 Sheet4 中建立如实验图 17.6 所示的数据透视表。

性别 ▼	平均值项:高等数学	平均值项:大学英语
男	81.5	83.0
女	76.75	79.25
总计	79.125	81.125

实验图 17.6

④ 对工作表 Sheet3 进行如下页面设置，并打印预览。
- 纸张大小设置为 A4，文档打印时水平居中，上、下页边距均为 3 厘米。
- 设置页眉为"分类汇总表"，位置居中，加粗、斜体；将页脚设置为当前日期，右对齐放置。
⑤ 将文件存盘并退出 Excel，将 e6.xlsx 文档以同名方式存入可移动磁盘中。

第 5 部分　演示文稿软件操作实验

实验 18　演示文稿的建立

实验目的

（1）掌握 PowerPoint 的启动方法。

（2）了解建立演示文稿的基本过程。

（3）掌握演示文稿的格式化和美化方法。

演示文稿的建立

实验内容

1. 利用"空演示文稿"建立演示文稿

① 建立含有 4 张幻灯片的自我介绍演示文稿，将操作结果以"p1. ppt"为文件名保存在可移动磁盘中。

② 第 1 张幻灯片采用 Office 主题的"标题和文本"版式，在标题处输入文字"简历"，在文本处填写你从就读于小学开始的简历。

③ 通过"开始"选项卡"幻灯片"选项组中"新建幻灯片"按钮建立第 2 张幻灯片，该幻灯片采用"标题和表格"版式，在标题处输入所在省市和高考时的中学学校名；表格由 2 行 5 列组成，其内容为你参加高考的 4 门课程名称、总分及各门课程的分数。

④ 第 3 张幻灯片选用 Office 主题的"标题和内容"版式，在标题处输入"个人爱好和特长"，在文本处以言简意赅的方式填入你的个人爱好和特长，并插入你所喜欢的图片或个人照片。

⑤ 第 4 张幻灯片选用 Office 主题的"两栏内容"版式，在标题处输入"我的高中"，在两栏中分别插入高中学校的照片和 SmartArt 图形"图片"组中的"升序图片重点流程"，在图片区域随机插入不同时期两张个人照片，在文本区域添加照片说明。

2. 利用"设计"选项卡建立演示文稿

① 将"设计"选项卡"主题"选项组中内置的"波形"主题应用到新建演示文稿中，建立含有 4 张幻灯片的专业介绍演示文稿，其中 1 张作为封面，将操作结果以"p2. ppt"为文件名保存在可移动磁盘中。

② 第 1 张幻灯片是封面，其标题为你目前就读学校的名称，并插入学校的图标；副标题为所学专业名称。

③ 在第 2 张幻灯片中输入所学专业的特点和基本情况。

④ 在第 3 张幻灯片中输入本学期学习的课程名称、学分等信息。

⑤ 第 4 张幻灯片利用组织结构图显示所学专业、所属系和学院的组织结构。

3. 对演示文稿 p1. ppt 进行编辑

按照下述要求设置外观。

（1）在演示文稿中加入日期、页脚和幻灯片序号

使演示文稿所显示的日期和时间随着计算机内时钟的变化而改变；幻灯片从 100 开始编号，文字

字号设置为 24 磅，并将其放在幻灯片右下方；在"页脚"处输入你的名字，作为每页的注释。

> **提示**
>
> ① 幻灯片序号的设置首先单击"插入"→"文本"→"幻灯片编号"按钮，在打开的"页眉和页脚"对话框中选中"幻灯片编号"复选框，表示需要显示幻灯片编号；然后单击"设计"→"自定义"→"幻灯片大小"按钮，在下拉列表中选择"自定义幻灯片大小"命令，在打开的"幻灯片大小"对话框中设置幻灯片编号起始值。
>
> ② 要设置日期、页脚和幻灯片编号等的字体，必须单击"视图"→"母版视图"→"幻灯片母版"按钮。在不同区域选中相应的域进行字体设置，还可以将域移动到幻灯片的任意位置。

（2）利用母版统一设置幻灯片的格式

标题设置为方正舒体、54 磅、粗体。在右上方插入你所就读学校的校徽图片。

> **提示**
>
> 利用"视图"→"母版视图"→"幻灯片母版"命令按钮，对标题样式按需求设置；插入需要的图片。这时，所有幻灯片的标题都具有相同的字体，每张幻灯片都有相同的图片。

（3）逐一设置格式

将第 1 张幻灯片中的文字设置为楷体、粗体、32 磅，利用"段落"对话框将行距设置为段前 0.5。第 2 张幻灯片的表格外框为 4.5 磅框线，内框为 1.5 磅框线，表格内容水平、垂直方向均居中。

（4）设置背景

单击"设计"→"自定义"→"设置背景格式"按钮，打开"设置背景格式"窗格，在"填充"下拉列表框中选中"图片或纹理填充"单选按钮，在"纹理"区单击▼按钮，在弹出"纹理"列表中选择"画布"纹理预设背景效果。

（5）插入对象

① 在第 2 张幻灯片中插入图表，其内容为表格中的各项数据。

> **提示**
>
> 插入图表操作不能像 Excel 中那样先选中表格数据再插入图表。在 PowerPoint 中，选中的数据在插入后不起作用，必须先插入图表，系统显示默认图表数据，然后双击数据表进入编辑状态，再选中表格数据以覆盖系统的默认数据。

② 对于第 3 张幻灯片，将标题文字"个人爱好和特长"改为"艺术字库"中第 1 行、第 4 列的样式，加设"右下斜偏移"阴影效果。

4. 对于演示文稿 p1.ppt 加以美化

根据你的审美观和个人爱好，尽可能地美化文稿。

实验 19　幻灯片的动画与超链接

实验目的

（1）掌握幻灯片的动画技术。

（2）掌握幻灯片的超链接技术。

（3）掌握放映演示文稿的方法。

（4）掌握电子相册的制作方法。

幻灯片的动画与超链接

实验内容

1. 幻灯片的动画技术

（1）利用"动画"选项卡中的命令按钮设置幻灯片动画

① 对 p1.ppt 内第 1 张幻灯片的标题添加"飞入"动画效果，单击鼠标触发动画效果；文本内容即个人简历，采用"棋盘"进入的动画效果，一项一项地显示，显示间隔为 2 秒。

> **提示**
>
> 先选择要设置动画的对象，单击"动画"→"高级动画"→"添加动画"按钮，然后进行所需要的设置，多个对象依此类推。

② 对 p1.ppt 的第 3 张幻灯片的"艺术字"对象设置"旋转"飞入效果。对 4 张幻灯片逐一设置"进入"效果，对文本设置"擦除"效果。动画出现的顺序首先是图片，随后是文本，最后是艺术字。

（2）利用"切换"选项卡中的各命令设置幻灯片间动画

演示文稿 p1.ppt 内各幻灯片的切换效果分别采用"百叶窗"（水平）、"溶解"、"门"（垂直）、"涟漪"等方式。设置幻灯片切换速度为"快速"，换片方式可以通过单击鼠标或设置每隔若干秒自动实现。

（3）对演示文稿 p2.ppt 按照你所喜欢的方式进行设置，包括片内动画和片间动画。

2. 演示文稿中的超链接

（1）创建超链接

在 p1.ppt 的第 1 张幻灯片前面插入一张新幻灯片作为首页。在幻灯片内制作 4 个按钮，依次命名为简历、高考情况、个人爱好、生源所在地。利用超链接分别指向其后的 4 张幻灯片。

> **提示**
>
> 要在第 1 张幻灯片前面插入一张幻灯片，当前定位在第 1 张幻灯片处，单击"开始"→"幻灯片"→"新建幻灯片"按钮，将新幻灯片插在第 2 张幻灯片处，然后通过幻灯片浏览视图或普通视图将第 2 张幻灯片移至最前。

（2）设置动作按钮

要使每张幻灯片都有一个指向第 1 张幻灯片的动作按钮，可在"幻灯片母版"中加入一个矩形动作按钮◁超链接到幻灯片首页。在演示文稿 p2.ppt 的每张幻灯片下方设置动作按钮◁，可分别跳转到上一张幻灯片，再在第 1 张幻灯片下方放置另一个动作按钮，可跳转到演示文稿 p1.ppt。

3. 插入多媒体对象

单击"插入"选项卡"媒体"选项组中"音频"或"视频"按钮，在下拉列表中选择对应的命令。

在 p1.ppt 中第 1 张幻灯片的"自我介绍"处插入一个声音文件，插入成功则会显示喇叭图标。当需要播放音乐时即可单击此处。

在 p1.ppt 的第 3 张幻灯片处插入一张影片或剪贴画。

4. 放映演示文稿

（1）排练计时

利用"排练计时"功能，对演示文稿 p1.ppt 设定播放所需要的时间。

> **提示**
>
> 对已经设置过排练计时的，在幻灯片浏览时其左下方以秒为单位显示放映时间。

（2）设置不同的放映方式

将 p1. ppt 和 p2. ppt 的放映方式分别设置为"演讲者放映""观众自行浏览""在展台浏览"或"循环放映"，并且和排练计时相结合，在放映时观察实际效果。

5. 电子相册的制作

单击"插入"→"图像"→"相册"→"新建相册"按钮，在打开的对话框中单击"文件\磁盘"按钮，在打开的"插入新图片"对话框中选择"库\图片\示例图片\"路径下的图片作为来源，选择主题为默认路径下的"Angles"。插入背景音乐，单击"插入"，在"音频"的下拉列表中选择"PC 上的音频"，选好音频文件后，在"播放"选项卡中勾选"跨幻灯片播放""循环播放，直到停止"，放映幻灯片并观察效果。

第 6 部分　Internet 操作实验

实验 20　Internet 基本应用

Internet 基本应用

实验目的

（1）掌握浏览器的使用方法以及网页的下载和保存方法。

（2）了解基本的导航网站和搜索网站，掌握搜索网站中地图功能的用法。

（3）掌握电子邮件软件的使用方法。

实验内容

① 要求通过 www. hao123. com 进入"hao123"主页，将"名站导航"栏目中的站点名称和网址下载至文件 D：\mzdh. txt，然后单击"hao123"的网站 Logo 图片下载到文件 D：\hao. jpg。

② 第 29 届奥林匹克运动会的官方网址是 http：//www. beijing2008. cn，请从"第 29 届奥林匹克运动会"主页开始，按照超链接轨迹："活动专题""新闻中心""奥运百科""奥运机构""奥运之家""联系我们"等浏览网页信息。

③ 指定域名 www. baidu. com 显示主页，通过搜索文本框查询搜索 QQ 最新版本的软件，并将其下载到本地硬盘。

④ 尝试使用百度搜索（www. baidu. com）的"地图"功能，查询"首都国际机场"到"北京西站"的路线，并将乘车方案保存到 D：\travel_baidu. txt。

⑤ 将网站 www. 163. com 添加到收藏夹中，并下载网址到 C：\cw. html 文件。

⑥ 访问网站 www. sxri. net，并将主页中的任意一张图片作为电子邮件的附件发送到 191162086@ qq. com。

⑦ 到网易主页 www. 163. com 申请一个免费邮箱或者使用腾讯 QQ 自带的 QQ 邮箱，以文本文件格式发送一封电子邮件给同班同学（网易邮箱的地址一般为 username@ 163. com，QQ 自带的邮箱地址为 QQ 号码@ qq. com），邮件主题为"请教问题"，邮件内容为"请帮我看一下附件里的问题，谢谢！"附件里包含一张题目的图片。

> **注意**
>
> 上网浏览网页和发送电子邮件可根据上机环境适当改变域名和 E-mail 地址。

实 训 篇

第 1 部分　操作系统实训项目

实训说明

崇尚个性化的时代，要求凡事皆与众不同，Windows 10 操作系统的设置也不例外。
本实训介绍 Windows 10 系统的个性化设置，包括桌面、主题等元素的个性化设置。帮助读者掌握个性化桌面的设置方法、个性化主题的设置方法等。

定制个性化 Windows 10

实训步骤

1. 桌面个性化

桌面主要包括桌面背景、窗口、鼠标等元素。可以通过更改计算机的桌面主题，调整字体的大小等方式进行桌面显示效果的优化，让用户的计算机更加稳定。

设置桌面显示效果的具体操作步骤如下。

① 在桌面任意空白处右击，在快捷菜单中选择"个性化"命令，打开"设置"窗口，如实训项目图 1.1 所示。

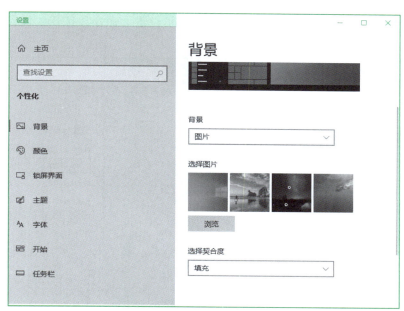

实训项目图 1.1

② 在"设置"窗口左侧选择"背景"选项，在窗口右侧可以设置桌面背景为"图片""纯色"或"幻灯片放映"，设置完毕后，系统桌面背景将随之发生变化。

③ 在"设置"窗口左侧选择"颜色"选项，在窗口右侧可以通过"选择你的默认 Windows 模式"

"选择默认应用模式"和"透明效果"选项组下方的单选按钮，调整系统窗口及任务栏的颜色显示，还可以选择一种颜色作为系统的主题色，如实训项目图 1.2 所示。

④ 在"设置"窗口左侧选择"字体"选项，如实训项目图 1.3 所示。

实训项目图 1.2

实训项目图 1.3

⑤ 在"相关设置"选项组下方单击"调整 ClearType 文本"超链接，打开"ClearType 文本调谐器"对话框，如实训项目图 1.4 所示。用户可单击"下一步"按钮，根据系统提示"单击你看起来最清晰的文本示例"（共需要选择 5 次），最后单击"完成"按钮，即可设置适合用户个人阅读的文本显示样式。

⑥ 在桌面任意空白处右击，在快捷菜单中选择"显示设置"命令，打开"设置"窗口，如实训项目图 1.5 所示。

实训项目图 1.4

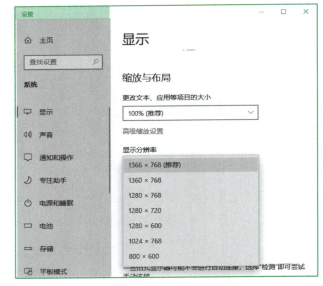

实训项目图 1.5

⑦ 单击"显示分辨率"右侧的下拉按钮，在下拉列表框中选择合适的分辨率，以最优的分辨率显示。系统会根据计算机显卡及显示器的性能默认设置最合适的分辨率，用户一般无须更改。

2. 主题个性化

Windows 桌面主题是指桌面上的所有可视元素和声音。系统提供了多个主题供用户选择，当然，用户也可以自定义桌面主题。

使用系统自带的主题的具体操作步骤如下。

① 在桌面任意空白处右击，在快捷菜单中选择"个性化"命令，打开"设置"窗口，如实训项目图 1.1 所示。

② 在"设置"窗口左侧选择"主题"选项，"更改主题"选项组下显示了系统中提供的主题样式，在喜欢的主题上单击，即可应用该主题。例如单击"Windows 10"选项，即可将系统提供的"Windows 10"设置为当前系统的主题，如实训项目图 1.6 所示。

③ 将右侧窗口的滚动条移至顶部，在"当前主题"选项组下，用户还可以修改与主题相关的背景、颜色、声音、鼠标光标等元素，如实训项目图 1.7 所示。

实训项目图 1.6

实训项目图 1.7

实训项目 2　让操作有声音并更改文件夹图标

实训说明

释放个性，让 Windows 10 操作环境与众不同。

本实训介绍 Windows 10 系统的声音和图标等元素的个性化设置，帮助读者掌握个性化操作环境下让操作有声音、文件夹图标的更改方法等。

让操作有声音并更改文件夹图标

实训步骤

1. 让操作有声音

在 Windows 10 操作系统中，发生某些事件时会播放声音。事件可以是用户执行的操作，如登录到计算机，也可以是计算机执行的操作，如在收到新电子邮件时发出警报。Windows 附带多种针对常见事件的声音方案。此外，某些桌面主题有自己的声音方案。

自定义声音的具体操作步骤如下。

① 在桌面任意空白处右击，在快捷菜单中选择"个性化"命令，打开"设置"窗口，如实训项目图 1.1 所示。

② 在"设置"窗口左侧选择"主题"选项，在窗口右侧"当前主题"选项组下单击"声音"超链接，如实训项目图 1.7 所示。

③ 打开"声音"对话框，选择"声音"选项卡，在"声音方案"下拉列表框中选择一种喜欢的声音方案，本实例选择"Windows 默认"选项，如实训项目图 2.1 所示。

④ 如果想具体设置每个事件的声音，可以在"程序事件"列表框中选择需要修改的事件，然后在"声音"下拉列表框中选择相应的声音，如实训项目图 2.2 所示。

实训项目图 2.1

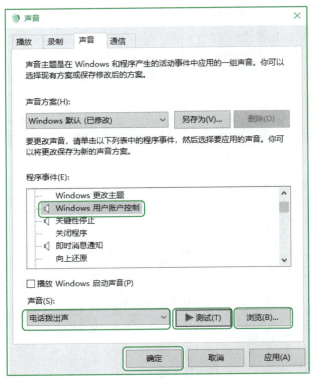

实训项目图 2.2

⑤ 如果对系统提供的声音不满意，可以自定义声音，单击"浏览"按钮，打开"浏览新的 Windows 用户账户控制 声音"对话框，选择需要的声音文件，单击"打开"按钮。本实例选择"Windows 电话拨出"声音文件，如实训项目图 2.3 所示。

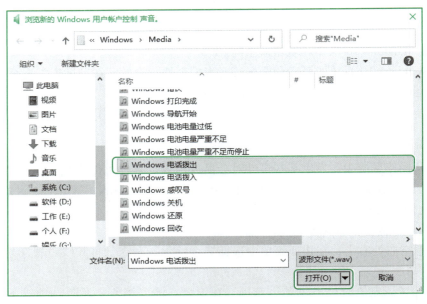

实训项目图 2.3

46

⑥ 返回到"声音"对话框，单击"测试"按钮即可试听声音，单击"确定"按钮完成设置。

2. 我的个性释放——更改文件夹图标

设置文件夹图标的具体操作步骤如下。

① 右击需要设置的文件夹（本实训选择"截图汇总"文件夹），在快捷菜单中选择"属性"命令。

② 打开"截图汇总 属性"对话框，选择"自定义"选项卡，单击"文件夹图标"选项组下的"更改图标"按钮，如实训项目图 2.4 所示。

实训项目图 2.4

③ 打开"为文件夹 截图汇总 更改图标"对话框，在"从以下列表中选择一个图标"列表框中选择自己喜欢的文件夹图标，如实训项目图 2.5 所示，单击"确定"按钮。

④ 返回到"截图汇总 属性"对话框，单击"确定"按钮。

⑤ 选择的文件夹图标被成功修改。

提示

可以单击"浏览"按钮，添加自定义的图标。需要注意的是：添加的图标必须是小图片，而且一般系统支持 ico、ici 和 exe 等图标格式。

3. 露出你的笑脸——隐藏桌面上的图标

Windows 桌面上总是有一堆图标遮住漂亮的背景图案，是否可以将桌面上的图标部分地移除掉呢？当然可以，其实方法很简单。

在桌面空白处单击鼠标右键，在快捷菜单中选择"查看"菜单项，在其下一级菜单中，去掉"显示桌面图标"的选中标记，如实训项目图 2.6 所示，稍等片刻桌面上的所有图标就都隐藏起来了。

47

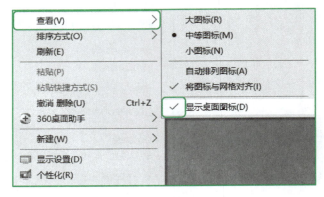

实训项目图 2.5　　　　　　　　　　　实训项目图 2.6

实训项目 3　生僻字和 10 以上带圈数字的输入

实训说明

教师在录入学生信息时，经常发现很多学生的姓名采用普通的输入法无法录入，与此同时，语文老师在日常办公过程中难免要录入偏旁部首等。本实训介绍输入姓名中的生僻字、偏旁部首的方法，输入 10 以上圈码以及快速录入加、减、乘、除的方法等，希望能够对读者有所帮助。

本实训知识点涉及输入法、自动更正、软键盘的使用。

生僻字和 10 以上带圈数字的输入

实训步骤

1. 巧用 Word 录入生僻字

Word 2016 中的"插入"选项卡"符号"选项组的"符号"命令提供了许多生僻字，便于用户录入。

例如，要在 Word 2016 中录入"赟"字，其部首应该是"贝"，先打开 Word 2016 程序窗口，输入一个"贝"字底的字，如"赛"，选中"赛"字，单击"插入"→"符号"→"符号"按钮，在其下拉列表中选择"其他符号"命令，打开"符号"对话框，并且自动定位在"赛"字上。"赟"字除去部首的笔画要比"赛"字多，所以向后找，很快就可以找到它了，选中"赟"字（实训项目图 3.1），再单击"插入"按钮即可。

可以发现：这些字是按照部首依次排列的，所以在输入生僻字之前可以先找一个部首相同的字，再采用上面的方法就很容易了。

2. 输入 10 以上圈码

在 Word 中输入①、②、③之类的序号并非难事，可以使用插入符号的方法或通过数字序号软键盘来输入。具体方法是（以搜狗输入法为例）：右击任务栏右侧"通知区域"中的"中"字图标，在弹出的如实训项目图 3.2 所示的快捷菜单中选择"软键盘"→"数字序号"选项，打开如实训项目

图 3.3 所示的对话框，单击相应的数字，即可快速输入所需要的数字序号。

实训项目图 3.1

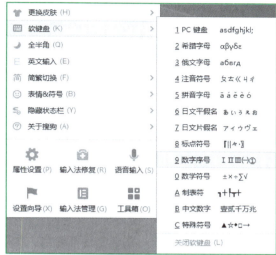

实训项目图 3.2

实训项目图 3.3

　　如果输入 10 以上的带圈数字，则可以通过"带圈字符"功能来实现，如实训项目图 3.4 所示。先输入数字（如 12），接着选中这两个字符，然后单击"开始"→"字体"→"带圈字符"按钮⊕ 即可。需要注意的是，在设置完成后，最好不要改变其字体，否则效果会大打折扣。

实训项目图 3.4

除此之外，用户还可以通过输入 Unicode 字符加快捷键的方式快速输入 20 以内的带圈数字。例如，用户需要输入⑮，则只需要输入字符"246e"（不含引号），然后按 Alt+X 组合键，则字符"246e"会转换成⑮。为了方便用户查阅，实训项目图 3.5 列出了 20 以内带圈数字与 Unicode 字符的对照表。

3. 快速录入加减乘除

在 Word 2016 中编制数学试卷，难免需要输入+、-、×、÷ 符号，符号+、-可以直接由键盘输入，但符号×、÷就只能使用输入法中的软键盘了。如果总是这样在键盘和软键盘之间进行切换，是很麻烦的。

选择"文件"→"选项"命令，在打开的"Word 选项"对话框左侧选择"校对"选项卡，然后在右侧窗格中单击"自动更正选择"组下的"自动更正选项"按钮，在打开的"自动更正"对话框中选择"自动更正"选项卡，在"替换"

20以内带圈数字与Unicode字符的对照表

①	②	③	④	⑤
2460	2461	2462	2463	2464
⑥	⑦	⑧	⑨	⑩
2465	2466	2467	2468	2469
⑪	⑫	⑬	⑭	⑮
246a	246b	246c	246d	246e
⑯	⑰	⑱	⑲	⑳
246f	2470	2471	2472	2473

实训项目图 3.5

文本框中输入"＊"，然后在"替换为"文本框中输入"×"，单击"添加"按钮，将其添加到下方的列表框中。依次类推，将"/"替换成"÷"。添加完毕后，单击"确定"按钮返回编辑状态（注意，这里的×和÷是利用输入法的软键盘来输入的）这样即可快速正确录入加减乘除。

🔖 经验技巧

Windows 10 的 24 个实用小技巧

1. 问题步骤记录器

有很多时候，身在远方的家人或者是朋友会要求你辅导他们计算机问题，但是又不知道该如何明确向你表达这个问题，这个处境是很令人沮丧的。Windows 10 中的"步骤记录器"将会帮助你与你的朋友摆脱沮丧。

在这种情况下，你的朋友只要打开"开始"菜单，在应用程序列表中选择"Windows 附件"→"步骤记录器"程序，然后单击"开始记录"按钮即可。启用这项功能后，当你的朋友进行问题操作时，该记录器将会逐一记录他的操作步骤，并将它们压缩在一个 MHTML 文件中，将这个文件发送给你即可。无疑，这是个快捷、简单与高效的方法，将有助于缩短故障排除时间。

2. 自动排列你的桌面

如果你的 Windows 10 桌面上的图标分散得到处都是，此时只需要右击桌面，选择"查看"→"自动排列图标"命令即可。

3. Windows 10 开始屏幕里的快捷方式被误删怎么办

首先在桌面上创建好要恢复的程序的快捷方式，然后右击该快捷方式，在弹出的快捷菜单中选择"固定到开始屏幕"命令可以了。

4. 让"开始屏幕"中显示更多的磁贴

（1）右击任务栏，选择"任务栏设置"命令，打开"设置"窗口。

（2）在窗口左侧选择"开始"选项，将窗口右侧"在开始菜单上显示更多磁贴"下方的开关置于"开"状态即可。

5. 复制和撤销

复制：按住 Ctrl 键不放，选中一个文件，然后往右一拖，就完成复制了。该技巧在很多软件中同样适用，如 Word、Adobe Flash 等。撤销复制："万能"的组合键 Ctrl+Z，很多软件都支持，除了撤销复制，其实重命名、移动、删除文件的时候也可以用 Ctrl+Z 组合键撤销，非常方便。

6. 使用 Tab 键快速重命名文件的技巧

假如一个文件夹中有大量文件需要重命名，首先选中其中一个文件，重命名，完成后不要按 Enter 键，而是按 Tab 键，会自动进入下一个文件的重命名状态，如果想重命名上一个文件，只需要按 Shift+Tab 组合键就可以了。

7. 如何快速获得文件的路径

按住键盘上的 Shift 键不放，右击目标文件，在弹出的快捷菜单中选择"复制为路径"命令，将文件的路径复制到剪贴板，然后粘贴出来就可以看到该文件的完整路径了。

8. 用多个进程打开多个文件夹

按住 Shift 键，右击驱动器或文件夹，在快捷菜单中选择"在新的进程中打开"命令，则"资源管理器"窗口将在一个新的进程中打开。这里需要说明的是，此方法可能会增加系统资源的消耗。

9. 让 Windows 10 的"发送到"菜单显示更多选项

按住 Shift 键不放，右击任意一个文件，选择"发送到"命令，这样可以显示更多的选项。

10. 关闭系统搜索索引服务

① 单击任务栏中的"搜索"图标，在打开的窗口下方搜索框中输入"服务"，按 Enter 键打开"服务"窗口。

② 在服务（本地）中找到"Windows Search 的属性"选项并双击，打开"Windows Search 的属性（本地计算机）"对话框，然后在"启动类型"下拉列表框中选择"禁用"选项。

③ 单击"确定"按钮即可完成操作。

11. 关闭系统启动声音

① 依次打开"开始"→"设置"→"系统"→"声音"→"声音控制面板"，打开"声音"对话框。然后在"声音"选项卡中取消选中"播放 Windows 启动声音"复选框即可。

② 关闭系统提示音并不会关闭计算机播放多媒体文件的声音。

12. 巧妙关闭系统通知

① 右击任务栏，选择"任务栏设置"命令，打开"设置"窗口，在窗口右侧分别单击"通知区域"分组下方的"选择哪些图标显示在任务栏上"和"打开或关闭系统图标"超链接。

② 用户可以在打开的"设置 选择哪些图标显示在任务栏上"窗口中选择是否在通知区域显示时钟、音量、网络等图标。

③ 用户可以在打开的"设置 打开或关闭系统图标"窗口中选择是否显示时钟、音量、网络、电源、操作中心等图标。

13. 关闭 Windows Aero 特效

① 在桌面上右击，在快捷菜单中选择"个性化"命令。

② 在窗口左侧选择"颜色"选项，将窗口右侧"透明效果"下方的开关置于"关"状态，就可以关闭 Aero 特效。

14. 提高窗口切换速度

① 右击"此电脑"图标，在快捷菜单中选择"属性"命令，然后在打开的设置窗口右侧单击"高级系统设置"超链接。

② 在打开的"系统属性"对话框中选择"高级"选项卡，单击"性能"组下的"设置"按钮，打开"性能选项"对话框。

③ 在"视觉效果"选项卡下，用户可以根据需要选择不同的方案，可以通过"自定义"显示部分效果，从而提升系统速度。

④ 取消选中列表最后的"在最大化和最小化时显示窗口动画"复选框。

15. 优化桌面动画效果

① 右击桌面上的"此电脑"图标，在快捷菜单中选择"属性"命令。

② 在打开的设置窗口右侧单击"高级系统设置"超链接，打开"系统属性"对话框。

③ 选择"高级"选项卡，在"性能"组中单击"设置"按钮。

④ 在打开的"性能选项"对话框中选择"视觉效果"选项卡，然后选中"调整为最佳外观"单选按钮，然后单击"确定"按钮即可。

16. 打开 Windows 10 的屏幕键盘

按 Windows+R 组合键打开"运行"对话框，输入"osk"，按 Enter 键即可打开 Windows 10 的屏幕键盘。

17. 查看 Windows 10 运行了多长时间

打开任务管理器，选择"性能"选项卡即可查看 Windows 10 运行了多长时间。

18. 用自带的截图工具截取"开始"菜单和右键菜单

Windows 10 自带的截图工具也很实用，打开"开始"菜单，在应用程序列表中选择"Windows 附件"→"截图工具"命令。打开截图工具后，单击"新建"按钮，然后再选择"模式"后就可以截取"开始"菜单了，按 Ctrl+Print Screen 组合键可以截取右键菜单。

19. 让 Windows 10 的桌面图标显示成超大图标

方法：按住键盘上的 Ctrl 键不放，滚动鼠标滚轮。

20. 设置屏幕明亮度

① 按 Windows+R 组合键，打开"运行"对话框，输入"dccw"，按 Enter 键打开"显示颜色校准"窗口。

② 根据系统提示和个人需要，单击"下一步"按钮进行设置即可。

21. 语音聊天时自动将其他声音设置为静音模式

① 以上文 11 所述的方式打开"声音"对话框。

② 选择"通信"选项卡，选中"将所有其他声音设置为静音"单选按钮，单击"应用"按钮，然后单击"确定"按钮完成操作。

22. 使用键盘添加表情符号、颜文字和符号

按 Windows +句点（.）组合键，打开表情符号面板。用户还可以创建带文字的表情，使用符号（如标点和货币符号）创造表达。

23. 快速创建事件

直接在任务栏向日历中添加事件或提醒。在任务栏上选择日期和时间，然后在"添加事件或提醒"文本框中输入详细信息。

24. 暂停更新，直到方便时再进行

若要暂时延迟为设备安装更新，单击"开始"，选择"设置"命令，在打开的窗口单击"更新和安全"超链接，打开"Windows 更新"窗口，然后选择"暂停更新"。达到暂停限制后，将需要获取最新的更新，然后才能再次暂停。

第 2 部分　字处理软件实训项目

实训项目 4　欢迎新同学——**Word** 的基本操作

实训说明

本实训是制作一份"发言稿",最终效果如实训项目图 4.1 所示。

欢迎新同学——
Word 的基本操作

案例素材

实训项目图 4.1

要求读者通过本实训掌握最基本的输入法以及对字体的设置方法。这里用到的都是 Word 的一些基本功能,今后会经常用到,所以熟练地加以掌握还是很有必要的。

本实训知识点涉及连字符变为长横线,文字的位置设置,字体的设置,插入日期和时间,字数统计工具。

实训步骤

1. 新建 Word 文档

首先启动 Word 2016，在窗口右侧区域单击"空白文档"，就可以新建一个 Word 文档。

2. 输入标题

在光标位置输入文字"致大学新同学的欢迎词"。

3. 设置标题格式

选中标题文字，在"开始"选项卡"字体"选项组"字体"下拉列表框中选择"宋体"，在"字号"下拉列表框中设置字号为 28 磅，然后单击"段落"选项组中的"居中"按钮，使标题位置居中，效果如实训项目图 4.2 所示。

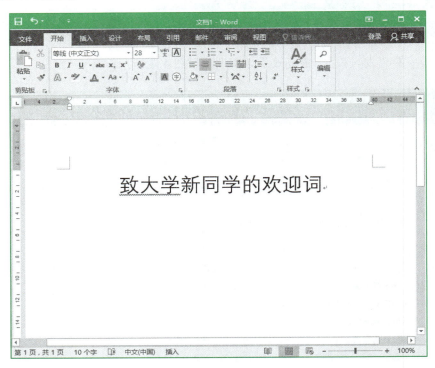

实训项目图 4.2

4. 输入"HOT"

读者可能注意到了，标题的右上方还有一个红色的"HOT"，它是怎样跑到标题右上方的呢？要知道，这并不是通过改变字号就可以实现的。在标题的末尾输入"HOT"，并选中，将其字体设置为"Verdana"，字号设置为"小四"号，单击"加粗"按钮，使文字加粗显示，并将字体颜色设置成红色。

5. 设置字体

① 单击"开始"→"字体"→"对话框启动器"按钮，打开"字体"对话框，如实训项目图 4.3 所示。

② 选择"高级"选项卡，在"位置"下拉列表框中选择"上升"选项，将"磅值"设置为 14 磅。在"高级"选项卡的"预览"栏中可以看到演示效果，如实训项目图 4.4 所示。

③ 单击"确定"按钮，返回 Word 文档。文档的当前效果如实训项目图 4.5 所示。

6. 设置段落

① 按 Enter 键之后，设置"左对齐"方式，字体选择"宋体"，字号选择"三号"。

实训项目图 4.3

实训项目图 4.4

实训项目图 4.5

　　② 单击"开始"→"段落"→"对话框启动器"按钮，打开"段落"对话框，如实训项目图 4.6 所示，在"缩进"栏的"特殊格式"下拉列表框中选择"首行缩进"选项，返回编辑状态。

7. 使用"自动更正"选项

　　开始输入发言稿的具体内容。需要注意的是，在输入"九月———一个伟大"的时候，可以发现输入两条短横线后，它们自动变成一条长横线，这是利用了 Word 的自动更正功能。

选择"文件"→"选项"命令，打开"Word 选项"对话框，选择"校对"选项卡，单击"自动更正选项"按钮，打开"自动更正"对话框，如实训项目图 4.7 所示。

实训项目图 4.6

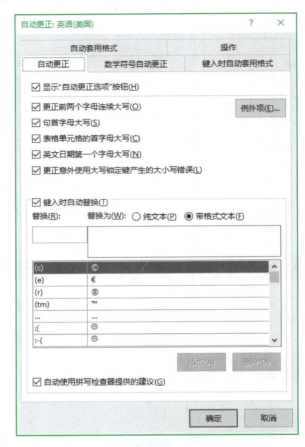

实训项目图 4.7

选择"键入时自动套用格式"选项卡，可以看到有一个"连字符（--）替换为长画线（—）"选项，如实训项目图 4.8 所示。

在该选项保持选中状态的情况下，才会出现前面所说的自动完成情况。这里还有很多选项设置，读者可以按照自己的习惯进行设置。

8. 插入日期和时间

文章内容输入完成后，另起一行，设置成"右对齐"方式，单击"插入"→"文本"→"日期和时间"按钮，在打开的"日期和时间"对话框中选择一种可用格式，如实训项目图 4.9 所示。

单击"确定"按钮，文档的显示效果如实训项目图 4.1 所示。

9. 字数统计

最后输入的是文章的作者"老生代表：陆佳"。如果想要统计这篇发言稿的字数，原来的办法是单击"审阅"→"校对"→"字数统计"按钮。在这篇文章中，采用这种方法无关大局，但是如果编辑很长的文档，频繁地打开"字数统计"对话框（实训项目图 4.10）就不大便捷了。

在执行字数统计操作时，还可以随时选中一段文字，通过单击状态栏中的"字数统计"来计算该段文字包含的字数。

至此，这个实例就讲解完了，读者是否从中学到了很多东西呢？

实训项目图 4.8

实训项目图 4.9

实训项目图 4.10

实训项目 5　中英文混排——Word 的基本操作

实训说明

　　本实训制作一份"汉英对照文本",最终效果如实训项目图 5.1 所示。

　　Word 是一个易学、易用的,集文字录入、编辑、排版为一体的小型桌面排版软件。本实训通过对含有英文的文档进行编辑和排版,帮助读者进一步掌握 Word 的基本操作方法。

中英文混排——
Word 的基本操作

本实训知识点涉及字符和段落的格式化、缩进方式、项目符号与编号、文档的分栏及剪贴画的插入。

实训步骤

（1）打开名为"英语翻译文章.docx"的文件或按照样文输入文本。

（2）单击"开始"选项卡"字体"选项组，对文档字体进行如下设置。

① 添加中文标题"欢迎外国代表团来访"，并设置为宋体、四号，加设底纹，字符颜色为粉红色。

② 添加英文标题"WELCOMING A FOREIGN DELEGATION"，并设置为 FELIX TITLING 字体、小四，加设字符边框，字符颜色为粉红色。

③ 中文内容设置为宋体、小五，英文内容设置为 Times New Roman 字体、小五。

④ 中文部分和英语部分每句话前面的对话人名简称设置为加粗、倾斜，字符颜色为蓝色。

说明

在设置文字效果之前，必须先选定文字；字符间距的设置在"字体"对话框的"高级"选项卡中。

（3）对文档进行项目符号与编号的设置。

① 分别为中文和英文对话进行编号，编号格式为"1."。

② 项目符号与编号的操作命令在"开始"选项卡，单击"段落"选项组中的"编号"按钮（或"项目符号"按钮），在下拉列表选择编号样式（或选择项目符号样式）。

思考

编号设置可以利用"开始"→"段落"→"编号"命令进行，也可以选中需要编号的段落，使用"段落"选项卡中的"项目符号"和"编号"命令按钮进行相应的设置。请比较两者之间的区别。

（4）对文档进行段落设置。

① 整个文档的行距设置为"单倍行距"，悬挂缩进1.98个字符。

② 中文和英文标题均设为居中对齐。

③ 将对话文字分两栏排版，使中文居前，英文居后。

说明

"悬挂缩进"位于"段落"对话框的"特殊格式"下拉列表框中，也可以利用 Word 编辑窗口中的标尺进行段落缩进的设置。

思考

如果文本的篇幅较短，在对其进行分栏操作时，将会出现各栏高度不一致的现象，该如何解决这个问题？

（5）对文档进行页面设置。

① 上、下页边距分别设置为2.5厘米、2厘米。

② 纸型设置为16开纸张。

③ 纸张方向设置为纵向。

（6）对英文部分进行"拼写和语法"检查，并对存在错误的地方进行改正。

（7）统计文档字数。文档字数的统计命令位于"审阅"选项卡中"校对"选项组中的字数统计命令，在相应的字数统计对话框中，可以查看页数、字数、段落数等信息。

（8）参照实训项目图5.1插入两幅合适的剪贴画，并调整好其大小，设置图片格式为"嵌入型"或"浮于文字上方"。

欢迎外国代表团来访

1. **王**: 李先生早, 希望您的旅行到目前为止都很愉快。

2. **李**: 谢谢, 我度过了一段美好的时光。

3. **王**: 这是您第一次到中国来吗?

4. **李**: 是的, 这是我第一次到中国旅行, 我过得很愉快。

5. **王**: 我很高兴听您这么说。琼斯先生正期待着你们的光临, 能否请您及您的同伴从这边走? 我带你们到董事长办公室。他正在那里, 准备迎接你们。让我把您介绍给琼斯先生。

WELCOMING A FOREIGN DELEGATION

6. **李**: 好极了, 我很想认识他。

7. **王**: 这位是 ABC 公司的总裁琼斯先生, 这是达德商贸公司的李先生。

8. **琼斯**: 我很高兴认识您。

9. **李**: 我也很高兴认识您。

10. **琼斯**: 李先生, 您能到 ABC 公司访问, 我们深感荣幸。

11. **李**: 谢谢, 我们也感到很荣幸。

12. **王**: 请坐, 不要客气。杨先生五分钟内到。他将带你们到研究中心参观。在此期间, 我想向每位客人赠送一份有关我公司经营情况的资料。如果您有何问题, 请不要客气, 尽管发问。

1. **Wang:** Good morning, Mr Li. I hope your trip has been a pleasant one so far.

2. **Li:** Thank you. I have been having a wonderful time.

3. **Wang:** Is this your first visit to China?

4. **Li:** Yes. This is my first trip, and I have enjoyed myself a great deal.

5. **Wang:** I am glad to hear that. Mr Jones has been looking forward to your arrival. If you and your party would come this way, I'll take you to the President's office. Mr Jones is waiting to receive you there. I will introduce you to Mr Jones.

6. **Li:** Good. I'd like to meet with him.

7. **Wang:** This is Mr Jones, chairman of the board of ABC Company, and this is Mr Li of Dodd Trading Company.

8. **Jones:** I'm pleased to meet you.

9. **Li:** I'm pleased to meet you, too.

10. **Jones:** We are all honoured that you could visit ABC Company, Mr Li.

11. **Li:** Thank you, the pleasure is ours.

12. **Wang:** Please have a seat and make yourself comfortable. Mr Yang will be here in five minutes and he will take you a tour to the research center. In the meantime, I'd like to present each of you one of these packages containing information on our operations. If you have any questions, please don't hesitate to ask.

实训项目图 5.1

经验技巧

Word 录入技巧

1. 叠字轻松输入

在汉字中经常遇到重叠字, 比如 "爸爸" "妈妈" "欢欢喜喜" 等, 在 Word 中输入时除了利用输入法自带的功能快速输入, Word 还提供了一个这样的功能, 通过组合键 Alt+Enter 便可轻松输入, 如在输入 "爸" 字后, 按组合键 Alt+Enter 便可再输入一个 "爸" 字。

2. 快速输入省略号

在 Word 中输入省略号时经常采用单击 "插入" → "符号" → "符号" 按钮, 在下拉列表中选择 "其他符号" 命令, 在打开的对话框中选择省略号的方法。其实, 只要在需要输入省略号处按 Ctrl+Alt+.

组合键便可快速输入，并且在不同的输入法下都可采用这个方法快速输入。

3. 快速输入汉语拼音

在输入较多的汉语拼音时，可采用另外一种更简捷的方法。先选中要添加注音的汉字，再单击"开始"→"字体"→"拼音指南"按钮，在打开的"拼音指南"对话框中单击"组合"按钮，即可将拼音文字复制、粘贴到正文中，同时还可删除不需要的基准文字。

4. 快速输入当前日期

在 Word 中进行录入时，常遇到输入当前日期的情况，在输入当前日期时，只要单击"插入"→"文本"→"日期和时间"按钮，在打开的"日期和时间"对话框中选择需要的日期格式后，单击"确定"按钮就可以了。

5. 漂亮符号轻松输入

在 Word 中，常看到一些漂亮的图形符号，如☎、✆、✇等，这些符号也不是由图形粘贴过去的，Word 中有几种自带的字体可以产生这些漂亮、实用的图形符号。在需要产生这些符号的位置上，先把字体更改为 Wingdings、Wingdings 2 或 Wingdings 3 及相关字体，然后再试着在键盘上按键，如 7、9、A 等，此时就产生这些漂亮的图形符号了。例如，把字体改为 Wingdings，再在键盘上按 D 键，便会产生一个"Ω"图形。注意区分大小写，大写得到的图形与小写得到的图形不同。

6. 快速输入大写数字

由于工作需要，经常要输入一些大写的金额数字（特别是财务人员），但由于大写数字笔画大都比较复杂，无论是用五笔字型还是拼音输入法输入都比较麻烦。利用 Word 2016 可以巧妙地完成，首先输入小写数字如"123456"，选中该数字后，单击"插入"→"符号"→"编号"按钮，打开"编号"对话框，选择"壹，贰，叁…"选项，单击"确定"按钮即可。

7. 字号最大值

Word 的最大字号是 1638 磅，即 57.78 厘米。

实训项目 6 "读者评书表"——特殊符号的快速输入

实训说明

本实训将制作一份"读者评书表"，最终效果如实训项目图 6.1 所示。

在报纸、杂志、书籍、产品广告中经常需要通过"读者调查表""用户意见表"等方式征求意见和建议，为了能够有效地回收信息，这类调查表必须内容精练、版面新颖、填写方便。因此在制作这类调查表时，结合具体内容插入一些特殊的符号，就能起到活跃版面、画龙点睛的作用。

本实训知识点涉及特殊符号的输入、文字位置的提升和降低、软键盘的使用。

案例素材

📱"读者评书表"
——特殊符号的快速输入

实训步骤

① 参照实训项目图 6.1 输入文稿，标题字体采用华文彩云、二号，字符缩小至原来大小的 90%，加设加粗下画线；正文为宋体、五号；文稿中"您的建议将有可能获得'最佳建议奖'"设为楷体、五号；"书籍项目"等标题设为华文行楷、小四。

② 结合本实训内容，在不同的位置依次插入✍、☑、☒、★、📧、☞、□、✂、✉、☎、💻等特殊符号。具体步骤：单击"插入"→"符号"→"符号"按钮，在下拉列表中选择"其他符号"命令，打开"符号"对话框，选择"符号"选项卡，在"字体"下拉列表框中选择 Webdings 字体，

插入✍、★、✂、☞、☎、🖳、📠、✉等特殊符号；选择 Wingdings 2 字体，插入☑、☒、□等特殊符号。

读者评书表 ✍

尊敬的读者：

您好！我们真诚地希望继续得到您的支持，把您对《计算机应用基础——案例教程》和《计算机应用基础——典型实训与测试题解》这两本书的内容选题、章节设置、印刷质量等方面的意见和想法及时告诉我们。您可以对高等教育出版社出版的书籍（当然最好是最新书籍）的内容进行评论，提出您的看法，另外还可以对今后书籍的内容、风格等提出您的建议！请多多发表意见（"喜欢"填☑，"不喜欢"填☒）！您的建议将有可能获得"最佳建议奖" ★★★★★

📠 姓名年龄职业性别

📠 单位电话 E-mail

📠 通讯地址邮编

☞ **书籍项目**：（1）本书写作风格□ （2）本书编排质量□ （3）印刷质量□
（4）案例教程□ （5）应用篇□ （6）测试篇□ （7）实验篇□

☞ **《案例教程》的章节**：（1）第 1 章□ （2）第 2 章□ （3）第 3 章□ （4）第 4 章□
（5）第 5 章□ （6）第 6 章□ （7）第 7 章□ （8）第 8 章□

☞ **《典型实训与测试题解》的章节**：（1）实训篇□ （2）测试篇□ （3）实验篇□
（4）Word 部分□ （5）Excel 部分□ （6）其他部分□

✂

☞ 此表复印有效，请寄：✉（100029）北京市朝阳区惠新东街 4 号高等教育出版社收。

☎029-33152018（本书主编）📠010-58556017

实训项目图 6.1

③ 为了使文字与特殊符号相协调且保持平行，可通过设置特殊符号的字号、文字和特殊符号的提升、降低等进行适当的调整。

✍：初号，降低 10 磅。

☑、☒、★：小四。

📠：三号，后面文字提升 4 磅。

☞、✉、☎：二号，后面文字提升 3 磅。

🖳：小二，后面文字提升 3 磅。

④ 用绘图工具绘制一条虚线作为裁剪线，在裁剪线上制作一个文本框，其中插入特殊符号"✂"，设置文本框线条颜色为无色，再将裁剪线与文本框进行组合。

⑤ 数字序号的输入：鼠标指针指向状态栏中的中文输入法软键盘开关按钮并右击，打开如实训项目图 6.2 所示的快捷菜单，选择"数字序号"选项，打开如实训项目图 6.3 所示的数字序号软键盘，即可快速输入所需要的符号。用鼠标单击状态栏中的输入法软键盘开关按钮，便可打开或关闭软键盘。系统默认的软键盘是标准 PC 键盘（Windows 内置的中文输入法共提供了 PC 键盘、希腊字母键盘、俄文字母键盘、注音符号键盘、拼音字母键盘、日文平假名键盘、日文片假名键盘、标点符号键盘、数字序号键盘、数学符号键盘、制表符键盘中文数字键盘和特殊符号键盘 13 种软键盘）。

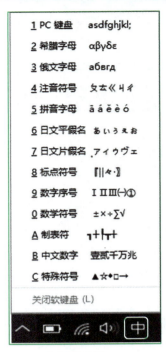

实训项目图 6.2

实训项目图 6.3

实训项目 7　商品广告与英语词汇表——巧用 Word 制表位

实训说明

本实训制作一份"商品广告",最终效果如实训项目图 7.1 所示。

报纸中的商品广告及股市行情、杂志中刊登的诗歌、书籍中的英语词汇表或程序清单等,这类内容的版面每行都含有若干项目,并且要求各行之间的项目上下对齐,巧用 Word 制表位进行编辑排版,将会收到事半功倍的效果。

本实训知识点涉及制表位的用法。

商品广告与英语词汇表——巧用 Word 制表位

案例素材

实训步骤

制表位是与 Tab 键结合使用的。设定制表位之后,每按一次 Tab 键,光标会自动移出制表位的宽度。系统默认设置为两个字符的宽度,用户可以按需设定其值(在水平标尺上用鼠标左键或右键单击,要显示标尺,应在"视图"→"显示"中选中"标尺"复选框)。利用制表位可以实现文本的垂直对齐及输入列表文本。

制表位共有 └、┘、┴、┴、┊ 5 种类型,其符号从左至右依次为左对齐、右对齐、居中对齐、小数点对齐和竖线对齐,通过在水平标尺最左侧的制表符按钮上单击鼠标左键来切换。设定制表位通常在输入指定文本或表格之前进行。

实训项目图 7.1

1. 设置制表位并输入文本内容

① 连续单击水平标尺左端的制表符按钮，当出现左对齐制表符图标 ⌴ 时，在标尺的 2 厘米处单击，标尺上会出现一个左对齐制表符，用于定位列表文本的第一项"商品名称"，然后按 Tab 键，将光标移至这个制表位，输入文字"长虹电视"，如实训项目图 7.2 所示。

实训项目图 7.2

② 再单击水平标尺左端的制表符按钮，当出现竖线制表符图标 ⅼ 时，在标尺的 10.2 厘米处单击，标尺上会出现一个竖线制表符，同时与竖线制表符对应的文本区出现一条"竖线"，如实训项目图 7.2 所示。

③ 再单击水平标尺左端的制表符按钮，当出现居中对齐制表符图标 ⊥ 时，在标尺的 20 厘米处单击，标尺上会出现一个居中对齐制表符，用于定位列表文本的第 2 项"型号"，然后按 Tab 键，将光标移至这个制表位，输入文字"50E780U"，如实训项目图 7.2 所示。

④ 再单击水平标尺左端的制表符按钮，当出现竖线制表符图标 ⅼ 时，在标尺的 30 厘米处单击，标尺上会出现一个竖线制表符，同时与竖线制表符对应的文本区出现一条"竖线"，如实训项目图 7.2 所示。

⑤ 再单击水平标尺左端的制表符按钮，当出现小数点对齐制表符图标 ⊥ 时，在标尺的 38 厘米处单击，标尺上会出现一个小数点对齐制表符，用于定位列表文本的第 3 项"单价"，然后按 Tab 键，将光标移至这个制表位，输入文字"6599.00 元"，如实训项目图 7.2 所示。

63

⑥ 先后按 Enter 键和 Tab 键，光标移至下一行且自动与上一行的第 1 个制表位对齐，此时直接输入第 2 行的第 1 项"海尔彩电"，输入后再次按 Tab 键，光标移至该行第 3 个制表位，接着输入文字"LD47M9000"。以此类推，将所有数据和文本内容输入指定位置。

⑦ 将"震撼天地""冰凉世界""洁净空间"与"------"等插入相应的列表文本中（注意：输入这些内容时不设制表位）。

⑧ 参照前面的步骤，设置商场名称、地址、电话号码等处的制表位，并输入相应的文本内容，如实训项目图 7.3 所示。

实训项目图 7.3

⑨ 在电话号码前面插入前导符"……"：先把插入光标移至已使用制表位的行，在水平标尺某一制表位上双击鼠标左键，打开"制表位"对话框，如实训项目图 7.4 所示。在"制表位位置"列表框中选定"30 字符"选项，在"前导符"选项组中选中"2"单选按钮，最后单击"确定"按钮。

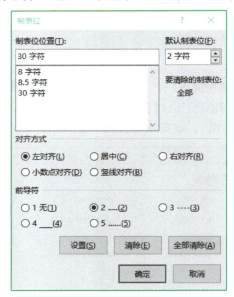

实训项目图 7.4

2. 清除制表位

先把光标移至已使用制表位的行，在水平标尺的某一制表位上双击鼠标左键，打开"制表位"对话框，如实训项目图 7.4 所示。在"制表位位置"列表框中选定某一字符数（如 8.5 字符），单击"清除"按钮即可清除该位置的制表位。单击"全部清除"按钮即可清除全部制表位。最后单击"确定"按钮。

> **注意**
>
> 本实训前两行内容的设置："营造放心消费环境"字体为华文彩云，前 4 个字依次为初号、小初、一号、小一，且文字依次提升 4 磅~12 磅，达到顶部对齐，"消费环境"为小二，文字提升 14 磅；第 1 行的"★★★★★"为小四，文字提升 20 磅。第 2 行的"国美 3·15 家电节隆重开幕"为华文行楷、二号、斜体且文字提升 16 磅，此行的"★★★★★"为小二，文字提升 14 磅。

英语词汇表的输入请读者自己练习：

omit［ou'mit］　　　vt. 省略，遗漏　　　　　newly［'nju：li］　　　adv. 最近，最新

daily［'deili］　　　　adj. 日常的，每日的

　　　　　　　　　　adv. 每日，日常地

　　　　　　　　　　n. 日报

实训项目 8　望庐山瀑布——Word 图文混排

实训说明

本实训制作多份图文并茂的文章，最终效果如实训项目图 8.1~实训项目图 8.3 所示。

在一篇文章中，除了文字以外，经常会包含一些其他类型的资料，如图形、图像、表格等，应用 Word 提供的图文编辑功能，对这些图文资料和栏目进行巧妙的编排，可以制作出图文并茂的文章。

望庐山瀑布——
Word 图文混排

案例素材

实训项目图 8.1

乌黑的一身羽毛，光滑漂亮，积伶积俐，加上一双剪刀似的尾巴，一对劲俊轻快的翅膀，凑成了那样可爱、活泼的一只小燕子。当春间二三月，轻飔微微地吹拂着，如毛的细雨无因地由天上洒落着，千条万条的柔柳，齐舒了它们的黄绿的眼，红的白的黄的花，绿的草，绿的树叶，皆如赶赴市集者似的奔聚而来，形成了烂漫无比的春天时，那些小燕子，那些伶俐可爱的　　　　　　　　小燕子，便也由南方飞来，加入这个隽妙无比的春景的图画中，为春光平　　　　　　　添许多的生趣。小燕子带了它的双剪似的尾，在微风细雨中，或在阳光满地时，斜飞于旷亮无比的天空之上，唧的一声，已由这里的稻田上，飞到了那边的高柳之下了。另外几只却隽逸地在粼粼如縠纹的湖面横掠着，小燕子的剪尾或翼尖，偶沾水面一下，那小圆晕便一圈一圈地荡漾了开去。

实训项目图 8.2

本实训知识点涉及图片的插入和编辑、文本框的插入和编辑、图文关系的调整等。

实训项目图 8.3

实训步骤

1. 实训项目图 8.1 的制作

（1）插入文本框，并设置其宽度为 20 厘米，高度为 10 厘米。文本框线条为 1.5 磅的实线，并设置填充色为灰色-80%、文字 2、淡色 80%。

（2）按照实训项目图 8.1 输入诗词"我的心，你不要忧郁"的全部内容，全诗文字字体为隶书、五号，行距为单倍行距。为了使诗文位于卡片的右侧，在输入诗文后，用首行缩近的方法移至右侧。落款中的破折号通过插入符号的方法得到。

（3）标题"我的心，你不要忧郁"采用艺术字，艺术字的修饰要求如下。

① 艺术字样式：单击"绘图工具/格式"→"艺术字样式"→"文字效果"按钮，在下拉列表中选取"转换"→"弯曲"的第 5 行第 1 列。

② 字体及字号：宋体，16 磅。

③ 艺术字格式：在"绘图工具/格式"选项卡"大小"选项组中设置高度为 1.04 厘米，宽度为 5 厘米，填充和线条颜色均为深蓝色。

④ 艺术字阴影：阴影样式 6（艺术字的阴影通过"绘图工具/格式"→"艺术字样式"→"文本效果"→"阴影"来设置）。

（4）插入剪贴画 j0284916.jpg，并将图片填充色设置为浅青绿色，线条设置为无色。

（5）最后将文本框、艺术字、图片进行组合。

2. 实训项目图 8.2 的制作

① 标题"海燕"两个字的字体为方正舒体，三号，字符位置提升 30 磅。

② 在标题两侧插入图片 seagulls.wmf，并制作样文中的效果。

③ 按照样文输入文章"海燕"的全部内容，全文文字字体为宋体—方正超大字符集，五号，行距为单倍行距。

④ 对文档中的第 1 个字符设置下沉两格，距正文 0.1 厘米。

⑤ 单击"插入"→"插图"→"形状"按钮，在下拉列表选择"基本形状"→"菱形"形状，并为菱形图片设置填充色为青绿色；在菱形中插入图片 seagulls.wmf，并将二者组合。组合后的图形设

置为紧密型文字环绕方式。

⑥ 在文档的下方插入多张 fishy.wmf 图片，并设置成如实训项目图 8.2 所示格式。

提示

> 图片 seagulls.wmf 和 fishy.wmf 必须经过 Word 2016 中的图片工具处理才能达到样文 8-2 中的效果。

3. 实训项目图 8.3 的制作

（1）按照实训项目图 8.3 输入诗词"望庐山瀑布"的内容，并将文字设置成竖排文字，字体为华文行楷，四号，文字颜色为红色。

（2）在文档中插入图片 falls.jpg 作为背景，环绕方式设置为衬于文字下方，叠放次序设置为衬于文字下方。

（3）标题"望庐山瀑布"采用艺术字，艺术字的修饰要求如下。

① 字体及字号：华文行楷，36 磅。

② 艺术字样式：在"绘图工具/格式"→"形状样式"→"形状效果"下拉列表中选择"棱台"组中的第 1 行第 3 列样式▱。

③ 艺术字格式：在"绘图工具/格式"→"大小"选项组中设置尺寸为高度 8.11 厘米、宽度 2 厘米；右击艺术字，在快捷菜单中选择"设置形状格式"命令，打开"设置形状格式"窗格，设置填充颜色为灰色-25%、背景 2，线条颜色为无色。

④ 艺术字阴影：阴影样式（艺术字的阴影通过在"绘图工具/格式"→"艺术字样式"→"文本效果"下拉列表中选择"阴影"组中相关样式来设置）。

（4）艺术字"望庐山瀑布"文字环绕方式设置为浮于文字上方。

（5）注意调整好图片、艺术字、文字三者的叠放次序。

经验技巧

Word 基本编辑技巧

1. 部分分栏

如果只想对文档中的某一部分分栏，可以在这部分的开始和结束位置分别插入一个分节符：单击"布局"→"页面设置"→"分隔符"按钮，在下拉列表中选择"分节符"组的相关命令，然后将光标移到这段文字中，再单击"布局"→"页面设置"→"分栏"按钮，在下拉列表中选择"更多分栏"命令，打开"分栏"对话框，设置分栏样式，选择应用于"本节"，然后单击"确定"按钮。

2. 部分竖排

如果只想让一段文字竖排，可以将这段文字放入文本框中，然后选中文本框，选择"绘图工具/格式"→"文本"→"文字方向"按钮，在下拉列表中选择"垂直"命令。另外一种简单的方法是：单击"插入"→"文本"→"文本框"按钮，在下拉列表中选择"绘制竖排文本框"选项。

3. 更改默认存盘格式

选择"文件"→"选项"命令，打开"Word 选项"对话框，选择"保存"选项卡，在"保存文档"选项组的"将文件保存为此格式"下拉列表框中选择自己想要的格式，以后每次存盘时，Word 就会自动将文件保存为预先设定的格式了。

4. 移动任意区域文本

在要移动文本的起始处单击鼠标左键，按住 Shift+Alt 组合键，在文本的末尾处单击，就可以选中文本了，用鼠标可以拖动所选区域的文本。

5. 微移技巧

（1）准确移动文本

使用鼠标拖曳方式移动文本时，由于文档篇幅过长，移动距离较远，经常会移错位置。可以采取如下方法：选中要移动的文本，按 F2 键，此时状态栏显示"移至何处？"，把光标移到目的地，按 Enter 键便可实现准确移入。

（2）移动图形

在用鼠标移动 Word 文档中的图片、自选图形或艺术字时，经常不能精确放置图形、无法实现精确排版，其实可以采用这种方法：选中要移动的图形，用 Ctrl 键配合→、←、↑、↓方向键来定位，或者用 Alt 键配合鼠标拖曳来完成。

（3）移动多个对象

Word 文档中有时会存在多个图片、自选图形、艺术字，若想让它们按照已有间距整版移动，可以先按住 Shift 键，再用鼠标左键选定它们，然后用鼠标拖动或 Ctrl+方向键移动即可。

（4）微调表格线

在按住 Alt 键的同时用鼠标调整表格线，就能够微调表格线的位置。

（5）数值化调整

如果要十分准确地调整图片对象的位置，可以在"设置图片格式"窗格中进行数值化设置。对于表格线的位置即单元格的大小，也可以在"表格属性"对话框中进行数值化设置。

6. Ctrl+Z 组合键的妙用

当系统进行自动更正时，例如，输入"1. 主要内容"之后，按 Enter 键，Word 会自动生成"2. "，此时的标题序号自动变成项目编号。如果在按 Enter 键之后，按 Ctrl+Z 组合键，就会取消 Word 的自动更正，从而使标题序号成为可编辑项。

实训项目 9　课程表与送货单——Word 表格制作

实训说明

本实训分别制作"课程表"和"送货单"，最终效果如实训项目图 9.1~实训项目图 9.3 所示。

课程表与送货单
——Word 表格制作

案例素材

星期\时间		星期一	星期二	星期三	星期四	星期五
上午	1、2 节	高数	物理	英语	计应	英语
	3、4 节	英语	制图	高数	物理	高数
12:00—14:30		午休				
下午	5、6 节	计应	体育	计应	制图	制图
16:30—19:00		课外活动				
晚上	7、8 节	晚自习	晚自习	晚自习	晚自习	晚自习

实训项目图 9.1　课程表 1

时间 课程 星期		星期一	星期二	星期三	星期四	星期五
上午	第一节	语文	物理	外语	化学	外语
	第二节	语文	物理	外语	化学	外语
	第三节	数学	化学	语文	物理	数学
	第四节	数学	化学	语文	物理	数学
下午	第五节	外语	生物	数学	政治	语文
	第六节	外语	政治	数学	生物	语文

实训项目图 9.2　课程表 2

送货单

地址：

收货单位：　　　　　　　　　　　　　　　　　　20　年　月　日

货号	品名	规格	单位	数量	单价	金　额							备注(件数)
						万	仟	佰	十	元	角	分	
合计人民币（大写）　　万　仟　佰　拾　元　角　分													
发货单位：电话： 发货人：						发货单位盖章 发货人盖章							

开发票：20　年　月　日送货

实训项目图 9.3　送货单

在数据处理和文字报告中，人们常用表格将信息加以分类，使文档内容更具体、更具有说服力。表格可以是年度报表、发票、成绩单、个人简历、部门的销售报表等。Word 提供了相当方便的表格工具，可以迅速地创建精美的表格。

本实训知识点涉及规则表格和不规则表格的建立、编辑、修改和美化。

实训步骤

1. 制作简单表格

①"课程表 1"表格中的斜线制作：在"表格工具/布局"选项卡"绘图"选项组中的"绘制表格"命令，绘制斜线。

②"课程表 1"表格中星期/时间格式的设置：可以将该单元格分两行输入，第 1 行文字采用右对齐格式，第 2 行文字采用左对齐格式。

③"课程表 2"表格中的斜线按如下方法制作：单击"插入"→"插图"→"形状"按钮，在下拉列表中选择"直线"命令，使用直线绘制相应的表头样式，并输入各标题。

④"课程表 2"表格中星期/课程/时间格式的设置：在绘制斜线表头之前，先将该单元格分成 3 行，再绘制斜线表头，调整各行文字"星期""课程""时间"至合适的位置。

⑤ 表格中边框格式的设置可以按照如下步骤完成：选定要设置边框格式的单元格并右击，在快捷菜单中选择"表格属性/边框和底纹"命令。

⑥ 表格中边框格式的设置也可以通过如下步骤完成：单击"表格工具/设计"选项卡"边框"选项组中的"笔样式"和"笔画粗细"下拉按钮选择合适的线型，利用铅笔工具绘制边框线。

⑦ "星期一"至"星期五"文字设置段前间距为 0.5 行。

2. 制作复杂表格

① "送货单"表格要采用自动建立表格的方式，首先建立一个 8 行 14 列的基本表格，再在此基础上利用拆分和合并的方法来制作"送货单"表格。在制作该表格时，多余的线条也可以利用"表格工具/布局"→"绘图"→"橡皮擦"工具来擦除。

② 纸张大小为 18.2 厘米×8 厘米，上、下、左、右边距各为 0.8 厘米、0.6 厘米、1.5 厘米、1.5 厘米。

③ 四周的边框为粗实线，"单价"与"金额"之间为细双实线，"仟"与"佰"，"元"与"角"之间也为细双实线。

④ 文字"送货单"为黑体、小四，并设有双下划线（可以通过"字体"对话框来进行设置），表格外的其他文字及"货号""品名""规格""单位""数量""单价""备注（件数）"等文字为小五；表格中的其他文字为六号。

⑤ 在向表格中输入字符时，一定要注意对段落进行调整，否则可能会因为纸张太小而无法容纳所有内容。

⑥ 单击"表格工具/布局"→"表"→"属性"按钮，打开"表格属性"对话框，选择"居中"的对齐方式，使表格中文字居中，避免文字的位置过高或过低。

> **说明**
>
> ● 在插入表格完成后，如果要增添新的行，可将光标置于表格右下角的单元格内，按 Tab 键就可以增加一个新行。
>
> ● 当选定表格中的一列，再按 Delete 键时，将删除选定单元格中的数据。如果选中表格中的一列，在"表格工具/布局"选项卡中，单击"行和列"选项卡中的"删除"按钮，在下拉列表中选择"删除列"命令，将删除该列（包括列中的数据和单元格自身）。注意两者之间的区别。

实训项目 10　快速制作表格——文字与表格的转换、自动套用格式

实训说明

本实训通过制作"通信录"和"日程表"来介绍快速制作表格的方法，最终效果如实训项目图 10.1 和实训项目图 10.3 所示。

Word 的表格功能非常强大，可以灵活、方便地建立表格，应用文字与表格的转换和自动套用格式等表格工具，可以迅速地创建精美的表格。

本实训知识点涉及文字与表格的转换、表格自动套用格式、表格绕排等。

快速制作表格——文字与表格的转换、自动套用格式

案例素材

实训步骤

1. 将文本快速转换成表格

① 输入如下文字，各行中的文字用英文半角逗号隔开。行数与表格中的行数一致，用逗号隔开的分句数与表格中的列数一致。

姓名,性别,工作部门,系别,宿舍地址,联系电话

马红军,男,办公室,电气,3 号楼 A509,13990102081

学生会干部通信录

姓名	性别	工作部门	系别	宿舍地址	联系电话
马红军	男	办公室	电气	3 号楼 A509	13990102081
丁一平	女	学习部	汽车	2 号楼 B113	13990120405
李枚	男	学习部	财会	6 号楼 A439	13899102070
吴一花	女	女生部	数控	1 号楼 A524	13899012010
程小博	男	社团部	通信	5 号楼 B125	13090102356
王大伟	男	社团部	电子	3 号楼 A509	13308671211
柳亚萍	女	女生部	电气	2 号楼 A339	13991255678
张珊珊	男	宣传部	汽车	5 号楼 B222	13991203891
刘力	男	宣传部	财会	7 号楼 A628	13308670209
李博	女	文艺部	网络	1 号楼 B451	13099012100
张华	男	文艺部	通信	4 号楼 A327	13911022335
李平	男	体育部	电气	3 号楼 A529	13090105656
马红军	男	体育部	网络	3 号楼 A316	13099010208

实训项目图 10.1　通信录

丁一平,女,学习部,汽车,2 号楼 B113,13990120405
李枚,男,学习部,财会,6 号楼 A439,13899102070
吴一花,女,女生部,数控,1 号楼 A524,13899012010
程小博,男,社团部,通信,5 号楼 B125,13090102356
王大伟,男,社团部,电子,3 号楼 A509,13308671211
柳亚萍,女,女生部,电气,2 号楼 A339,13991255678
张珊珊,男,宣传部,汽车,5 号楼 B222,13991203891
刘力,男,宣传部,财会,7 号楼 A628,13308670209
李博,女,文艺部,网络,1 号楼 B451,13099012100
张华,男,文艺部,通信,4 号楼 A327,13911022335
李平,男,体育部, 电气,3 号楼 A529,13090105656
马红军,男,体育部,网络,3 号楼 A316,13099010208

② 选定文本后，单击"插入"→"表格"→"表格"按钮，在下拉列表中选择"文本转换成表格"命令，在如实训项目图 10.4 所示的"将文字转换成表格"对话框中进行相应的设置。

③ 在将文字转换成表格后，自动套用表格样式"中等深浅表格 1"样式，其效果如实训项目图 10.1 所示通信录。也可以对表格的行、列和字号进行所需的设置。

④ 最后添加标题，并设置字号等。

> **说明**
> - 在文本转换成表格操作时，文字分隔位置中的"逗号"应为英文半角逗号。
> - 同理，也可将表格转换为文字。

2. 将一个表格拆分成多个表格

① 先按照实训项目图 10.2 制作好表格。

② 进行表格的拆分。光标定位在要拆分的表格（如第 2 列第 8 行）处，单击"表格工具/布局"→"合并"→"拆分表格"按钮，即可实现表格的拆分。

③ 同理，可以拆分其他表格。

日期	场次	人数	时间
	第一场	20	8:00—9:00
	第二场	20	9:30—10:30
10月5日	第三场	20	11:00—12:00
	第四场	20	13:00—14:00
	第五场	20	14:30—15:30
小计		100	
	第一场	21	8:00—9:00
	第二场	20	9:30—10:30
10月6日	第三场	20	11:00—12:00
	第四场	20	13:00—14:00
	第五场	19	14:30—15:30
小计		100	
	第一场	20	8:00—9:00
	第二场	20	9:30—10:30
10月7日	第三场	18	11:00—12:00
	第四场	20	13:00—14:00
	第五场	21	14:30—15:30
小计		99	
合计		299	

实训项目图 10.2　日程表

登山比赛日程安排

日期	场次	人数	时间	
	第一场	20	8:00—9:00	信息系男队
	第二场	20	9:30—10:30	机械系男队
10月5日	第三场	20	11:00—12:00	电气系男队
	第四场	20	13:00—14:00	材料系男队
	第五场	20	14:30—15:30	工商系男队
小计		100		

孔子曰：智者乐水，仁者乐山。其实乐山者何止是仁者！凡是登过山的人，几乎都会喜欢山，喜欢山的巍峨壮丽。所以，在"纪念人类珠峰登顶 50 周年"之际，于 2003 年"十一"国庆节前夕，专门为全校职工举办一次登山活动，希望大家踊跃报名参加。

日期	场次	人数	时间
	第一场	21	8:00—9:00
	第二场	20	9:30—10:30
10月6日	第三场	20	11:00—12:00
	第四场	20	13:00—14:00
	第五场	19	14:30—15:30
小计		100	

10 月 7 日	第一场	20	8:00—9:00
	第二场	20	9:30—10:30
	第三场	18	11:00—12:00
	第四场	20	13:00—14:00
	第五场	21	14:30—15:30
小计		99	
合计		299	

乐在参与，重在体验和分享！
体验山，分享山，亲近山！
交流山，拥抱山，融入山，保护山！
世界因山而美丽，生命因山而精彩。

实训项目图 10.3　经拆分及文字绕排效果的日程表

3. 为表格设置文字绕排

① 按照实训项目图 10.3 在表格下面的一行中输入如下文字：

信息系男队

机械系男队

电气系男队

材料系男队

工商系男队

② 必须对表格设置文字环绕，才能使文字出现在表格的右侧。

具体操作过程是：选定表格并右击，在快捷菜单中选择"表格属性"命令，打开如实训项目图 10.5 所示"表格属性"对话框，选择"表格"选项卡，在其中的"文字环绕"选项组中选择"环绕"方式。

实训项目图 10.4　　　　　　　　　　　实训项目图 10.5

③ 若表格右侧的文字与表格中的相应行未能对齐，可以通过设置表格右侧文字的行距使其与表格中的相应行对齐。

④ 同理，为其他表格设置文字绕排方式。

实训项目 11　巧用 Word 无线表格

实训说明

很多人都有这样的惯性思维：表格都是有线表。

本实训的目的在于打破这种惯性思维。下面通过几个在日常工作中经常会遇到，但很多人都认为不易解决的问题，介绍"无线表格"的巧妙之处。

本实训知识点涉及表格自动套用格式等。

巧用 Word 无线表格

实训步骤

1. 无线标题行

凡是遇到表格超过一页的情况，人们大都希望在每一页都显示表头部分。虽然 Word 提供了"标题行"的功能，但必须是表格内部的行才能设置为"标题行"。如果遇到如实训项目图 11.1 所示表头，应该怎么办呢？

××单位年终奖金分配表

序号	姓名	所在部门	职务	奖金

实训项目图 11.1

其实，完全可以把表格外面的那一行移到表格里面，这样它就可以显示在每一页上了。有的人可能会提出反对意见：我并不想让它也带表格线呀！自然有办法让它既在表格里，又不带表格线。具体的做法如下。

先在表格上方加一个空行，并把整行合并为一个单元格，然后把"××单位年终奖金分配表"内容移至该单元格，并把该单元格设置为标题行。

先选中表格，单击"表格工具/布局"→"绘图"→"橡皮擦"按钮，然后用橡皮擦把表格第 1 行的 3 条边（顶边、左边和右边）擦除即可。

虽然此时在屏幕上还能看到灰色虚线的表格线，但打印时不会出现表格线。

2. 菜谱效果

会议日程安排中经常会有人员住宿安排。按照惯例，整个表格都是不带表格线的，如下所示：

姓名	性别	职务	房间号
李向阳	男	局长	201
姜雨轩	女	科长	202
刘克勤	男	科员	203

对于这种情况，比较原始的办法是在各列之间添加空格。这种方法经常把人搞得焦头烂额，因为很难做到各列内容对齐。

有经验的人会使用 Word 的制表位，但这种方法在输入文字时只能横向进行，而且调整列间距时不是很方便，如果要增加或删除列就更困难了。

其实最简单的方法是先建立一个"无线表格"，因为从形式上看，它就是一个标准的表格。具体操作过程如下：选中表格，单击"表格工具/设计"→"边框"→"边框"按钮，在下拉列表中选择"无框线"选项。

接下来的工作就是在这个"无线表格"中按需进行编辑了。

3. 座位表

住宿安排表的问题解决了，下面该排会场座位表了。在排座位表时通常遇到的问题：10 个人中有 9 个都要颇费心思，因为名字要竖排，一个人的名字要分 3 行来写，且不易对齐；好不容易排好了，一旦稍有变动，就又发生混乱了。

第一排	黄药师	洪七公	郭靖	黄蓉
第二排	李逍遥	林月如	赵灵儿	小虎子
第三排	嗅嗅	匆匆	哼哼	唧唧

其实，这个问题还是用"无线表格"来解决最为便捷：把名字部分的"文字方向"改为"竖排"就可以了。

经验技巧

Word 表格编辑技巧

1. 嵌套表格

嵌套表格是指插入表格单元格中的表格。如果用一个表格布局页面，用另一个表格组织信息，则可插入一个嵌套表格。

网页设计中经常会采用这种方法。

2. 选定表格 A

单击单元格的左边框可以选定一个单元格，单击行的左侧可以选定一行，在列顶端的边框上面单击可以选定一列。

3. 选定表格 B

按 Tab 键，可以选定下一单元格中的文字；按 Shift+Tab 组合键，可以选定前一单元格中的文字。

4. 选定表格 C

按住鼠标拖过单元格、行或列，可以选定多个单元格、多行或多列；单击所需要的第 1 个单元格、行或列，按住 Ctrl 键，再单击所需要的下一个单元格、行或列，这样就可以选定不连续的单元格了。

5. 自动加表头

如果在 Word 中建立一个很长的表格，占用多页，需要在打印时采用同一个表头。首先选中准备作为表头的行，然后单击"表格工具/布局"→"数据"→"重复标题行"按钮，可以发现每一页的表格都自动加上了相同的表头。

6. 更改文字方向

可以更改单元格中文字的方向，具体方法是：选定单元格，单击"表格工具/布局"→"对齐方式"→"文字方向"按钮，即可改变文字的方向。

7. 更改单元格的边距

① 选定表格，单击"表格工具/布局"→"表"→"属性"按钮，打开"表格属性"对话框，然后选择"表格"选项卡。

② 单击"选项"按钮，打开"表格选项"对话框。

③ 在"默认单元格间距"中输入所需要的数值。

8. 取消跨页断行

跨页断行是指某些大表格的某一行分在两页显示。解决这个问题的方法如下。

① 选中表格。

② 单击"表格工具/布局"→"表"→"属性"按钮，打开"表格属性"对话框，选择"行"选项卡。

③ 取消选中"允许跨页断行"复选框。

9. 特定行的跨页断行

可以强制特定行跨页断行：单击要出现在一页上的行，然后按 Ctrl+Enter 组合键。

10. 表格样式

Word 2016 可以让用户自定义表格的样式。只要在"修改样式"对话框中对表格应用样式，即可方便地使一个表格与另一个表格的外观一致。首先在文档中选定一个表格，单击"表格工具/设计"→"表格样式"→"其他"按钮，在下拉列表中选择"修改表格样式"命令，在打开的"修改样式"对话框中按需修改样式并加以应用。应用样式时，在文档中选择另一个表格，并应用已有的表格样式。

11. 创建新表格样式

可以自己创建表格样式，具体方法如下。

① 单击"表格工具/设计"→"表格样式"→"其他"按钮，在下拉列表框中选择"新建表格样式"命令，打开"根据格式设置创建新样式"对话框，在"名称"文本框中输入样式名称。

② 在"样式类型"下拉列表框中选择"表格"选项。选择所需格式选项，或单击"格式"按钮，在下拉菜单选择相应的选项进行设置。

实训项目 12 "数学试卷"的制作——Word 公式与绘图

实训说明

本实训制作一份"数学试卷"，最终效果如实训项目图 12.4 所示。

使用中文版 Word 2016 中提供的"公式编辑器"，可以完成各种数学表达式的录入和编辑；使用绘图工具，可以制作数学图形；巧用图文混排功能，即可编辑含有文字、公式、图形的文章和试题。

本实训知识点涉及 Word 公式与绘图工具。

"数学试卷"的制作——Word 公式与绘图

案例素材

实训步骤

1. 打开"公式编辑器"

单击"插入"→"符号"→"公式"按钮，这时将出现"公式工具/设计"选项卡，如实训项目图 12.1 所示。

实训项目图 12.1

这时在文档中出现公式编辑器提示信息，如实训项目图 12.2 所示，可以输入公式。

实训项目图 12.2

在 Word 2016 中用户可以将编辑好的公式另存为新公式，通过"新建构建基块"对话框（如实训项目图 12.3 所示）保存已编辑好的公式，以备后面再次编辑同类型公式时使用。

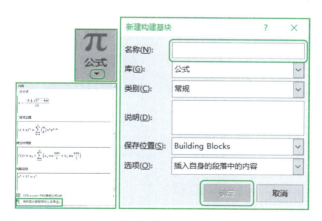

实训项目图 12.3

2. 认识"公式工具"选项卡

在"设计"→"符号"选项组中可以插入 150 多个数学符号。若要在公式中插入数学符号，可单击"公式工具"顶行的按钮，然后在相应按钮下显示出的工具板（这是一组相关的符号和样板）中选择特定的符号即可。

"结构"选项组提供了丰富的公式插入样板。样板是已设置好格式的符号和空白插槽的集合，要建立数学表达式，可插入样板并填充其插槽。要创建复杂的多级公式，可将样板插入其他样板的插槽中。插槽是指输入文字和插入符号的空间或结构，含有分式、根式、和式、积分式、乘积和矩阵等符号以及各种围栏（或称定界符，包括各种方括号、圆括号、大括号和单/双竖线）。

下面以输入一个数学公式为例，介绍使用"结构"选项组公式样板的操作步骤：

$$\frac{\partial f(x,y)}{\partial x} - \frac{\partial^2 f(x,y)}{\partial y^2}$$

① 在"结构"选项组中单击"分式"按钮，在下拉列表中选择第 1 个模板▯，光标停留在分子插槽中；然后单击"符号"选项组中的"其他"按钮，在下拉列表的"基础数学"组中选择输入符号▯，再输入 $f(x,y)$；将光标移到分母插槽中，输入"∂x"。

② 光标平移，输入减号，再在"分式"下拉列表中选择第 1 个模板▯，此时光标停留在分子插槽中；然后同①中的方法，输入符号▯，接着在"结构"选项组中的"上下标"下拉列表中选择"上标"模板▯，在插槽中输入"2"，接着在分子位置输入 $f(x,y)$。

③ 光标移至分母位置，同理可输入 ∂y^2。最后，单击鼠标左键将光标移出公式。至此就完成了该数学公式的制作。

3. 制作曲线图形

实训项目图 12.4 中的连线和各种图形均是用 Word 提供的绘图工具完成的。

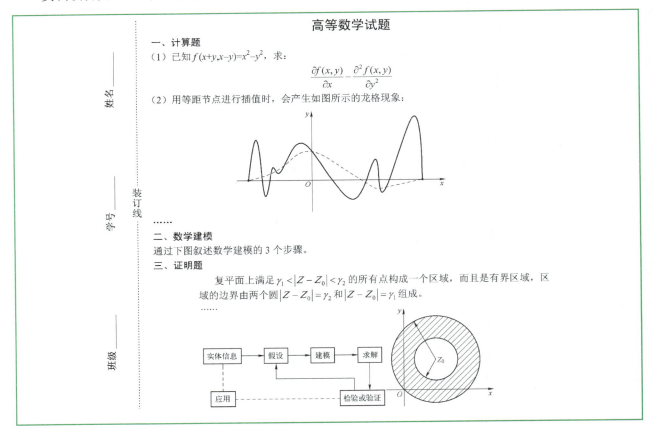

实训项目图 12.4

① 第 1 个图中的曲线是通过单击"插入"→"插图"→"形状"按钮，在下拉列表中选择"最近使用的形状"→"曲线"∿绘制的。在绘制任意形状的曲线时，光标变为"+"样式，按下鼠标左键并拖动鼠标至某一点，松开鼠标后再按下鼠标左键……重复上述操作，可以绘制出任意曲线。待曲线绘

制完毕后，双击鼠标左键，退出曲线的绘制。

② 第 2 个图中带拐角的线┗━━┛上的拐点是在先制作一条直线后，右击直线，在快捷菜单中选择"连接符类型"→"肘形连接符"选项，出现顶点后，在一段直线上按住鼠标左键拖动，此时鼠标指针变为┼形状，选择适当的拐点后松开鼠标即可。

③ 为了保证第 3 个图中的两个圆的圆心位置重合，可将两个圆全部选定，通过单击"绘图工具/格式"→"排列"→"对齐"按钮，在下拉列表中首先选择"对齐"→"水平居中"命令，再选择"垂直居中"命令。

④ 图形制作完成后，选中图形对象，单击"绘图工具/格式"→"排列"→"组合"按钮，在下拉列表中选择命令。所选定的对象被组合后，成为一个整体，可以对其进行复制、移动、删除等各种操作。

⑤ 在制作过程中，应注意设置好所有图形的文字环绕、叠放次序等。

实训项目 13　巧制试卷密封线与设置试卷答案——页眉、页脚与"隐藏文字"

实训说明

现在越来越多的教师开始使用计算机来制作试卷，所制作的试卷不仅美观、规范，更重要的是更易于管理。对于试卷密封线，其制作过程麻烦且制作好的密封线需要手动复制到其他页面中。能否自动添加到每一页中呢？将密封线添加到页眉和页脚中，问题轻松得以解决；对于试卷的答案，因其不便于直接加入试卷，很多教师采用另建答案文档的方法保存答案或直接采用传统的方法，将试卷打印后再填写答案。其实，这些做法都未能将计算机的潜力真正挖掘出来。还有更好的方法，一起来看看吧。

本实训知识点涉及页眉、页脚、"隐藏文字"的用法。

页眉、页脚与"隐藏文字"

案例素材

实训步骤

1.　巧制试卷密封线

（1）页面设置

在"布局"→"页面设置"选项组中设置纸张大小、纸张方向及页边距等。左边距要设置得大一些，如 5 厘米。

（2）制作密封线

① 编辑页眉和页脚。单击"插入"→"页眉和页脚"→"页眉"或者"页脚"按钮，在下拉列表中选择"编辑页眉"或"编辑页脚"命令，进入页眉和页脚编辑状态。

② 插入文本框。单击"插入"→"文本"→"文本框"按钮，在下拉列表中选择"绘制文本框"命令，在纸张的左边插入一个与页面的高度相当的文本框。

③ 改变文本框中文字的方向。单击"布局"→"页面设置"→"文字方向"按钮，在"文字方向"下拉列表中选择"垂直"选项，在文本框中输入有关试卷头的信息，如姓名、班级、专业、学号等，再输入"密封线"3 个字并用短横线或点画线分隔。

④ 去掉文本框的框线。在文本框上右击，在快捷菜单中选择"设置形状格式"命令，打开"设置形状格式"窗格，在"填充与线条"选项卡中，将线条颜色设置为"无线条"。

⑤ 合理调整试卷头信息及密封线的位置

2. 去掉页眉中的横线

在设置页眉和页脚时，系统会自动在页眉位置添加一条横线，通常应该把这条线去掉。选中横线，单击"开始"→"段落"→"边框"按钮，在下拉列表中选择"边框和底纹"选项，在打开的"边框和底纹"对话框中进行如实训项目图 13.1 所示的设置，将边框设置为"无"，在"应用于"下拉列表框中选择"段落"，单击"确定"按钮。

现在已经制作好试卷的密封线，观察自己的杰作，感到满意后将它保存为模板，以后会大有用处的。

3. 表格控制

制作完试卷头，接下来就可以输入试题了。"××学校""××试题"这些普通标题自不必说，在试卷前面加上题号和分数，总分的表格也容易制作。关键是制作每道大题前面的得分和评卷人，一定要注意必须选中表格，单击鼠标右键，在快捷菜单中选择"表格属性"命令，将其文字环绕方式设置为"环绕"，如实训项目图 13.2 所示，这样才可以图文相融。

实训项目图 13.1   实训项目图 13.2

4. 巧设试卷答案

在 Word 中，有一项"隐藏文字"的功能，在制作试卷时只要将答案一起录入，然后再将答案隐藏起来，一份标准的试卷就制作完成了。首先选中要隐藏的文字，单击"开始"→"字体"→"对话框启动器"按钮，在打开的"字体"对话框中选择"字体"选项卡，选中"隐藏"复选框，如实训项目图 13.3 所示；然后单击"确认"按钮，选中的文字就被隐藏了。

制作一份试卷，需要隐藏的内容很多，若每次都要重复上述隐藏步骤，未免太麻烦。可尝试下面的两种方法，操作起来就会轻松得多。

（1）在快速访问工具栏上增加一个"隐藏"按钮

选择"文件"→"选项"命令，打开"Word 选项"对话框，选择"快速访问工具栏"选项卡，在"不在功能区中的命令"列表框中选择"隐藏"，单击"添加"按钮，将"隐藏"命令添加到右边的列表框中，如实训项目图 13.4 所示，在 Word 的快速访问工具栏中出现了"隐藏"按钮。

实训项目图 13.3

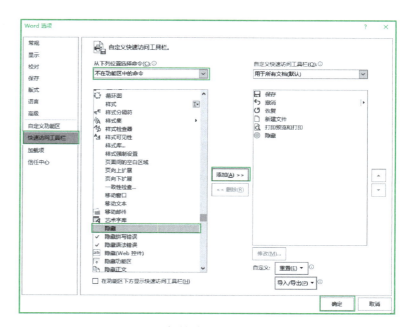

实训项目图 13.4

（2）应用快捷键

选中文字后，使用组合键 Ctrl+Shift+H 也能迅速隐藏文字。

（3）显示被隐藏的文字

无论使用何种方法，文字隐藏后，被隐藏的文字及其所占据的空间都会从屏幕上消失，这是不符合试卷制作要求的。所以，需要进行以下设置：选择"文件"→"选项"命令，在"Word 选项"对话框中选择"显示"选项卡，在"始终在屏幕上显示这些格式标记"选项组中将"隐藏文字"复选框选中，确认后返回到试卷文档中。再观察一下，所有被设置为隐藏的文字都显示出来了，并且在其下方又多了一种标识隐藏文字的标记——虚线下画线。虽然现在被隐藏的文字显示在屏幕上了，但它们是不会被打印出来的。

实训项目 14　"准考证"的制作——邮件合并

实训说明

本实训制作一份"准考证"，最终效果如实训项目图 14.1 所示。

在日常工作中，人们经常要用到"准考证""录取通知书""期末学习成绩单""会议通知单""邀请函"等。有这样内容的信件，仅更换称呼和具体的文字就可以了，而不必一封封单独地写。使用 Word 中的邮件合并功能，用一份文档作为信件内容的底稿，称呼和有关具体文字用变量自动更换，就可以一式多份地制作信件，体验事半功倍的效果。

本实训知识点涉及邮件合并的应用。

"准考证"的制作——邮件合并

案例素材

实训步骤

（1）建立如实训项目图 14.2 所示的主文档（即准考证底稿）

2020 年全国职称外语等级考试		
准 考 证		
准考证号： 99010211	报考等级： B	贴相片
姓　名： 王大伟	考场号： 1	
身份证号： 3667262402	座位号： 15	
注： 考生必须带准考证、身份证、2B 铅笔、橡皮、外语词典，不得带电子词典及传呼、手机等通信工具。		

2020 年全国职称外语等级考试		
准 考 证		
准考证号： 99010208	报考等级： A	贴相片
姓　名： 马红军	考场号： 3	
身份证号： 6137265102	座位号： 6	
注： 考生必须带准考证、身份证、2B 铅笔、橡皮、外语词典，不得带电子词典及传呼、手机等通信工具。		

2020 年全国职称外语等级考试		
准 考 证		
准考证号： 99010207	报考等级： B	贴相片
姓　名： 李玫	考场号： 3	
身份证号： 6137269104	座位号： 7	
注： 考生必须带准考证、身份证、2B 铅笔、橡皮、外语词典，不得带电子词典及传呼、手机等通信工具。		

2020 年全国职称外语等级考试		
准 考 证		
准考证号： 99010201	报考等级： B	贴相片
姓　名： 吴一花	考场号： 4	
身份证号： 4237261101	座位号： 12	
注： 考生必须带准考证、身份证、2B 铅笔、橡皮、外语词典，不得带电子词典及传呼、手机等通信工具。		

实训项目图 14.1

实训项目图 14.2

准考证底稿的编辑过程如下。

① 采用自动建立表格的方式，建立一个 5 行 5 列的基本表格。再在原始表格的基础上，利用拆分和合并的方法来形成"准考证"表格。

② 四周边框为 3 磅的一粗二细实线，文字"准考证"下面是 1.5 磅双实线，"准考证号"到"座位号"之间无边框线（"准考证号"到"座位号"之间的 3×4 表格单元格不合并，仅将边框线设置为"无"）。

③ "2020 年全国职称外语等级考试"为华文仿宋、小四，位置居中；"准考证"为华文行楷、三号，位置居中。

④ "准考证号"到"座位号"为宋体、五号，列内居中。

⑤ "注"等文字为华文仿宋、小五，左对齐。

最后，将该文档以"准考证主文档.docx"为文件名保存。

（2）用 Excel 建立表格（即数据源）

如实训项目图 14.3 所示，输入考生信息，并以"考生信息.xlsx"为文件名保存。

	A	B	C	D	E	F
1	姓名	准考证号	身份证号	报考等级	考场号	座位号
2	王大伟	99010211	3667262402	B	1	15
3	马红军	99010208	6137265102	A	3	6
4	李玫	99010207	6137269104	B	3	7
5	吴一花	99010201	4237261101	B	4	12
6	张华	99010202	8172589001	C	4	23
7	柳亚萍	99010203	3097261702	B	5	17
8	张珊珊	99010204	2527261001	B	5	18
9	李博	99010205	1387259601	C	6	21
10	李平	99010206	2472582003	C	7	24
11	刘力	99010210	1957260301	C	8	20
12	程小博	99010212	4237263102	B	11	14
13	丁一平	99010209	6137264103	A	15	12

实训项目图 14.3

注意

也可以用 Word 建立数据源文件。

（3）生成全部"准考证"（即邮件合并）

① 打开"准考证主文档.docx"文件。

② 单击"邮件"→"开始邮件合并"→"开始邮件合并"按钮，在下拉列表中选择"邮件合并分步向导"命令，在窗口的右边打开"邮件合并"窗格，如实训项目图 14.4 所示。

③ 再选择文档类型"信函",单击"下一步"按钮,开始文档选择"使用当前文档",如实训项目图 14.5 所示,单击"下一步"按钮。

④ 在如实训项目图 14.6 所示窗格中,单击"浏览"按钮,打开"选取数据源"对话框。

⑤ 在"选取数据源"对话框中的"文件名"文本框中输入"考生信息.xlsx",在"文件类型"下拉列表框中指定为 Excel 文件,在查找范围下拉列表框中选定该文件所在的文件夹,单击"打开"按钮,如实训项目图 14.7 所示。

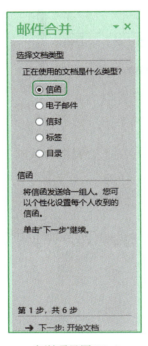

实训项目图 14.4

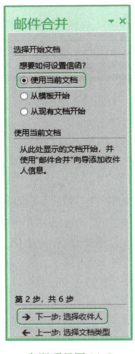

实训项目图 14.5

实训项目图 14.6

实训项目图 14.7

⑥ 打开"选择表格"对话框,如实训项目图 14.8 所示。单击"确定"按钮,打开"邮件合并收件人"对话框,如果需要对收件人信息进行修改,则向列表中添加或更改列表,如果列表已经备好,

则单击"确定"按钮，如实训项目图 14.9 所示。

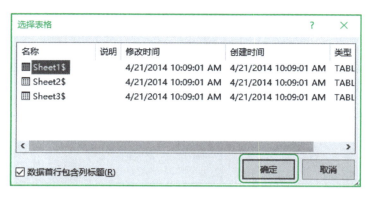

实训项目图 14.8

实训项目图 14.9

⑦ 单击"邮件"→"编写和插入域"→"插入合并域"按钮，如实训项目图 14.10 所示。

实训项目图 14.10

⑧ 将光标定位在主文档要插入"准考证号"的位置，单击"插入合并域"按钮，在下拉列表中选择"准考证号"，并依次将"报考等级""姓名""考场号""身份证号""座位号"插入相应的位置，如实训项目图 14.11 所示。

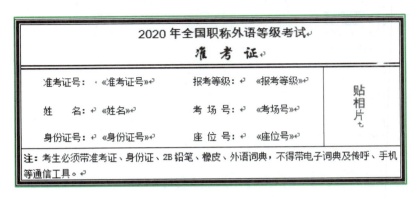

实训项目图 14.11

⑨ 单击"邮件"→"完成"→"完成并合并"按钮，在下拉列表中选择"编辑单个文档"命令，打开"合并到新文档"对话框，单击"确定"按钮即可生成全部"准考证"，完成邮件合并，如实训项目图 14.12 所示。

实训项目图 14.12

> **小结**
>
> 　　邮件合并的主要步骤为：打开或新建主文档→建立数据源→在主文档中插入合并域→数据合并到主文档。
> 　　（1）建立主文档
> 　　选择"文件"→"新建"命令，单击"空白文档"按钮。
> 　　（2）建立数据源
> 　　数据源可以是 Word 文档中一张表格，也可以是 Excel 文档中的一张电子表格，输入数据后保存，然后在"邮件分步向导"操作中获取数据/选择数据源。
> 　　（3）在主文档中插入合并域
> 　　单击"邮件"→"编写和插入域"→"插入合并域"按钮，在下拉列表选择相关选项。
> 　　（4）数据合并到主文档
> 　　单击"邮件"→"完成"→"完成并合并"按钮。

Word 视图操作技巧

1. 自定义菜单

选择"文件"→"选项"命令，在打开的"Word 选项"对话框中选择"自定义功能区"选项卡，选择所要添加的命令，将其添加到对应的功能区中即可。

2. 隐藏工具栏按钮

对于初学者，在学习 Word 功能区中按钮的用法时，经常会"迷失"在众多的按钮当中。可以先打开需要的功能选项卡，通过"Word 选项"对话框的"自定义功能区"选项卡将暂时不用的选项卡或者按钮去掉，这样会使功能选项及功能区的按钮更简洁、更方便。

注意：

恢复功能区中默认按钮的方法：选择"文件"→"选项"命令，打开"Word 选项"对话框，选择"自定义功能区"选项卡，在"自定义功能区"下拉列表中选择"主选项卡"，选中功能选项卡前面的复选框后单击"确定"按钮。

3. 即点即输

在编辑书信时，很多人会在信的结尾处通过若干"回车"和"空格"将输入点移至落款处，操作起来很费时。采用"即点即输"功能可以轻松到达指定位置。

选择"文件"→"选项"命令，在打开的"Word 选项"对话框中选择"高级"选项卡，选中"启用'即点即输'"复选框。这样在"页面视图"状态下，在文档的空白区域双击鼠标就可以将输入点移至双击之处。

4. 功能区自定义

Word 2007 第一次引进了"功能区"的概念，而 Word 2016 不但沿用了功能区设计，并且允许用户自定义功能区，可以创建功能区，也可以在功能区下创建组，让功能区更符合用户的使用习惯。

在"Word 选项"对话框中选择"自定义功能区"选项卡，在"自定义功能区"下拉列表中选择相应的主选项卡，可以自定义功能区显示的主选项。如果要创建新的功能区，单击"新建选项卡"按钮，在"主选项卡"列表中出现"新建选项卡（自定义）"，将鼠标指针移动到"新建选项卡（自定义）"上右击，在快捷菜单中选择"重命名"命令。

打开"重命名"对话框，在"显示名"文本框中输入名称，单击"确定"按钮，为新建选项卡命名。然后单击"新建组"按钮，在选项卡下创建组，鼠标右击新建的组，在快捷菜单中选择"重命名"命令，打开"重命名"对话框，选择一个图标，输入组名称，单击"确定"按钮，在选项卡下创建组。选择新建的组，在命令列表中选择需要的命令，单击"添加"按钮，将命令添加到组中，新建选项卡中的一个组就创建完成了。

5. 让 Word 符号栏锦上添花

如果经常要输入以"cm^2"为单位的数据，但是由于 Word 内置的"单位符号"里没有这个符号，所以就无法在符号栏上添加这个符号。在符号栏上添加该符号的具体方法如下。

（1）"cm^2"符号的获得

先输入"cm2"，再将"2"的格式设置为上标，然后再选定"cm^2"，单击"插入"→"文本"→"文档部件"按钮，在下拉列表中选择"自动图文集"→"将所选内容保存到自动图文集库"命令，在打开的对话框中单击"确定"按钮，系统会自动将词条命名为"cm2"。

（2）将"cm²"添加到自定义工具选项卡

选择"文件"→"选项"命令，在打开的"Word选项"对话框中选择"自定义功能区"选项卡。首先在"从下列位置选取命令"下拉列表框中选择"主选项卡"，在树型列表中选择"插入"→"文本"→"文档部件"→"自动图文集"选项；然后在"自定义功能区"下拉列表框中选择"主选项卡"，单击"新建选项卡"，对选项卡和选项组进行重命名；接下来单击"添加"按钮即可把"自动图文集"命令添加到右边的"新建选项组"中。当然，利用该方法还可以添加其他的命令菜单到自定义工具选项卡中。

6. 页眉和页脚

页眉和页脚是指文档中每个页面页边距的顶部和底部区域。

可以在页眉和页脚中插入文本或图形，例如，页码、日期、公司徽标、文档标题、文件名或作者名等，这些信息通常打印在文档中每页的顶部和底部。

7. 去掉页眉中的黑线

去除页眉后，在页眉区域始终有一条黑色的横线，怎样去掉它呢？

去除方法为：进入"页眉和页脚"编辑区，将页眉所在的段落选中，再单击"开始"→"段落"→"边框"按钮，在下拉列表中选择"边框和底纹"命令，打开"边框和底纹"对话框，将边框设置为"无"，最后单击"确定"按钮就可以了。

8. 制作个性化页眉——加入图片和艺术字

在制作一些上报的材料时，往往希望能在页眉位置加上单位的徽标和单位名称，如校徽和校名等。

① 首先准备好校徽的图片。单击"插入"→"页眉和页脚"→"页眉"按钮，在下拉列表中选择"编辑页眉"命令，页眉编辑区就处于可编辑状态。用鼠标在页眉编辑区中单击，就可以输入所需要的文字了。为了美观，先插入图片。单击"插入"→"插图"→"图片"按钮，在打开的"插入图片"对话框中，找到已准备好的校徽图片并双击它，该图片就会被插入页眉区域。选中这个图片，利用"段落"选项组中的文字对齐方式工具，使其两端对齐。这样，页眉中的校徽就做好了。

② 下面该在校徽的右侧加入校名了。单击"插入"→"文本"→"艺术字"按钮，在弹出的"艺术字库"列表框中选择一种"艺术字"样式，然后在"编辑艺术字"框中输入校名"××学校"，对这些艺术字进行必要的设置，单击"确定"按钮。经过这样的操作，一个漂亮的校名就做好了。不过，在页眉编辑区内其位置可能不太协调，可以通过在两个对象之间添加空格的方式，使校徽和校名的位置变得更为合适。

实训项目 15 "班报"的制作——高级排版

实训说明

本实训通过制作一份"班报"来介绍Word的综合排版方法，最终效果如实训项目图15.1所示。

在日常生活中，人们经常要制作各种社团小报纸、班报、海报、广告、产品介绍书等，运用Word的图文混排技巧进行版面设计，可以设计出具有报纸风格的文稿。

本实训知识点涉及图文混排、文本框与图文框的运用等。

"班报"的制作
——高级排版

案例素材

实训步骤

① 在第1行输入文字"班报"（方正舒体、一号）和"制作人：杨振贤　出版日期：2020年2月

班报　制作人：杨振贤　　出版日期：2014 年 2 月 25 日第 60 期

登山去！

孔子曰：智者乐水，仁者乐山。其实乐山者又何止乐仁者！凡是坐过山的人，几乎都会喜欢山，喜欢山的巍峨、壮阔。所以在【一】纪念【十一】国庆节而人类珠峰登顶 50 周年】之际，于 2003 年安门为全校师生主举办了一次登山活动，希望大家踊跃报名参加，体验乐在攀与，重在参与、体验和分享！交流山，亲近山，拥抱山，保护山，融入山，世界因山而美丽，生命因山而精彩。

投稿人：刘进

女孩不哭

风声，雨声，读书声，声声入耳；家事，国事，天下事，事事关心。

我真想哭，但是，我努力让泪水不流出眼眶。是的，受苦的人没有哭的权利。可是，我该怎么办呀？

由于家庭原因，中途辍学 3 年。好不容易重新回到了魂牵梦绕的校园，加倍珍惜，刻苦努力学习，终于苍天不负苦心人，成绩一直优秀。可是谁知高考噩梦般地失误了，被调剂到了一个我最不想来的地方——个很普通的学校。我与心目中的大学因两分之差而失之交臂。而我，没有复读的机会。

我强忍着泪水来了，失望，但是没有绝望。我怀着感恩的心情告诉自己，能重新上学就很不错了，不管是在哪里，只要我踏踏实实地努力了，我会实现自己的梦的。我将所有的希望寄托于考研。于是，考研梦成了我的另一个梦。在大学里，我没有让自己变得懒惰和迷惘，我仍然认真地学习，并取得了好成绩。

(待续)投稿人：刘进

一天一万年

今天看了一早上泰戈尔的诗，合上书卷之余，颇有一些感触。最近的心情一直很低落，而且意志也非常消沉，我真的害怕这样的情绪会延续下去，因为快要期末考试了，怎么说也不能够缺课。我每天强迫自己坐在自习室，认真复习，古代人有度日如年之说，但我现在是一天一万年啊。

想做泰戈尔笔下的那只飞鸟，希望能通过努力学习，获得好的考试成绩。

投稿人：王芳

实训项目图 15.1

25 日第 60 期"（宋体、五号、红色、加粗，加设下划线）。

② 插入一个竖排文本框，在其中输入文字"登山去！"，文字设置为华文中宋、五号；文本框边框为 3 磅虚线线型。

③ 在文中左边插入一个图文框，其内容为"风声，雨声，读书声，声声入耳；家事，国事，天下事，事事关心。"文字设置为华文彩云、四号；图文框边框为 3 磅带斜线花纹的线型，有阴影。

> **注意**
>
> 　　文本框的插入过程是：单击"插入"→"文本"→"文本框"按钮，在下拉列表中选择"绘制文本框"命令，用十字形鼠标在文档中拖出一个文本框。
>
> 　　图文框插入过程是：单击"插入"→"插图"→"形状"按钮，在下拉列表中的基本形状栏选择"图文框"□，用十字形鼠标在文档中拖出一个图文框。

④ 然后插入"女孩不哭"文字内容，宋体、五号。

⑤ 再插入"一天一万年"文字内容，楷体、五号，分两栏排版，设置第1个字符下沉两格，距正文 0.1 厘米。

⑥ 将本期班报的3个标题文字设置为宋体、红色、四号。

⑦ 在"女孩不哭"文章处插入一幅与其内容贴近的图形，文字环绕方式设置为四周型。

⑧ 在"一天一万年"文章内容处插入图片文件 dove. wmf，叠放次序与文字环绕方式设置为衬于文字下方。

⑨ 在"一天一万年"标题行位置插入图片文件 harvbull. gif，将该图片拉长一些，并复制3个，将这4个图片按照样文摆放并进行组合，叠放次序与文字环绕方式均设置为浮于文字上方。

⑩ 3 段文字后的"投稿人：王芳"设置为仿宋体、五号，浅色棚架底纹。

实训项目 16　书籍的编排——插入目录、页眉、页号、注解

实训说明

在编排书籍、杂志、论文、报告等长篇文档时，通常要列出文章的目录，并且要在每页页眉和页脚的位置上用简洁的文字标出文章的题目、页码、日期或图案等，同时需要对陌生的词语、文字、缩略语以及文档的来源等加以注释，如关于作者的简单介绍等。利用 Word 中的插入目录、页眉、页号、注解等功能，可以自动生成目录，并可插入页眉、页号、注解等。

本实训知识点涉及目录、页眉、页号、注解的用法。

📱书籍的编排——插入目录、页眉、页号、注解

案例素材

实训步骤

1. 收集目录

① 将如实训项目图 16.1 所示有关高中生物的文章的章、节、小节标题的大纲级别分别设置为 1级、2级、3级。

② 将光标定位在文档第一章开始之前。

③ 单击"引用"→"目录"→"目录"按钮，在下拉列表中选择"自定义目录"命令，打开"目录"对话框，在其中选择"目录"选项卡。

④ 选中"显示页码"和"页码右对齐"复选框。

⑤ 在"制表符前导符"列表框中选择符号"……"。

⑥ 在"常规"选项区域的"格式"列表框中选择"正式"项。

⑦ 将"显示级别"数值框中的数值调至"3"。

⑧ 单击"确定"按钮，目录收集完毕。

2. 插入页眉

（1）页眉和页脚的添加可以单击"插入"→"页眉和页脚"→"页眉"按钮，在下拉列表中选择"编辑页眉"命令。

（2）可以利用"段落"选项组中的对齐方式进行页眉和页脚的设置。根据本实例要求，页眉设置如下：

① 在页眉的左端插入"高中生物"。

② 在页眉的中部插入"第一章花朵"。

③ 在页眉的右端插入页码。

第一章　花朵

第一节　花与昆虫

一、花朵的内部

在观赏花朵的时候，你会注意到花有许多不同的颜色、形状和大小。有些植物只长有一朵花，而有的植物的花朵却多得数不清。不过，你不妨停下脚步，仔细地看上一眼——这回得看看花朵的内部。尽管花朵看上去千差万别，但花朵的基本组成却是相同的。这是因为所有植物开花，都是为了同一个目的：结籽，长出另一株植物来。

二、传粉的昆虫

澳大利亚袋貂[①]在饱尝花蜜时，它的毛皮上就沾带上了花粉。蜜蜂整天在花丛里飞来飞去，忙着吮吸花蜜。蜜蜂每回停下来，总要拣取一些花粉。蜂鸟将自己的长喙深插到花朵里去采蜜，这时，一些花粉就抖落到了蜂鸟身上。

没有多少昆虫，会发现无花果树的花儿。

实际上，无花果树的花是长在树里面的!专门为无花果树传送花粉的，是住在树里的无花果小蜂[②]。在无花果树的花朵产生花粉时，一些小蜂就离开蜂巢。它们身上携带着花粉，到另一棵无花果树上去住了。

三、花和传粉的昆虫

对于部分植物，如果没有外界的帮助就结不了籽。要结籽，先要输花冠里的花粉，移到另一朵花的柱头上。这一步工作就叫做传授花粉。植物自己无法走动，但是它们的花，却能生产出动物喜爱的花蜜。在动物舔吃花蜜的时候，一些花粉就沾在动物身上了。动物每回移向另一朵花时，就把一些花粉留下，再去采集新的花粉。

———————————————

①袋貂：澳大利亚特有的一种动物
②小蜂：蜜蜂的一种

第二节　从花朵到果实

一、花朵变成果实

花朵传授了花粉后，便会结出种子和果实。果实保护种子，不让种子受到伤害，直到时机成熟了，才让种子发芽生长。果实也像花朵一样，形状、大小各不相同。七叶树结出七叶绒果，李子树结出李子。每种果实都有自己独特的种子。有些种子很轻，可以随风飘走；有些种子外壳坚硬，即使被动物

吞进肚子里，也可以完整无损地随着粪便排出体外。

里面含有已成熟的种子。果实鲜艳的颜色吸引来小鸟和昆虫，它们啄食果实，并将其内

二、从花朵到果实

花冠下隆起的地方，称为花托[①]，花托会发育成果实。花受精后，花瓣开始凋落，不再需用花瓣来吸引蜜蜂了。慢慢地，花托渐渐膨胀隆起，不断变换颜色。种子就在里面发育、成长。最后，花托终于变成果实，

的种子带到其他地方，在那里，一棵新的植物又会开始新的生长。

第三节　大自然的花艺

所有这些花朵，其基本组成成分都相同。但是它们在花梗上的排列方式却各不相同。

白龟头贝母[②]的钟形花朵垂挂在花梗上；葱属植物的花，每一个小点都是一朵花；毛

蕊花[③]在一根花轴上就可以长满几百朵小花；非洲菊[④]的花瓣排列得像太阳光线。

———————————————

①俗称为花座
②一种药材
③秋季开花
④耐旱，各地均可种植

实训项目图 16.1

在上述操作过程中，如果要将页眉中的页码从第 15 页开始计数，请问应该如何设置？

3. 插入脚注和尾注

① 在以下位置添加脚注：在"澳大利亚袋貂"之后增加 1 号注释，内容为"袋貂：澳大利亚特有的一种动物"；在"是住在树里的无花果小蜂"之后增加 2 号注释，内容为"小蜂：蜜蜂的一种"。

② 在第 2 页的"花托""白龟头贝母""毛蕊花""非洲菊"之后添加尾注，内容分别为"俗称为花座""一种药材""秋季开花""耐旱，各地均可种植"。

③ 比较脚注和尾注之间的区别。

4. 分栏

分别将"第一节""第二节""第三节"后面的文档内容分为两栏，插入图片文件"采蜜 . bmp""葱属植物 . bmp"，并对图片进行修饰。

经验技巧

Word 图的处理技巧

1. 图片的差别

在使用 Word 中的插入图片功能时，可以发现 Word 能够使用很多类型的图片文件。这些文件都存在哪些区别呢？从大的方面来讲，图片文件可以分为位图文件和矢量图文件，矢量图文件可以随意地放大、缩小而不改变其效果，通常用矢量图来记录几何性的画面。位图文件记录图像中的每一个点的信息，缩放后会改变其效果，通常用位图记录自然界的画面。

2. 图形形状的改变

对于已绘制好的图形，除了可以改变其大小之外，还可以改变它的形状。具体方法是：选定要更改的图形，单击"格式"→"插入形状"→"编辑形状"按钮，在下拉列表中选择"更改形状"命令，在其级联菜单中选择要改变的形状即可。

3. 组合图形

绘制好的图像可以组合成一个整体，这样在再次操作时，就不会无意中改变它们之间的相对位置了。选中多个图形，单击"绘图工具/格式"→"排列"→"组合"按钮，在下拉列表中选择"组合"命令。

4. 剪切图库

Office 软件中有一个剪贴图片库，但有时并不能找到让人满意的图片，此时可以到微软公司的网站上专门的图片库中去下载。单击"插入"→"插图"→"联机图片"按钮，打开"联机图片"对话框，然后输入搜索文字，单击"搜索"按钮，接着会在下方窗口中显示搜索的图片。

5. 快速还原图片文件

有一种很好的方法可以把 Word 文档中内嵌的图片全部导出：

选择"文件"→"另存为"命令，打开"另存为"对话框，保存类型选择"网页"，Word 就会自动地把内置的图片以"image001. jpg""image002. jpg"等为文件名存放在另存后的网页名加上". files"的文件夹下。

6. 提取 Word 文档中的图片单独使用

很多人认为从 Word 中提取图片是一件很容易的事，先打开文档，选定要提取的图片，对其进行复制，然后在画图工具或 Photoshop 中粘贴，再保存成图片文件就可以了。但是，按此法粘贴后的图片的质量将大打折扣，色彩丢失精度下降类似于显卡工作于 16 色、256 色环境下显示 24 位图片的油墨画效果，根本无法满足使用要求。

可按照下述方法加以解决：选择"文件"→"另存为"命令，打开"另存为"对话框，保存类型选择"网页"，取一文件名（如 AA）生成 AA.files 文件夹，其中存有名为"image001.jpg"的图片文件，图片精度与在 Word 中的一样。

7. 利用 Shift 键绘制标准图形

① 按住 Shift 键，所画出的直线和箭头线与水平方向的夹角就不是任意的了，而是 15°、30°、45°、60°、75° 和 90° 等几种固定的角度。

② 按住 Shift 键，可以画出正圆、正方形、正五角星、等边三角形、正立方体、正方形的文本框等。

总之，按住 Shift 键后绘制出的图形都是标准图形，而且按住 Shift 键不放就可以连续选中多个图形。

实训项目 17　在一篇文章中应用不同的页面版式与双面打印

实训说明

在使用 Word 编辑和打印文字资料时，经常会有一些特殊的要求，如将编辑好的文字资料打印在纸张的正反面上，其中订口要比切口宽一些以容纳装订线；还有，在一篇文章中仅有一页需要用 A4 纸横向打印，其余各页均要求用 A4 纸纵向打印，应该如何操作呢？下面以使用激光打印机实现文字资料的双面打印和在一篇文章中应用不同的页面版式来介绍相关设置过程。

本实训知识点涉及页面设置、打印设置等。

在一篇文章中应用不同的页面版式与双面打印

案例素材

实训步骤

在一篇文章中应用不同的页面版式

通常设定页面版式为纵向或横向，若要求这两种版式同时出现在一篇文章中，操作过程如下：

① 首先把光标移动到需要改变页面版式的位置。

② 单击"布局"→"页面设置"→"对话框启动器"按钮，在打开的对话框中改变纸的方向或大小的设置。

③ 注意，最易被疏忽的一个下拉列表框，即"应用于"，单击此下拉列表框右侧的向下箭头，不要选择默认的"整篇文档"，而是选择"插入点之后"。

④ 最后，单击"确定"按钮。

现在，单击"打印预览和打印"按钮，在预览窗口中观察是否达到要求。

其实，在 Word 2016 中还有很多类似的情况，例如，单击"布局"→"页面设置"→"分栏"按钮，在下拉列表中选择"更多分栏"命令，打开"分栏"对话框，在"应用于"下拉列表框选择"插入点之后"选项；单击"开始"→"段落"→"边框"按钮，在下拉列表中选择"边框和底纹"命令，在打开的对话框中"应用于"下拉列表框选择"插入点之后"选项等，都与上述"应用于"有相似之处。

Word 文档的双面打印

① 页面设置。一篇文字资料输入完毕之后，在"布局"选项卡"页面设置"选项组中，可以设置纸张大小，如这里选择的是 A4 纸。"页边距"选项卡中的设置决定着能否进行双面打印，在这里主要对页边距中相关参数进行设置，设置结果如实训项目图 17.1 所示。

② 打印设置。在"打印"窗口，在"设置"区选择"手动双面打印"选项，如实训项目图 17.2 所示，单击"打印"按钮，这时会先按照 1、3、5……的顺序打印，打印完毕后，打开如实训项目图 17.3 所示的提示信息框，将已打印好单面的纸张取出并放回送纸器，单击"确定"按钮，即可进行双面打印。

实训项目图 17.1

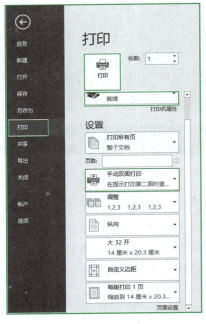

实训项目图 17.2

实训项目图 17.3

实训项目 18　制作名片

实训说明

本实训制作一张"名片"，最终效果如实训项目图 18.1 所示。

无须借助专门的名片制作软件，使用 Word 就能制作出精美的名片。通过制作名片，学会使用 Word 的向导功能，掌握制作完成后的微调技巧。

本实训知识点涉及 Word 向导的使用、插入图片的方法、简单版面设计。

制作名片

案例素材

实训项目图 18.1

实训步骤

1. 制作单张名片

① 在"开始"菜单的应用程序列表中选择"Word 2016"选项，打开 Word 文档窗口。

② 窗口右侧出现"新建"窗格，单击"空白文档"图标。

③ 单击"布局"→"页面设置"→对话框启动器，打开"页面设置"对话框。选择"纸张"选项卡，纸张大小下拉列表中选择"自定义大小"，宽度为 8.6 厘米，高度为 5.5 厘米，如实训项目图 18.2 所示。

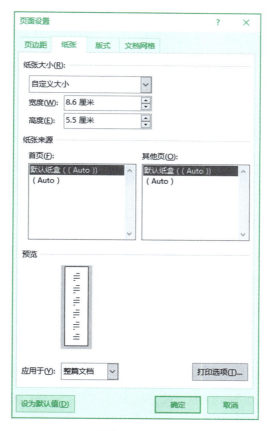

实训项目图 18.2

④ 选择"页边距"选项卡，在"页边距"选项组中设置上、下、左、右页边距均为 0 厘米，"纸张方向"选择"纵向"，如实训项目图 18.3 所示。

95

> 名片是要打印出来使用的。为了打印操作的方便，在名片制作向导的生成方式对话框中应该选中"以此名片为模板，生成批量名片"单选按钮。

⑤ 输入所需要的各项资料，输入完成后，如实训项目图 18.4 所示。

⑥ 最后再稍做调整，使其效果更美观。

实训项目图 18.3

实训项目图 18.4

2. 制作多张名片

① 选择"文件"→"新建"命令，窗口右侧出现"新建"窗格，单击"空白文档"图标。

② 单击"布局"→"页面设置"对话框启动器，打开"页面设置"对话框。选择"纸张"选项卡，纸张大小选择"自定义大小"，宽度为 19.5 厘米，高度为 29.7 厘米。

③ 单击"邮件"→"创建"→"标签"按钮，打开"信封和标签"对话框，如实训项目图 18.5 所示。选择"标签"选项卡，单击"选项"按钮，打开"标签选项"对话框。

④ 在"标签信息"下拉列表框中选择"Avery A4/A5"选项。在产品编号中选择 L7413，单击"确定"按钮，返回上级对话框，如实训项目图 18.6 所示。

实训项目图 18.5

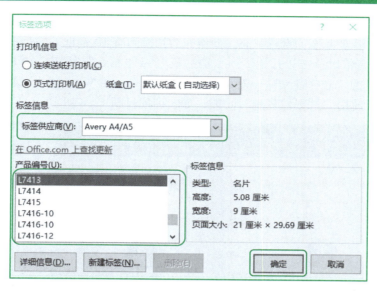

⑤ 单击"新建文档"按钮，在 Word 中就出现了 10 个相同大小的文本框，如实训项目图 18.7 所示。

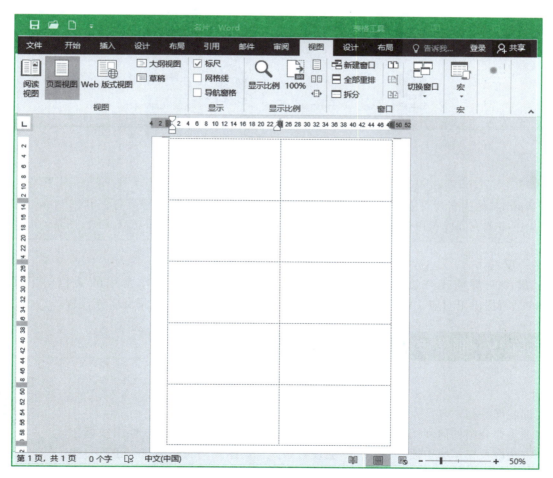

实训项目图 18.7

⑥ 返回单张名片 Word 文档，单击"开始"→"编辑"→"选择"按钮，在下拉列表中选择"全选"命令，此时单张名片的状态为全选状态。操作完后切换到有 10 个框的文档中，单击第 1 行第 1 列的单元格（即左上角），依次单击"开始"→"剪贴板"→"粘贴"按钮，在下拉列表中选择"选择性粘贴"命令，在打开的"选择性粘贴"对话框中选择"Microsoft Word 图片对象"选项。重复上述方法，每单击一个框，就使用"选择性复制"功能，如实训项目图 18.8 所示。

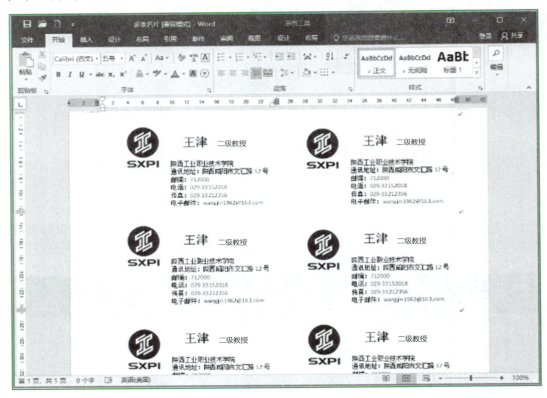

实训项目图 18.8

> **提示**
>
> 用 Word 制作的名片可能不会让人感到非常满意，但是总体框架已经具备，利用 Word 的其他功能继续加以完善，同样可以制作出精美、专业的名片来，如实训项目图 18.1（b）所示。

3. 举一反三

Word 提供向导使工作变得更加简便。当在工作过程中需要制作常用的文档时，可以查找 Office.com 是否提供了对应文档的模板。如果有的话，可以在很大程度上简化工作流程。

实训项目 19　制作年历——模板的使用

实训说明

本实训制作一张"年历"，最终效果如实训项目图 19.1 所示。

本实训主要介绍如何利用 Word 2016 中提供的日历模板来建立年历。要求掌握年历的制作方法以及在年历中插入图片，学会设置版式，使图片与表格混排，还有一些特殊的打印设置。可以尝试使用其他向导，看一看都能实现哪些功能。Word 中新增的缩放打印功能也是非常有用的，希望能对具体工作有所帮助。本实训还说明利用二

制作年历——模板的使用

案例素材

实训项目图 19.1

次打印，可以使文档的内容更丰富、更精美。

本实训知识点涉及日历模板的使用、插入图片的方法、版式的设置、年历的打印。

实训步骤

1. 使用日历模板

① 运行 Word 2016，选择"文件"→"新建"命令，在搜索输入框内输入"月历"，会发现在这里有很多模板。选择比较漂亮的月历模板，在弹出的对话框中单击"创建"按钮（计算机需要先连接互联网），Word 2016 目前还没有 2020 年日期模板，选择"2012 年莲花图案月历"，如实训项目图 19.2 所示。

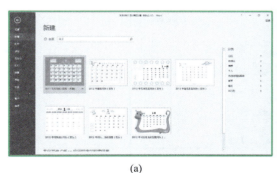
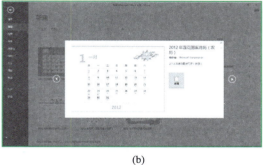

(a)　　　　　　　　　　　　　(b)

实训项目图 19.2

② 月历模板下载完毕，Word 2016 会创建一个新文档，自动生成 2012 年 1 月到 12 月的日历，每月单独一页，然后按照 2020 年月历进行逐页编辑，如实训项目图 19.3 所示。

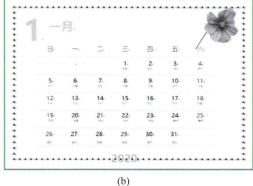

(a)　　　　　　　　　　　　　(b)

实训项目图 19.3

2. 月历的装饰

下面对月历进行适当的装饰。

如果对月历的黑白图片感到不满意，可以对其进行调整。也就是说，可以重新插入一幅漂亮的图片来取代原来的图片；也可以对图片进行处理，如加设阴影效果或立体效果，或是给图片加上边框。

如果所插入的图片过大，可以选中图片，利用"图片工具/格式"→"大小"→"裁剪"按钮，将所插入图片的多余部分裁剪掉。

3. 月历的打印

可以将这 12 张月历用彩色打印机打印出来，装订成一本年历，再加装封面，一本精美的挂历就做好了。

如果想把这些月历打印到同一张纸上，可以这样做：

① 先将纸张大小设置为 A3 或 8 开，以便能够看清所有内容。如果想在 A4 纸上打印，可以在制作月历时不加任何图片。

② 选择"文件"→"打印"命令，出现"打印"子窗口，如实训项目图 19.4 所示。

实训项目图 19.4

③ 在"打印"窗口中将"每版打印 1 页"修改设置为"每版打印 16 页"，那么 16 页的文档就会被整版缩小打印在同一页中。

4. 二次打印

因为不能设置为"每版打印 16 页"，按每版打印 16 页打印完毕后，纸张的下面会有一个空白区，可以利用二次打印方法，打印整个年历的标题，并配以合适的插图。

二次打印是指在打印完一份文档后，将打印过的纸张再次放入打印机的送纸器，打印另一个文档，使两份文档的内容重叠。

合理地利用这一方法，可以制作出很多特殊的效果。

100

Word 文档的制作技巧

1. 快速关闭 Word 窗口

（1）关闭全部文件

用户经常需要打开多个 Word 文档，在结束时逐个单击 Word 窗口的"关闭"按钮会很麻烦，若在选择"文件"选项卡的同时按住 Shift 键，原有的"保存"和"关闭"命令会变为"全部保存"和"全部关闭"命令，这样可一次关闭多个文档，十分方便。

（2）关闭部分文件

当桌面上打开很多窗口，如果逐个地关闭，则会很麻烦。在关闭最下一层窗口时按住 Shift 键，则所有窗口将同时关闭。如果关闭中间某一层窗口时按住 Shift 键，则其上层的所有窗口都会关闭，而其下层的各个窗口将保持不变。

2. 转换 PDF 格式文档

选择"文件"→"导出"命令，打开"导出"窗格，在其中选择"创建 PDF/XPS 文档"选项，在右边单击"创建 PDF/XPS"按钮，就可以将 Word 文档转换成 PDF 格式文档了。

Word 2016 提供了丰富的文件格式和文档发布方式。通过以上方法还可以将 Word 文档发布为 Web 页面文档、博客文档、SharePoint、电子邮件等。

3. 合并 Word 文档

在使用 Word 制作文档时，经常要与别人合作。单击"插入"→"文本"→"对象"按钮，在下拉列表中选择"文件中的文字"命令，再选择要插入的文件，单击"插入"按钮，文件就被插入进来了，而且插入的文件与文件原来的格式一样。

4. Word 文件整理

选择"文件"→"另存为"命令，Word 会重新对信息进行整理并保存，这样会使得文件的大小大幅减少。

Word 2016 具有在后台自动保存当前 Word 文档的功能。通过该功能，可以有效避免由于意外操作而造成的内容丢失。选择"文件"→"选项"命令，打开"Word 选项"对话框，在"Word 选项"对话框中选择"高级"选项卡，在"保存"选项组中，选中"允许后台保存"复选框。

5. 扩充字体的安装

打开字体文件所在文件夹，右击需要安装的字体文件，在快捷菜单中选择"打开方式"→"选择默认程序"命令；在"打开方式"对话框中选中"Windows 字体查看器"选项，单击"确定"按钮；在"Windows 字体查看器"窗口中，单击"安装"按钮安装字体。

6. Microsoft Office 2016 的翻译服务

Word 本身没有内置翻译整篇文档的功能，但 Word 能够借助 Microsoft Translator 在线翻译服务帮助用户翻译整篇 Word 文档。打开 Word 英文文档窗口，单击"审阅"→"语言"→"翻译"按钮，在下拉列表中选择"翻译文档"命令，在打开的"翻译语言选项"对话框中设定目标语言，单击"确定"按钮，在打开的"翻译整个文档"对话框中提示用户将把整篇 Word 文档内容发送到 Microsoft

Translator 在线翻译网站，由 Microsoft Translator 进行在线翻译；在随后打开的"在线翻译"窗口中将返回整篇文档的翻译结果。实现 Microsoft Office 2016 的翻译服务前提是当前计算机必须连接到互联网。

7. 使用小助手

有时想浏览一下 Word 的帮助，可以单击或者直接按 F1 键，会打开"Word 2016 帮助"窗口，其中有"搜索"文本框，可按需输入关键词，亦可利用 Office Online 功能在线寻求帮助。

第 3 部分　电子表格软件实训项目

实训项目 20　利用 Excel 条件格式创建学生成绩表

实训说明

本实训利用条件格式创建富有个性特征的学生成绩表，其效果如实训项目图 20.1 所示。

	A	B	C	D	E	F
1			学生成绩表			
2	姓名	数学	物理	化学	英语	语文
3	李华	90	80	83	58	73
4	张一宁	98	91	93	73	84
5	刘平	66	78	95	80	59
6	宁玉	73	82	69	63	91
7	赵孟龙	91	57	78	81	95

利用 Excel 条件格式创建生成学生成绩表

案例素材

实训项目图 20.1

利用 Excel 的"条件格式"功能，可以将满足指定条件的数据以一定的格式显示出来。本实训是将"条件格式"应用于学生成绩表，读者实践过后，能够初步体会这一功能的独特魅力。

本实训知识点涉及条件格式的用法。

实训步骤

（1）启动 Excel，建立如实训项目图 20.2 所示的原始"学生成绩表"工作簿（未选择任何单元格）。

	A	B	C	D	E	F
1			学生成绩表			
2	姓名	数学	物理	化学	英语	语文
3	李华	90	80	83	58	73
4	张一宁	98	91	93	73	84
5	刘平	66	78	95	80	59
6	宁玉	73	82	69	63	91
7	赵孟龙	91	57	78	81	95

实训项目图 20.2

（2）制作要求。将 60 分以下的成绩以红色显示，60~69 分的成绩以绿色显示，70 分及以上的成绩以蓝色显示。

（3）制作步骤。

① 选定整个成绩区域。

② 单击"开始"→"样式"→"条件格式"按钮，在下拉列表中选择"新建规则"命令，打开如实训项目图 20.3 所示的对话框，选择规则类型为"只为包含以下内容的单元格设置格式"。

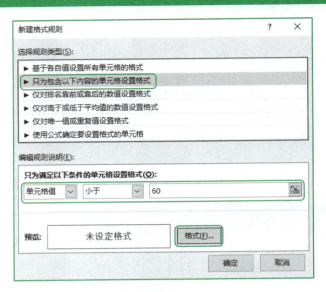

实训项目图 20.3

③ 将"编辑规则说明"选项组中的项目分别设置为"单元格值""小于""60"。

④ 单击"格式"按钮，打开"设置单元格格式"对话框，在"字体"选项卡"颜色"下拉列表框中选择红色，单击"确定"按钮，如实训项目图 20.4 所示。

实训项目图 20.4

⑤ 再次选择"新建规则"命令，在对话框中选择规则类型为"只为包含以下内容的单元格设置格式"，在其"编辑规则说明"选项组中，设置为"单元格值""介于""60""69"；如实训项目图 20.5 所示。

⑥ 单击"格式"按钮，打开"设置单元格格式"对话框，在"字体"选项卡"颜色"下拉列表框选择绿色，然后单击"确定"按钮。

实训项目图 20.5

⑦ 第 3 次选择"新建规则"命令，在对话框中选择规则类型为"只为包含以下内容的单元格设置格式"，在对话框的"编辑规则说明"选项组中，设置为"单元格值""大于或等于""70"，如实训项目图 20.6 所示。按照上述方法将其字体颜色设置为蓝色。

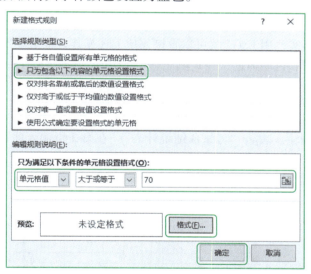

实训项目图 20.6

⑧ 最后，单击"确定"按钮。然后将表头居中显示。

现在可以看到这份学生成绩表已变得五彩缤纷，谁被判了红灯，就需要提高警惕；谁在安全区，一目了然，其效果如实训项目图 20.1 所示。

　经验技巧

条件格式使用技巧

若要将"条件格式"复制到其他地方，可选择已设置好"条件格式"的任意单元格，单击"格式刷"图标按钮，再把目标单元格"刷"一下就可以了。

实训项目 21　教学管理中的应用——排序、计算与查询

实训说明

　　本实训是 Excel 在教学管理中的应用，最终效果如实训项目图 21.1 所示（"名次"列只由教师创建并查看，不对学生公开）。

教学管理中的应用——排序、计算与查询

案例素材

	考试成绩统计表				
姓名	性别	语文	数学	总分	名次
刘力	男	98	91	189	1
吴一花	女	91	90	181	2
李博	男	81	95	176	3
张华	男	95	80	175	4
程小博	女	81	91	172	5
李平	男	90	80	170	6
刘平	男	93	73	166	7
宁玉	男	78	81	159	8
赵鑫龙	男	73	84	157	9
王大伟	女	73	82	155	10
马红军	男	69	81	150	11
柳亚萍	女	66	78	144	12
丁一平	男	83	58	141	13
张珊珊	女	80	59	139	14
李枚	男	58	73	131	15
卷面平均分		80.6	79.73333	160.3333	

实训项目图 21.1

　　用计算机管理学生成绩的主要目的不外乎统计、排序、查询、打印。以前人们总是习惯于编写一个程序来处理这些问题。其实，用 Excel 就可以直接完成上述操作，而且非常简单。

　　本实训知识点涉及排序、自动筛选、公式填充、AVERAGE 函数。

实训步骤

1. 新建工作簿

　　在工作表 Sheet1 第 1 行输入表名"考试成绩统计表"。在第 2 行输入项目名称，随后填入各学生的姓名、性别、各科考试成绩，如实训项目图 21.2 所示。

	考试成绩统计表				
姓名	性别	语文	数学	总分	名次
吴一花	女	91	90		
刘力	男	98	91		
李平	男	90	80		
张华	男	95	80		
柳亚萍	女	66	78		
李博	男	81	95		
刘平	男	93	73		
李枚	男	58	73		
赵鑫龙	男	73	84		
王大伟	女	73	82		
马红军	男	69	81		
程小博	女	81	91		
丁一平	男	83	58		
张珊珊	女	80	59		
宁玉	男	78	81		
卷面平均分					

实训项目图 21.2

2. 计算总分

　　先要求出学生的总分情况。在 E3 单元格内输入公式"=C3+D3"，按 Enter 键结束公式的输入，便可求得吴一花同学的总分。选中 E3 单元格，将光标移至右下角，当光标变成小黑十字时将其拖曳到 E17（最后一名学生对应的单元格），松开鼠标，通过填充方式完成公式的复制，其结果如实训项目图 21.3 所示。

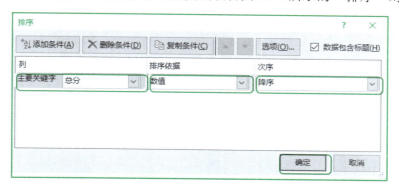

实训项目图 21.3

3. 排序

排序就是要按照总分排出高低顺序。将光标移到"总分"一栏内的任意一个单元格内,单击"数据"→"排序和筛选"→"排序"按钮,打开如实训项目图 21.4 所示的"排序"对话框。

实训项目图 21.4

"主要关键字"选择"总分","次序"选择"降序",这样,所有学生的总分将按照从高到低的顺序排列。

在"名次"栏的 F3 和 F4 单元格内分别填上"1""2",表示第一名、第二名,选定单元格 F3 和 F4,将光标移到此单元格的右下方,如实训项目图 21.5 所示,出现一个黑色的十字填充句柄,拖动填充句柄至单元格 F17,它将自动填充单元格 F5~F17 区域为 3~15 的自然数。

实训项目图 21.5

4. 计算平均分

这实际上就是 AVERAGE 函数的应用。

选择 C18 单元格，单击"公式"→"函数库"→"插入函数"按钮，打开"插入函数"对话框，在"或选择类别"下拉列表框中选择"统计"后，在"选择函数"列表框中选择"AVERAGE"，如实训项目图 21.6 所示，然后单击"确定"按钮，打开如实训项目图 21.7 所示的"函数参数"对话框。

实训项目图 21.6

实训项目图 21.7

在 Number1 单元格引用框中选择"C3:C17"，计算语文平均分，单击"确定"按钮，在 C18 单元格内便会出现语文平均分 80.6。

在 C18 单元格右击，在快捷菜单中选择"复制"命令，分别右击单元格 D18、E18，在快捷菜单中选择"粘贴"命令，这样通过"复制""粘贴"方式完成公式的复制，即可得到数学和总分的平均分。

5. 查询

简单的查询实际上就是利用"自动筛选"功能，或者用功能更为强大的"自定义筛选"。

将光标移到"总分"栏的任意一个单元格内，单击"数据"→"排序和筛选"→"筛选"按钮，其结果如实训项目图 21.8 所示。在每一个项目处都出现一个可选下拉列表，可以在此进行查询，具体用法见实训项目 22。

	A	B	C	D	E	F
1			考试成绩统计表			
2	姓名	性别	语文	数学	总分	名次
3	刘力	男	98	91	189	1
4	吴一花	女	91	90	181	2
5	李博	男	81	95	176	3
6	张华	男	95	80	175	4
7	程小博	女	81	91	172	5
8	李平	男	90	80	170	6
9	刘平	男	93	73	166	7
10	宁玉	男	78	81	159	8
11	赵鑫龙	男	73	84	157	9
12	王大伟	女	73	82	155	10
13	马红军	男	69	81	150	11
14	柳亚萍	女	66	78	144	12
15	丁一平	男	83	58	141	13
16	张珊珊	女	80	59	139	14
17	李枚	男	58	73	131	15
18	卷面平均分		80.6	79.73333	160.3333	

实训项目图 21.8

由此可见，Excel 在教学管理方面可以得到广泛的应用，其功能的丰富程度绝不亚于一个专门的应用软件。只要细心总结，就会发现 Excel 的潜力无穷。

经验技巧

Excel 使用技巧一

1. 快速切换 Excel 单元格的"相对"与"绝对"

在 Excel 中输入公式时常常因为单元格表示中有无正确使用"$"表示单元格而给后面的操作带来错误。对于一个有较长公式的单元格的"相对"与"绝对"引用转换时，要对此进行修改，只凭键盘输入会很麻烦。其实，只要使用 F4 功能键，就能对单元格的相对引用和绝对引用进行切换。现举例说明：

某单元格中输入的公式为"=SUM（B4:B8）"，选中整个公式，按 F4 键，该公式的内容变为"=SUM($B$4:$B$8)"，表示对行、列单元格均进行绝对引用；再次按 F4 键，公式内容变为"=SUM（B$4:B$8）"，表示对行进行绝对引用，对列进行相对引用；第 3 次按 F4 键，公式变为"=SUM（$B4:$B8）"，表示对行进行相对引用，对列进行绝对引用；第 4 次按 F4 键时，公式变回初始状态"=SUM（B4:B8）"，即对行、列的单元格均为相对引用。

需要说明的是，F4 键的切换功能只对所选中的公式起作用。只要对 F4 键操作得当，就可以灵活地编辑 Excel 公式了。

2. Excel 中轻松切换中英文输入法

在录入各种表格中的数据时，不同的单元格由于其内容不同，需要在中英文输入法之间来回切换，这样既影响输入速度又容易出错，其实可以通过 Excel 中的"有效性"功能进行自动切换。

选中要输入中文字符的单元格，单击"数据"→"数据工具"→"数据验证"按钮，在下拉列表中选择"数据验证"命令，在打开的"数据验证"对话框中选择"输入法模式"选项卡，输入法模式选择"打开"，然后单击"确定"按钮。同理，在要输入英文或数字的单元格中，在输入法模式中选中"关闭（英文模式）"选项就可以了。在输入过程中，系统会根据单元格的设置自动切换中英文输入法。

实训项目 22　简易分班——Excel 排序与自动筛选

实训说明

　　本实训制作简易分班表，其效果如实训项目图 22.1 所示（学生姓名、性别、各科成绩选取新的数据填入）。

简易分班——Excel
排序与自动筛选

案例素材

	姓名	性别	语文	数学	总分	班级
				分班表		
3	刘力	男	98	91	189	1
4	李博	男	81	95	176	2
5	张华	男	95	80	175	3
6	李平	男	90	80	170	3
7	刘平	男	93	73	166	2
8	宁玉	男	78	81	159	1
9	赵鑫龙	男	73	84	157	1
10	马红军	男	69	81	150	2
11	丁一平	男	83	58	141	3
12	王大伟	男	58	73	131	3
13	吴一花	女	91	90	181	2
14	程小博	女	81	91	172	1
15	李枚	女	73	82	155	1
16	柳亚萍	女	66	78	144	2
17	张珊珊	女	80	59	139	3

实训项目图 22.1

　　在没有专用分班软件的学校，用 Excel 的排序和自动筛选功能进行分班不失为一种好办法，它简单、灵活，而且不需要太多的专业知识就可以完成。

　　本实训知识点涉及排序、自动筛选、公式的复制。

实训步骤

1. 新建工作簿

　　工作表 Sheet1 第 1 行输入表名 "分班表"，如实训项目图 22.2 所示；在第 2 行输入项目名称，并填入各学生的姓名、性别、各科考试成绩。

	姓名	性别	语文	数学	总分	班级
			分班表			
3	程小博	女	81	91		
4	丁一平	男	83	58		
5	李博	男	81	95		
6	李枚	女	73	82		
7	李平	男	90	80		
8	刘力	男	98	91		
9	刘平	男	93	73		
10	柳亚萍	女	66	78		
11	马红军	男	69	81		
12	宁玉	男	78	81		
13	王大伟	男	58	73		
14	吴一花	女	91	90		
15	张华	男	95	80		
16	张珊珊	女	80	59		
17	赵鑫龙	男	73	84		

实训项目图 22.2

2. 计算总分

　　分班要求各班性别搭配平均，总分分布合理。所以，先要得到他们的总分情况。

　　选中单元格 E3，输入公式 "＝C3+D3"，按 Enter 键结束公式的输入。选中单元格 E3 并右击，在快捷菜单中选择 "复制" 命令；选定 E4～E17 区域，右击，在快捷菜单中选择 "粘贴" 命令。这样公式复制的结果如实训项目图22.3所示。

3. 排序

将光标移到"总分"列的任意一个单元格内，单击"数据"→"排序和筛选"→"排序"按钮，打开如实训项目图22.4所示的"排序"对话框。

实训项目图22.3

实训项目图22.4

"主要关键字"选择"性别"，"次序"选择"升序"，这样所有男生将和女生分开排列，男生排在前面。

单击"添加条件"按钮，在"次要关键字"区域内选择"总分"，"次序"选择"降序"，这样同性别学生的总分按照从高到低的顺序排列，单击"确定"按钮，其结果如实训项目图22.5所示。

4. 开始分班

① 如果要分为3个班，按照1、2、3、3、2、1的顺序循环填入F3~F17区域。

② 将光标移到F2~F17间的任意一个单元格内，单击"数据"→"排序和筛选"→"筛选"按钮，如实训项目图22.6所示。

	A	B	C	D	E	F
1			分班表			
2	姓名	性别	语文	数学	总分	班级
3	刘力	男	98	91	189	
4	李博	男	81	95	176	
5	张华	男	95	80	175	
6	李平	男	90	80	170	
7	刘平	男	93	73	166	
8	宁玉	男	78	81	159	
9	赵鑫龙	男	73	84	157	
10	马红军	男	69	81	150	
11	丁一平	男	83	58	141	
12	王大伟	男	58	73	131	
13	吴一花	女	91	90	181	
14	程小博	女	81	91	172	
15	李枚	女	73	82	155	
16	柳亚萍	女	66	78	144	
17	张珊珊	女	80	59	139	

实训项目图22.5

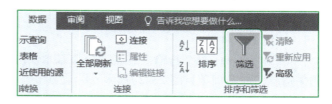

实训项目图22.6

此时一份简单的分班表已制作完成。如果要查看各班的情况，只要在"班级"下拉列表中选择"升序"或"降序"即可。例如，要查看1班的情况，就选择1班，如实训项目图22.7所示。选定后的效果如实训项目图22.8所示，其行标仍然保持不变。

这种方法虽然比较简单，但是能够较好地满足分班的需求——各班平均分和性别比例都相对平衡。没有分班软件的学校可以尝试采用这种方式。

实训项目图 22.7

A	B	C	D	E	F
1		分班表			
	姓名	性别	语文	数学	总分	班级
3 刘力	男	98	91	189	1
8 宁玉	男	78	81	159	1
9 赵鑫龙	男	73	84	157	1
14 程小博	女	81	91	172	1
15 李枚	女	73	82	155	1

实训项目图 22.8

实训项目 23 职工分房资格计算——函数的使用

实训说明

本实训制作职工分房分数计算表，其效果如实训项目图 23.1 所示。

为了改善职工的住房条件，单位准备为一些职工分配住房，要根据职称、年龄、工龄、现有住房情况等决定住房标准和分房资格。利用 Excel 的函数处理该问题，操作简单而快捷。

本实训知识点涉及日期函数和条件函数。

🖐 职工分房资格计算——函数的使用

案例素材

序号	姓名	职称	生日	参加工作日期	现住房间数	职称分	年龄分	工龄分	总分	应住房标准	分房资格
0101	袁路	教授	1938年2月8日	1957年9月1日	4	25	81	31	137	3	
0102	马小勤	副教授	1946年5月11日	1964年9月1日	2.5	20	73	27.5	121	2.5	
0103	孙天一	讲师	1958年8月2日	1982年9月1日	2	15	61	18.5	94.5	2	
0104	邹涛	讲师	1962年3月22日	1985年9月1日	0	15	57	17	89	2	有
0105	邱大同	助教	1974年7月25日	1997年9月1日	0	5	45	11	61	2	有
0106	王亚妮	工人	1958年9月1日	1975年7月1日	1	5	61	22	88	2	有
0107	吕萧	工人	1959年2月11日	1974年7月1日	2	5	60	22.5	87.5	2	

实训项目图 23.1

实训步骤

1. 新建工作簿

在工作表 Sheet1 第 2 行输入表名"分房基本情况统计表"，在第 4 行输入项目名称，并填入各职工的相关情况，如实训项目图 23.2 所示。

2. 计算职称分

职称分计算标准：教授 25 分，副教授 20 分，讲师 15 分，其他员工 5 分。

选择单元格 G5，输入公式"=IF(C5="教授",25,IF(C5="副教授",20,IF(C5="讲师",15,5)))"，按 Enter 键，结束公式的输入。选中单元格 G5，右击，在快捷菜单中选择"复制"命令；选定 G6~G11 区域，右击，在快捷菜单中选择"粘贴"命令。这样通过公式的复制即可计算其他人的职称分。

3. 计算年龄分和工龄分

年龄分计算标准：每年 1 分（截至 2019 年）。

实训项目图 23.2

年龄分计算：选择单元格 H5，输入公式"＝2019－YEAR（D5）"，按 Enter 键结束公式的输入。通过公式填充，计算其他人的年龄分。

工龄分计算标准：每年 0.5 分（同样截至 2019 年）。

工龄分计算：选择单元格 I5，输入公式"＝（2019－YEAR（E5））/2"，按 Enter 键结束公式的输入。通过公式填充，计算其他人的工龄分。

4. 计算总分

选定区域 G5:J11，单击"开始"→"编辑"→"自动求和"按钮 Σ，即可完成 G5:I11 单元格的求和，如实训项目图 23.3 所示。各职称员工在现住房间数未达标的情况下才能参加分房。

实训项目图 23.3

5. 计算应住房标准和分房资格

应住房标准：教授 3 间，副教授 2.5 间，其他员工 2 间。

选择单元格 K5，输入公式"＝IF（C5＝"教授"，3，IF（C5＝"副教授"，2.5，2））"，按 Enter 键结束公式的输入。通过公式填充，计算其他职称员工的住房标准。

分房资格：选中单元格 L5，输入公式"＝IF（F5<K5，"有"，" "）"，按 Enter 键结束公式的输入。通过公式填充，计算其他人的分房资格。

📖 经验技巧

Excel 使用技巧二

1. Excel 中摄影功能的妙用

在 Excel 中，如果要在一个页面中反映另一个页面中的更改，通常采用粘贴等方式来实现。但是，如果需要反映的内容比较多，特别是目标位置的格式编排也必须反映出来的时候，再使用链接数据等方式就行不通了。好在天无绝人之路，Excel 备有"照相机"，只要把希望反映出来的那部分内容"拍摄"下来，然后把"照片"粘贴到其他页面中即可。

（1）准备"照相机"

① 单击"文件"→"选项"命令，打开"Excel 选项"对话框。

② 选择"快速访问工具栏"选项卡，在"从下列位置选择命令"下拉列表框中选择"不在功能区中的命令"，在下方的"命令"列表框中找到"照相机"，单击"添加"按钮，将其添加到快速访问工具栏中。

（2）给目标"拍照"

假设要让工作表 Sheet2 中的部分内容自动出现在工作表 Sheet1 中。

① 拖动鼠标并选择工作表 Sheet2 中需要"拍摄"的内容。

② 单击快速访问工具栏上已准备好的"照相机"按钮，于是该选定的区域就被"拍摄"下来了。

（3）粘贴"照片"

① 打开工作表 Sheet1。

② 在需要显示"照片"的位置单击，被"拍摄"的"照片"就立即粘贴过来了。

在工作表 Sheet2 中调整"照片"为各种格式，粘贴到工作表 Sheet1 中的内容同步发生变化，而且因为所插入的的确是一幅自动更新的图像，所以，"图片工具"选项卡中的功能设置对该照片也是有效的，可以单击几个按钮尝试，这张"照片"还可以自由地旋转。

2. Excel 中斜线表头的制作

利用 Excel 中的"插入"→"插图"→"形状"按钮制作 Excel 中的斜线表头，具体方法如下。

① 单击"插入"→"插图"→"形状"按钮，在下拉列表中可以选择需要的线条。插入线条后，会显示"绘图工具"选项卡，设置图形的格式。

② 调整好单元格的大小，插入线条，绘制所需斜线，在空白处插入文本框，输入表头文字。

③ 按住 Ctrl 键的同时拖动刚才建立的文本框，复制带有格式的文本框，更改其中的文字。

④ 利用 Shift+单击鼠标的方法选中表头中的所有对象，右击，在快捷菜单中选择"组合"→"组合"命令即可。

实训项目 24　学生成绩管理——RANK、CHOOSE、INDEX 和 MATCH 函数的应用

实训说明

本实训通过应用 Excel 函数来分析各门课程的考试成绩，其效果如实训项目图 24.1 所示。

学生成绩管理——
RANK、CHOOSE、
INDEX 和 MATCH 函
数的应用

案例素材

姓名	大学语文	大学英语	高等数学	总分	平均成绩	名次	平均成绩等级
王小志	10	61	60	131	43.67	8	E
游一圣	75	76	60	211	70.33	5	C
向筱慧	80	72	88	240	80.00	2	B
马小逸	97	85	92	274	91.33	1	A
洪心欣	70	68	80	218	72.67	3	C
谢国昱	84	64	70	218	72.67	3	C
陈可云	0	56	63	119	39.67	9	E
徐晓翎	51	63	67	181	60.33	6	D
程义洲	50	49	52	151	50.33	7	E
及格率	56%	78%	89%		67%		

机械学院数控1902班第一学期成绩排行榜

实训项目图 24.1

114

在教学过程中，对学生成绩进行分析和处理对提高学生成绩是必不可少的。这就要求计算出与之相关的一些数值：如每一名学生的总分及名次、平均成绩，各门课程的及格率，平均成绩等级，成绩查询等。如果用 Excel 来处理这些数据，则会非常简单。

本实训知识点涉及 RANK、CHOOSE、INDEX 和 MATCH 函数。

实训步骤

1. 新建工作簿

在工作表 Sheet1 的第 1 行输入表名"机械学院数控 1902 班第一学期成绩排行榜"。按照实训项目图 24.2 所示建立字段，并输入数据，进行格式的美化。

姓名	大学语文	大学英语	高等数学	总分	平均成绩	名次	平均成绩等级
王小志	10	61	60				
游一圣	75	76	60				
向筱慧	80	72	88				
马小逸	97	85	92				
洪心欣	70	68	80				
谢国昱	84	64	70				
陈可云	0	56	63				
徐晓翎	51	63	67				
程义洲	50	49	52				
及格率							

实训项目图 24.2

2. 求各种分数

① 求总分。在 E4 单元格内输入公式"＝SUM（B4：D4）"，按 Enter 键结束公式的输入，便可求得王小志的总分。然后选定 E4 单元格，将光标移至，当光标变成小黑十字形状时将其拖曳至 E12（最后一名学生对应的单元格），松开鼠标左键，通过填充方式完成函数的复制，即可得到其他学生的总分。

② 求平均成绩。用 AVERAGE 函数完成，其方法参见实训项目 21。

> **说明**
>
> 在默认情况下，使用 AVERAGE 函数时，Excel 会忽略空白的单元格，但是它并不忽略数值为 0 的单元格。要想忽略数值为 0 的单元格来计算平均分，要换一种方法来实现，这时需要用到 COUNTIF 函数，其语法为 COUNTIF（Range，Criteria），其含义是计算某个区域中满足给定条件的单元格的数目。本实训求 B4：D4 的平均成绩时，如果忽略数值为 0 的单元格，可以这样计算：SUM（B4：D4）/COUNTIF（B4：D4，"＜＞0"）。

3. 排列名次

方法 1：利用 IF 函数。

① 单击"数据"→"排序和筛选"→"排序"按钮，在打开的"排序"对话框中设置"总分"按降序方式排序。

② 在名次所在的 G4 单元格内输入 1（因为总分从高到低排序，当然是第一名），接着将鼠标移至 G5 单元格并输入公式"＝IF（E5＝E4，G4，G4+1）"，该公式的含义为：如果此行的总分 E5 与上一行学生的总分 E4 相同，那么此学生名次与上一名学生相同，否则比上一名次 G4 增 1。输入

完毕即可计算出该行学生对应的名次，最后从 G5 单元格拖动填充句柄到结束处，则可计算出该列的所有名次。

方法 2：利用 RANK 函数。

① 在 G4 单元格内输入公式"=RANK(E4,\$E\$4:\$E\$12)"，按 Enter 键可计算出 E4 单元格内的总分在班内的名次。

② 再选定 G4 单元格，把鼠标指针移动到填充句柄上并按下鼠标左键拖曳至 G12 单元格，即可计算出其他同学在班内的名次。

> **说明**
>
> RANK 函数是 Excel 中计算序数的主要工具，其语法格式为：RANK(Number,Ref,Order)，其中 Number 是要查找排名的数字或含有数字的单元格，Ref 是一组数或对一个数据列表区域的绝对引用，Order 是用来说明排序方式的数字（如果 Order 值为 0 或省略，则以降序方式给出排序结果，反之则按升序方式）。

在计算过程中需要注意两点：首先，当 RANK 函数中的 Number 不是一个数时，其返回值为"#VALUE!"，影响美观。另外，Excel 有时将空白单元格当成数值 0 处理，造成所有成绩空缺者都列于最后一名，也不甚妥当。此时，可将上面的公式"=RANK(E4,\$E\$4:\$E\$12)"更改为"=IF(ISNUMBER(E4),RANK(E4,\$E\$4:\$E\$12),"")"。其含义是先判断 E4 单元格内是否有数值，若有则计算名次，若无则空白。其次，当使用 RANK 函数计算名次时，相同分数对应的名次也相同，这会造成后续名次的占位，但这并不影响工作。

以上两种方法均可实现无规律数列的排序，方法 1 需要预先给分数排序，若出现分数相同的现象则顺延后续名次，此时末位名次值小于学生总人数；方法 2 只要用 RANK 函数即可，最后名次值与总人数相同。

> **思考**
>
> 如果使用方法 1 实现方法 2 的结果，如何对方法 1 进行改进？

4. 将平均成绩划分等级

① 在 H4 单元格内输入公式"=CHOOSE(INT(F4)/10+1,"E","E","E","E","E","E","D","C","B","A")"，按 Enter 键可计算出王小志的平均成绩所对应的等级，函数 CHOOSE（INT（分数/相邻等级分数之差）+1，相应的等级列表）中等级列表的项数应如下计算：满分/相邻等级分数之差取整再加 1。

② 再选定 H4 单元格，用函数填充方法拖动鼠标到 H12（最后一名学生对应的单元格）即可计算出其他学生平均成绩所对应的等级。

> **说明**
>
> CHOOSE 函数的语法格式为：CHOOSE(index_num,value1,value2,…)。使用函数 CHOOSE 可以返回基于索引号 index_number 多达 29 个待选数值中的任意一个数值。例如，如果考试的计分方法是：100~120 为 A，90~99 为 B，80~89 为 C，70~79 为 D，60~69 为 E，60 分以下为 F，则使用公式："=CHOOSE(INT(分数/10)+1, "F","F","F","F","F","F","E","D","C","B","A", "A")"。如某学生的成绩为 112，则 INT 函数计算结果为 11，加 1 后得到结果为"A"。

5. 求及格率

及格率即一个班级中某一成绩大于或等于 60 分的比例。例如，B4:B12 中是某班级学生的大学语文成绩，可以这样求这门课程该班级的及格率：在 B13 单元格中输入公式"=COUNTIF(B4:B12,">=

60")/COUNT(B4:B12)"，同理可求得另外两门课程和平均成绩的及格率。

6. 快速完成成绩的查询

① 双击工作表名称"Sheet2"，将其重命名为"按姓名查询"。在"按姓名查询"工作表中，建立如实训项目图 24.3 所示的表格。

② 单击 B2 单元格，输入欲查询成绩的学生的姓名。

③ 单击 B3 单元格，在其中输入"=INDEX(成绩名次!$A$4:$H$12,MATCH($B$2,成绩名次!$A$4:$A$12,0),MATCH(A3,成绩名次!$A$3:$H$3,0))"，按 Enter 键，则可得到这名学生的姓名。再选定 B3 单元格，利用填充句柄往下填充即可得到"大学语文"、"大学英语"等其余各项的内容，如实训项目图 24.4 所示。

实训项目图 24.3

实训项目图 24.4

此后，就可以按照需要，在相应查询类工作表的 B2 单元格中输入要查询成绩的学生的姓名，按 Enter 键，则该学生的相关信息就会显示出来，十分方便。

> **说明**
>
> ① INDEX 函数返回列表或数组中的元素值，此元素由行序号和列序号的索引值给定。数组形式是：INDEX(array,row_num,column_num)。其中，array 为单元格区域或数组常量，row_num 为数组或引用要返回值的行序号，column_num 为数组或引用要返回值的列序号。例如，=INDEX(成绩名次!A4:D12,3,4)返回单元格区域 A4:D12 的第 3 行和第 4 列交叉处的值（88）。
>
> ② MATCH 函数返回在指定方式下与指定数值相匹配的数组中元素的相应位置。例如，=MATCH("总分",成绩名次!A3:H3,0)返回数据区域成绩名次!A3:H3 中总分的位置（5）。如果需要找出匹配元素的位置而非匹配元素本身，则应该使用 MATCH 函数而不是 LOOKUP 函数。

实训项目 25　打印学生成绩通知单——VLOOKUP 函数的使用

实训说明

本实训介绍一种使用 Excel 制作学生成绩通知单的方法，其效果如实训项目图 25.1 所示。

制作学生成绩通知单是每位班主任必须做的工作，以往制作学生成绩通知单的一般方法是使用 Excel 与 Word 这两个软件，通过邮件合并的方法完成任务。其操作过程也相当烦琐。现在介绍一种只使用 Excel 制作学生成绩通知单的方法，其过程十分简单，只使用一个函数就能够完成。

本实训知识点涉及条件格式和 VLOOKUP 函数。

打印学生成绩通知
单——VLOOKUP 函
数的使用

案例素材

	A	B	C	D	E
1	学生成绩通知单				
2					
3	马小逸	同学家长:	您好!		
4	春节即将到来，首先给您拜年，祝您及您的家人生活愉快，万事如意！ 是您的信任，才将子女送到了我们学校，是您的支持与关心，我校才能快速发展。为了让您对孩子在学校的学习情况有进一步的了解，下面把您孩子的学习情况向您做一汇报。				
5	班级:机械学院数控1902班				2020年1月20日
6	大学语文	大学英语	高等数学	总分	平均成绩
7	97	85	92	274	91.33333333
8	名次	平均成绩等级	本班大学语文及格率	本班大学英语及格率	本班高等数学及格率
9	1	A	56%	78%	89%
10	尊敬的家长，2020年学校仍将遵循以人为本，“一切为了学生，为了学生的一切，为了一切学生”的办学理念，乘着改革发展的契机，向“中国特色高水平高职学校和高水平专业建设计划”的目标努力探索，不断进取。 最后，感谢您对我们工作的一贯支持，再次祝您春节愉快，阖家欢乐。				

实训项目图 25.1

实训步骤

1. 新建工作簿

按照实训项目图 25.2 建立各个字段，并输入数据，然后进行格式上的美化，再进行成绩的统计和分析（格式美化和成绩统计分析的过程不再赘述）。也可以直接使用实训项目 24 中的工作簿，但在本实训中增加了一列“学号”，其单元格区域 A4:A12 中的数字为文本格式。

	A	B	C	D	E	F	G	H	I
1	机械学院数控1902班第一学期成绩排行榜								
2									
3	学号	姓名	大学语文	大学英语	高等数学	总分	平均成绩	名次	平均成绩等级
4	060201	王小志	10	61	60	131	43.67	8	E
5	060202	游一圣	75	76	60	211	70.33	5	C
6	060203	向筱慧	80	72	88	240	80.00	2	B
7	060204	马小逸	97	85	92	274	91.33	1	A
8	060205	洪心欣	70	68	80	218	72.67	3	C
9	060206	谢国昱	84	64	70	218	72.67	3	C
10	060207	陈可云	0	56	63	119	39.67	9	E
11	060208	徐晓翎	51	63	67	181	60.33	6	D
12	060209	程义洲	50	49	52	151	50.33	7	E
13		及格率	56%	78%	89%		67%		

实训项目图 25.2

2. 制作学生成绩通知单

通常学生成绩通知单中有部分文字是相同的，按需输入即可。本实训的学生成绩通知单为了达到美观大方，需要对其进行格式上的美化。下面介绍利用条件格式美化学生成绩通知单的过程。

① 条件格式让行列更清晰。在利用 Excel 处理一些数据较多的表格时，经常会感到眼花缭乱，很容易产生错行错列，造成麻烦。这时非常希望行或列的间隔设置成不同格式，这样看起来就不那么费劲了。当然，逐行或逐列设置是不太可取的方式，太费精力。利用条件格式可以很轻松地完成这项工作。具体方法是：先选中需要设置格式的所有单元格区域，然后单击“开始”→“样式”→“条件格

式"按钮，在下拉列表中选择"新建规则"命令，在打开的对话框的"选择规则类型"中选择"使用公式确定要设置格式的单元格"；然后在其下方输入公式" = MOD(ROW( ) +1, 2)"，如实训项目图25.3所示，单击下方的"格式"按钮，在打开的"设置单元格格式"对话框中选择"图案"选项卡，指定单元格底纹的填充颜色，单击"确定"按钮，就可以得到如实训项目图25.4所示的效果。

实训项目图 25.3

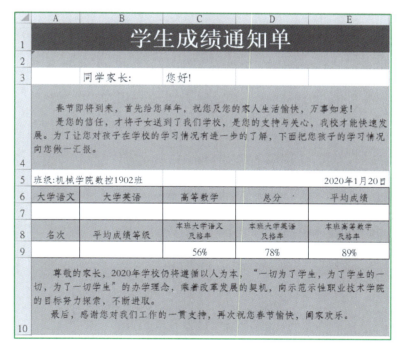

实训项目图 25.4

如果希望在第 1 行也添加颜色，那么将公式改为" = MOD(ROW( ), 2)"即可。

如果要间隔两行添加填充颜色而非间隔一行，那么将公式改为" = MOD(ROW( ), 3)"。如果要间隔 4 行，就将"3"改为"4"，以此类推。也可以尝试在公式中"ROW( )"的后面加上"+2"或"+3"等，看看结果有何不同?

如果希望让列间隔添加颜色,那么将上述公式中的"ROW"改为"COLUMN"就可以达到目的。

> **说明**
>
> 本实训主要用到下面几个函数:
>
> ● MOD(Number,Divisor):返回两数相除的余数,其结果的正负号与除数相同。其中 Number 为被除数,Divisor 为除数。
>
> ● ROW(Reference):Reference 为需要得到其行号的单元格或单元格区域。本实训中省略 Reference,那么 Excel 会认定是对函数 ROW 所在单元格的引用。
>
> ● COLUMN(Reference):与 ROW(Reference)一样,只不过所返回的是列标。

② 设置学生成绩通知单。A2 单元格是输入学生学号的地方。A3 单元格内的公式是"=VLOOKUP(A2,成绩名次! A4:I12,2,FALSE)",此公式的含义是:使用 VLOOKUP 查询函数,根据 A2 单元格中的内容,在成绩排行榜的 A4 到 I12 单元格进行查询,把查询到相同内容行的第 2 个单元格的内容(学生姓名)显示在 A3 单元格中。

理解 A3 单元格中的公式后,根据同样的原理分别设置 A7、B7、C7、D7、E7、A9、B9 这些单元格中的公式。

完成公式的输入之后,在 A2 单元格中输入学生学号,此学生的成绩会自动填写到相应的单元格里。为了使打印出来的通知单比较美观,把 A2 单元格的底色和文字设置为相同的颜色。

③ 设置页面。打印学生成绩通知单一般使用 16 开纸张,单击"页面布局"→"页面设置"选项组右下角的按钮,在打开的"页面设置"对话框中,选择"页面"选项卡,把纸张大小设置为 16K 即可,如实训项目图 25.5 所示。然后,选择"页边距"选项卡,设置上、下、左、右页边距后,再设置水平居中和垂直居中对齐方式,如实训项目图 25.6 所示,单击"确定"按钮。

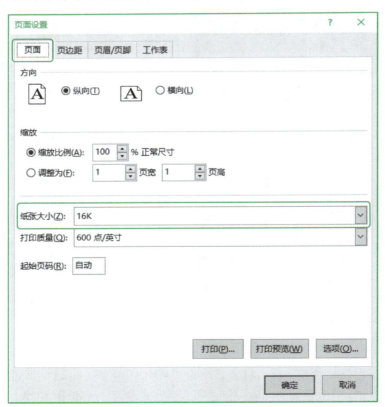

实训项目图 25.5

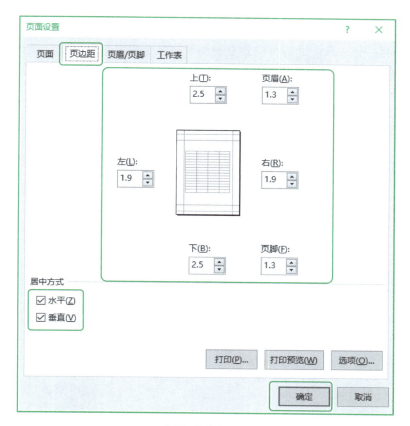

实训项目图 25.6

④ 打印预览或打印。在使用过程中，只要改变 A2 单元格内的学生学号即可分别打印出各名学生的成绩通知单。

经验技巧

Excel 使用技巧三

1. Excel 快速定位技巧

在 Excel 中，要到达某一单元格，一般是使用鼠标拖动滚动条的方式来进行，但是如果数据范围超出屏幕显示范围或数据行数非常多，想快速定位到某一单元格就有点麻烦了。其实可以使用定位功能迅速到达目标单元格。

例1：要选中 Y2019 单元格（或快速移动到 Y2019 单元格），单击"开始"→"编辑"→"查找和选择"按钮，在下拉列表中选择"转到"命令，打开"定位"对话框，在"引用位置"输入"Y2019"后按 Enter 键即可。

例2：要选中 Y 列的 2013~2019 行的单元格，按照相似的方法，在"引用位置"输入"Y2013：Y2019"后按 Enter 键即可。

例3：要选中 2019 行的单元格，在"引用位置"输入"2019:2019"并按 Enter 键即可。

例4：要选中 2013~2019 行的单元格，在"引用位置"输入"2013:2019"并按 Enter 键即可。

2. 如何避免复制被隐藏的内容

在 Excel 中，在将一张工作表的部分内容复制到另一张工作表时，一般会想到把不需要的行、列隐藏起来再进行复制，但当内容被粘贴到另一个工作表时，被隐藏的部分又自动显示出来。希望不复制隐藏内容的方法如下。

首先把不需要的行或列隐藏起来，然后把显示内容全部选中，单击"开始"→"编辑"→"查找和选择"按钮，在下拉列表中选择"定位条件"命令，打开"定位条件"对话框，如实训项目图 25.7 所示，选中"可见单元格"单选按钮后，单击"确定"按钮。接下来指向所选内容进行复制，切换到另一个工作表中，执行"粘贴"操作即可。

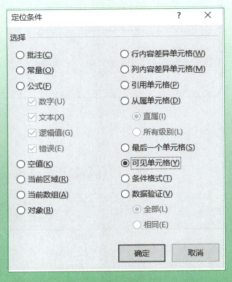

实训项目图 25.7

实训项目 26 奥运会倒计时牌——图表的使用

实训说明

本实训利用函数和图表在 Excel 中制作奥运会倒计时牌，其效果如实训项目图 26.1 所示。

奥运会倒计时牌
——图表的使用

案例素材

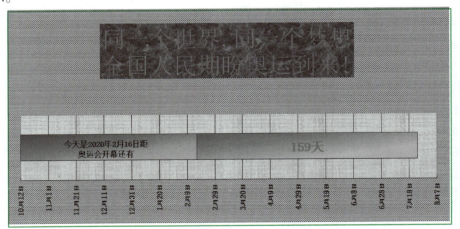

实训项目图 26.1

在生活中常常会看到工程倒计时牌、运动会开幕式倒计时牌、大型活动开幕式倒计时牌等，也能在 Excel 中制成。

本实训知识点涉及图表的运用和函数功能。

实训步骤

1. 新建工作簿

按照实训项目图 26.2，建立工作表。

	A	B	C	D
1		迎"奥运"倒计时		
2		系统日期	倒计时天数	开幕时间
3	倒计时	今天是2020年2月16日距奥运会开幕还有	159	2020/7/24

实训项目图 26.2

① 在单元格 B3 中，输入系统时间"=TODAY( )"。

② 在单元格 D3 中，输入奥运会开幕日期。

③ 在单元格 C3 中，有两种实施方案：

一是从开始就进行倒计时，二是距奥运会开幕日期为若干天进行倒计时（如 150 天）。

从开始就进行倒计时为 C3 = D3 − B3，距奥运会开幕日期为若干天进行倒计时为 C3 = IF(D3 − B3 < 150, D3 − B3, " ")。

④ 为了使 B3 单元格中出现"今天是 2020 年 2 月 16 日距奥运会开幕还有"，可进行如下单元格格式设置。

打开"设置单元格格式"对话框，选择"数字"选项卡，在"分类"中选择"自定义"，在"类型"文本框中按实训项目图 26.3 输入""今""天""是"yyyy"年"m"月"d"日""距""奥""运""会""开""幕""还""有""。

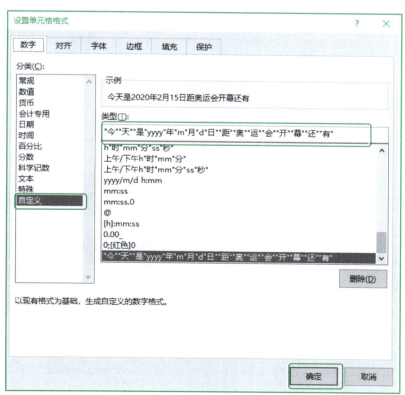

实训项目图 26.3

2. 利用图表作图

① 选中 A2:C3，单击"插入"→"图表"右下角的"查看所有图表"按钮，在"插入图表"对话框中的"所有图表"选项卡中，选择"条形图"→"堆积条形图"，如实训项目图 26.4 所示，单击"确定"按钮。

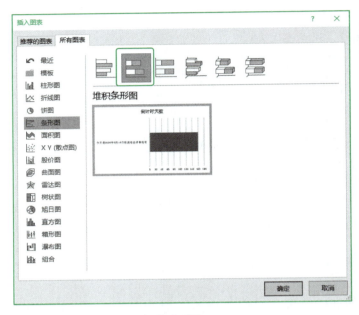

实训项目图 26.4

② 选中图表，单击"设计"→"数据"→"选择数据"按钮→"切换行/列"（或者直接单击"切换行/列"按钮），使系列产生在列。

③ 选中图表，单击"设计"→"图表布局"→"添加图表元素"按钮，在下拉列表中选择"图表标题"→"图表上方"命令，输入标题"同一个世界，同一个梦想　全国人民期盼奥运到来！"；选择"添加图表元素"→"图例"→"无"命令，关闭图例；选择"添加图表元素"→"数据标签"→"居中"命令，标签位置居中，完成设置。

效果如实训项目图 26.5 所示。

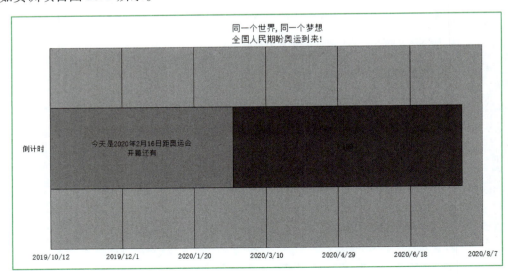

实训项目图 26.5

124

④ 单击"添加图表元素"→"坐标轴"→"更多轴选项"，分别按实训项目图 26.6、实训项目图 26.7、实训项目图 26.8 对坐标轴进行格式设置。

实训项目图 26.6

实训项目图 26.7

⑤ 清除分类轴。

⑥ 为了将天数"159"显示为"159 天"，选中实训项目图 26.5 中堆积条形图上的数字"159"进行格式设置，如实训项目图 26.9 所示。

实训项目图 26.8

实训项目图 26.9

其余格式的调整请读者自行练习。

实训项目 27　消除生僻字带来的尴尬——语音字段与拼音信息

实训说明

本实训介绍语音字段功能的使用，其效果如实训项目图 27.1 所示。

在日常的工作表中，经常会遇到一些生僻字，影响对内容的理解。Excel 能够很好地解决该问题，它的语音字段功能允许用户为这些生僻字加上拼音注释，再也不用每次看表都查字典了。

数学历次考试成绩					
姓名	第一次成绩	第二次成绩	第三次成绩	第四次成绩	第五次成绩
王林	90	80	83	58	73
张龙珺 jun	98	91	93	73	84
宁罂劼 zhaojie	66	78	95	80	59
向勇	73	82	69	81	91
李力平	91	90	78	81	95
王赟 yun1	98	91	91	97	93

实训项目图 27.1

本实训知识点涉及语音字段的隐藏与显示、拼音信息。

实训步骤

1. 新建工作簿

按照实训项目图 27.2 输入工作表"数学历次考试成绩"。

数学历次考试成绩					
姓名	第一次成绩	第二次成绩	第三次成绩	第四次成绩	第五次成绩
王林	90	80	83	58	73
张龙珺	98	91	93	73	84
宁罂劼	66	78	95	80	59
向勇	73	82	69	81	91
李力平	91	90	78	81	95
王赟	98	91	91	97	93

实训项目图 27.2

其中有珺、罂、劼、赟几个生僻字。如果想让其他人都能顺利地读出这几个字，最好为其加上拼音信息。

2. 添加拼音信息

选中"珺"字所在的单元格 A4，单击"开始"→"字体"→"拼音指南"按钮，弹出如实训项目图 27.3 所示的下拉菜单。

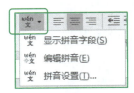

实训项目图 27.3

首先在 A4 单元格内执行"编辑拼音"命令，如实训项目图 27.4 所示，在此单元格的生僻字上方出现一个文本框，输入"珺"字的读音"jun"，按 Enter 键结束输入。此时单元格 A4 恢复如常。

实训项目图 27.4

同理，给其他生僻字曌、劼、赟添加拼音信息，其中"赟"的读音"yun1"中的 1 表示平声。

3. 定制拼音信息

执行实训项目图 27.3 中的"拼音设置"命令，打开如实训项目图 27.5 所示的"拼音属性"对话框，按照自己想要的效果加以选择。单击"确定"按钮，完成输入。最终效果如实训项目图 27.1 所示。

实训项目图 27.5

4. 特殊情况处理

若不需要显示拼音信息，先选定有拼音信息的单元格，再执行实训项目图 27.3 所示的"显示拼音字段"命令，拼音信息即可被隐藏，再次执行"显示拼音字段"命令，拼音信息又可以显示出来了。

实训项目 28　超市销售预测——Excel 序列与趋势预测

实训说明

本实训介绍如何利用时间序列分析和预测销售情况，其效果如实训项目图 28.1 所示。

在经济预测学中，时间序列预测是一种常用的统计方法。专家认为，各种经济指标随着时间的演变所构成的时间序列在先后之间总是存在联系的。因此，通过对某经济指标的时间序列进行分析和研究，就有可能了解这种指标的变化规律，从而有可能

超市销售预测——
Excel 序列与趋势预测

对未来的变化进行预测。这种对时间序列所进行的统计分析，称为时间序列分析。而时间序列反映出来的则是一组数据序列。使用 Excel 提供的序列填充功能，就可以进行粗略地预测。

	A	B	C	D	E	F
1			\"家世界\" 超市历年副食品销售额			
2		年份	一季度	二季度	三季度	四季度
3		2013	1576.964286	1491.893	1632.071	1789.607
4		2014	1681.071429	1623.643	1724.571	1882.786
5		2015	1785.178571	1755.393	1817.071	1975.964
6		2016	1889.285714	1887.143	1909.571	2069.143
7		2017	1993.392857	2018.893	2002.071	2162.321
8		2018	2097.5	2150.643	2094.571	2255.500
9		2019	2201.607143	2282.393	2187.071	2348.679
10		2020	2305.714286	2414.143	2279.571	2441.857

实训项目图 28.1

本实训知识点涉及序列、预测趋势的方法。

实训步骤

1. 新建工作簿

在工作表中输入字段和样本记录。分别输入 2013—2019 年间超市副食品销售额数据，并在数据表的最后一行预留出要预测的 2020 年销售额将要放置的单元格，如实训项目图 28.2 所示。

	A	B	C	D	E	F
1			\"家世界\" 超市历年副食品销售额			
2		年份	一季度	二季度	三季度	四季度
3		2013	1576.964286	1250	1730	1650
4		2014	1681.071429	1830	1840	1760
5		2015	1785.178571	1720	1256	1783
6		2016	1889.285714	1901	2307	2800
7		2017	1993.392857	2304	1740	2103
8		2018	2097.5	2100	2506	2405
9		2019	2201.607143	2105	1988	1983
10		2020				

实训项目图 28.2

2. 预测趋势

选中数据表中的一季度销售额（包含 2020 年空的单元格），如实训项目图 28.3 所示。

	A	B	C	D	E	F
1			\"家世界\" 超市历年副食品销售额			
2		年份	一季度	二季度	三季度	四季度
3		2013	1576.964286	1250	1730	1650
4		2014	1681.071429	1830	1840	1760
5		2015	1785.178571	1720	1256	1783
6		2016	1889.285714	1901	2307	2800
7		2017	1993.392857	2304	1740	2103
8		2018	2097.5	2100	2506	2405
9		2019	2201.607143	2105	1988	1983
10		2020				

实训项目图 28.3

单击"开始"→"编辑"→"填充"按钮，打开下拉菜单，如实训项目图 28.4 所示。

选择实训项目图 28.4 中的"序列"命令，打开"序列"对话框，选中其中的"预测趋势"复选框，如实训项目图 28.5 所示。单击"确定"按钮，返回编辑状态，可以看到空白单元格中已经填充了数字。

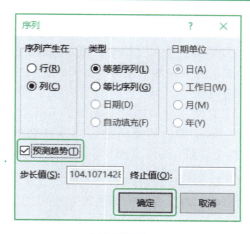

实训项目图 28.4　　　　　　　　　　　　实训项目图 28.5

按照上述步骤，对二、三、四季度的销售额进行预测。在最后的结果中，可以发现预测趋势的结果不但得到了 2020 年 4 个季度销售额的预测值，而且还根据序列的预测趋势对原来的数据进行了很好的修正，调整首列位置后的最终结果如实训项目图 28.1 所示。

> **说明**
>
> 在使用序列预测趋势时，根据用户选择的序列类型不同（等比序列、等差序列），结果也不同。使用"序列"命令时，可以手动控制等差序列或等比序列的生成方法，并可利用键盘输入数据。
>
> 等差序列是按照最小二乘法（$y=mx+b$）由初始值生成的。
>
> 等比序列是按照指数型曲线拟合算法（$y=b \times m^x$）生成的。

无论处于何种情况，均会忽略步长值。所创建的序列值等价于 TREND 函数或 GROWTH 函数的返回值。

总的来说，序列预测是误差较大的一种预测方法，要想达到更高的预测精度，还要考虑其他因素。

经验技巧

Excel 使用技巧四

1. 用 Excel 函数快速录入 26 个英文字母

可通过 Excel 函数的转换实现 26 个英文字母的自动填充。

如果从 A2 单元格开始向下输入"A，B，C，…"，先在 A2 单元格中输入公式"＝CHAR（65＋ROW（ ）－2）"，然后用填充句柄向下拖曳即可；如果从 B2 单元格开始向右输入"A，B，C，…"，先在 B2 单元格中输入公式"＝CHAR（65＋COLUMN（ ）－2）"，然后用填充句柄向右拖曳即可。

注意

（1）如果要输入小写字母序列，只要将上述两个公式分别修改一下即可，如"＝CHAR（97＋ROW（ ）－2）"、"＝CHAR（97＋COLUMN（ ）－2）"。

（2）也可以将字母做成内置序列，同样可以实现快速输入。

2. 在 Excel 中固定光标

在 Excel 中，有时为了测试公式，需要在某个单元格中反复输入数据。那么，能否让光标始终固定在一个单元格中呢?

要让光标始终固定在一个单元格中,可以通过下面两种方法实现。

方法 1:选中要输入数据的单元格(如 D6),按住 Ctrl 键,再单击该单元格,然后就可以在此单元格中反复输入数据了。

方法 2:单击"文件"→"选项"命令,打开"Excel 选项"对话框,在左侧选择"高级"命令,取消选中"按 Enter 键后移动所选内容"复选框即可。以后在任意一个单元中输入数据后按 Enter 键,光标仍然会停留在原单元格中。如果要移动单元格,可以用方向键来控制,非常简便。

3. Excel 中简化输入的技巧举例

在用 Excel 制作职工信息表时,每次输入性别"男"或"女"字样会很浪费时间。若想只输入"1"或"2",然后由 Excel 自动替换为"男"或"女",应如何实现?

如果要想操作简单,可以在输入完"1"或"2"后用替换功能将这一列数据替换为"男"或"女"。不过,这样不够自动化。在输入之前,先对这一列数据的格式进行设置,便可自动更正。

选中要替换的单元格区域,右击后在快捷菜单中选择"设置单元格格式"命令,打开"设置单元格格式"对话框,在"数字"选项卡的"分类"列表框中选择"自定义",然后在"类型"文本框中输入"[=1]"男";[=2]"女""(不包括最外层的中文引号),单击"确定"按钮,在该列输入"1"即可自动显示为"男"。

4. 将两个单元格的内容进行合并

使用 CONCATENATE 函数即可合并不同单元格的内容。如在 C1 单元格中输入"=CONCATENATE(A1,B1)",则可将 A1、B1 两个单元格中的数据合并在 C1 单元格中。C 列下面的单元格直接复制 C1 单元格公式就行了。

实训项目 29 中超足球战况统计——IF 函数的使用

实训说明

本实训制作中超足球战况积分与进、失球数的统计,其效果如实训项目图 29.1 所示。

用 Excel 的 IF 函数处理中超足球联赛的积分以及做胜、负、平场累计数的快速统计。

本实训知识点涉及条件函数和最大值函数。

🎞 中超足球战况统计——IF 函数的使用

案例素材

队名	对手队名	进球数	失球数	胜	平	负	积分		胜	平	负	积分
									第一轮积分			
上海申花	辽宁宏运	2	0	1	1	0	4					
陕西中新	武汉光谷	1	0	2	0	0	6		1			3
北京国安	天津泰达	1	2	0	0	2	0				1	0
成都谢菲联	广州中一	0	0	0	1	1	1				1	0
天津泰达	北京国安	1	2	0	0	2	0				1	0
山东鲁能	长春亚泰	2	0	1	0	1	3				1	0
青岛盛文	浙江绿城	2	1	1	1	0	4			1		1
河南四五	深圳香雪	1	2	0	1	1	1			1		1
大连海昌	长沙金德	0	2	0	1	1	1			1		1
辽宁宏运	上海申花	2	1	1	1	0	4			1		1
广州中一	成都谢菲联	0	0	0	1	1	4		1			3
长春亚泰	山东鲁能	2	1	2	0	0	6		1			3
长沙金德	大连海昌	3	0	2	0	0	6		1			3
深圳香雪	河南四五	0	2	0	1	1	1			1		1
浙江绿城	青岛盛文	1	2	0	0	2	1				1	0
武汉光谷	陕西中新	0	1	0	1	1	1			1		1
本轮最多的进球数:		3										

实训项目图 29.1

实训步骤

1. 新建工作簿

在工作表 Sheet1 第 1 行输入表名"中超第二轮战况和积分表"，在第 2 行输入各项目名称，并填入相关数据，如实训项目图 29.2 所示。

	A	B	C	D	E	F	G	H	I	J	K	L	M
1	中超第二轮战况和积分表									第一轮积分			
2	队名	对手队名	进球数	失球数	胜	平	负	积分		胜	平	负	积分
3	上海申花	辽宁宏运	2	0							1		1
4	陕西中新	武汉光谷	1	0						1			3
5	北京国安	天津泰达	1	2								1	0
6	成都谢菲联	广州中一	0	0								1	0
7	天津泰达	北京国安	1	0								1	0
8	山东鲁能	长春亚泰	2	0								1	0
9	青岛盛文	浙江绿城	2	1							1		1
10	河南四五	深圳香雪	1	2							1		1
11	大连海昌	长沙金德	0	2							1		1
12	辽宁宏运	上海申花	2	1							1		1
13	广州中一	成都谢菲联	0	0						1			3
14	长春亚泰	山东鲁能	2	1						1			3
15	长沙金德	大连海昌	3	0						1			3
16	深圳香雪	河南四五	0	2							1		0
17	浙江绿城	青岛盛文	1	2							1		0
18	武汉光谷	陕西中新	0	1							1		1
19	本轮最多的进球数:												

实训项目图 29.2

2. 计算胜场、平场、负场数

胜场数：选择单元格 E3，输入公式"=IF(C3>D3,J3+1,J3)"，按 Enter 键结束公式的输入，其他各队用公式填充完成。

平场数：选择单元格 F3，输入公式"=IF(C3=D3,K3+1,K3)"，按 Enter 键结束公式的输入，其他各队用公式填充完成。

负场数：选择单元格 G3，输入公式"=IF(C3<D3,L3+1,L3)"，按 Enter 键结束公式的输入，其他各队用公式填充完成。

3. 计算积分

选择单元格 H3，输入公式"=IF(C3>D3,M3+3,IF(C3=D3,M3+1,M3))"，按 Enter 键结束公式的输入，其他各队用公式填充完成。

4. 求最多进球数

选择单元格 C19，输入公式"=MAX(C3:C18)"，即可求出最多进球数。

实训项目 30　某公司部分销售情况统计——DSUM 函数的使用

实训说明

本实训介绍满足某种条件的求和，其效果如实训项目图 30.1 所示。

分类求和可以快速对同类产品求和且便于查询。但在很多情况下，其条件是基于其他单元格的复杂条件，这是一般的求和函数难以完成的。以 SUM 和 IF 函数嵌套使用，虽然可以完成，但实现起来十分复杂。而 DSUM 函数是专门为这种情况量身定做的。

本实训知识点涉及 DSUM 函数的用法及语法。

某公司部分销售情况统计——DSUM 函数的使用

案例素材

实训步骤

1. 新建工作簿

在工作表 Sheet1 第 1 行输入表名"方欣公司西北地区一月份销售情况",在 A2~D2 单元格内输入各项目名称,并填入相关数据,如实训项目图 30.2 所示。

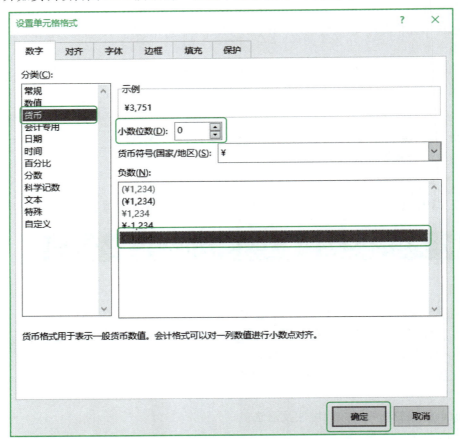

	方欣公司西北地区一月份销售情况		
地区	销售人员	类型	销售
陕西	1	奶制品	¥3,751
甘肃	2	奶制品	¥3,338
宁夏	3	奶制品	¥5,122
新疆	4	奶制品	¥6,239
青海	3	农产品	¥8,677
青海	2	肉类	¥450
青海	1	肉类	¥7,673
新疆	1	农产品	¥664
新疆	2	农产品	¥1,500
陕西	3	奶制品	¥9,100
甘肃	4	农产品	¥4,500
陕西	3	农产品	¥850
陕西	3	肉类	¥6,596
地区	销售人员	类型	销售
陕西		肉类	
		奶制品	
销售情况统计:			34146

实训项目图 30.1

	方欣公司西北地区一月份销售情况		
地区	销售人员	类型	销售
陕西	1	奶制品	3751
甘肃	2	奶制品	3338
宁夏	3	奶制品	5122
新疆	4	奶制品	6239
青海	3	农产品	8677
青海	2	肉类	450
青海	1	肉类	7673
新疆	1	农产品	664
新疆	2	农产品	1500
陕西	3	奶制品	9100
甘肃	4	农产品	4500
陕西	3	农产品	850
陕西	3	肉类	6596

实训项目图 30.2

设置 D3~D15 单元格格式:选择 D3~D15 单元格区域,右击,在快捷菜单中选择"设置单元格格式"命令,打开如实训项目图 30.3 所示的"设置单元格格式"对话框。

实训项目图 30.3

选择"分类"列表框中的"货币"项,在"小数位数"数值框中选择 0,在"示例"区域中出现了格式的示例,单击"确定"按钮。

2. 条件求和

如果想统计陕西地区肉类和西北五省奶制品的销售总额,用一般的求和函数会很麻烦,但可以用 DSUM 函数轻松完成。

DSUM 函数的语法格式是:

＝DSUM(数据区域,列标志,条件区域)

其中,数据区域是包含字段名在内的数据区域;列标志是需要汇总的列标志,可用字段名或该字段在表中的序号表示;条件区域是条件所在的区域,同行的多个条件存在"与"关系,不同行的条件之间存在"或"关系。

① 首先在 A16~D18 区域的相应位置上输入求和条件(实训项目图 30.1)。

② 在 A19 单元格中输入"销售情况统计",选择单元格 D19,单击"公式"→"函数库"→"插入函数"按钮,打开"插入函数"对话框,如实训项目图 30.4 所示。

实训项目图 30.4

③ 在"或选择类别"下拉列表框中选择"数据库"后,在"选择函数"列表框中选择"DSUM",单击"确定"按钮,打开如实训项目图 30.5 所示的"函数参数"对话框。

④ 在 DSUM 区域的 3 个单元格引用框中分别选择"A2:D15""销售""A16:D18"。

其中,第 1 个单元格引用框是要进行求和的数据清单;第 2 个单元格引用框是字段,即要进行求和的列的标志;第 3 个单元格引用框是求和条件,即包含求和条件的单元格区域(注意:此区域的项目格式一定要与第一项数据清单的格式相同)。

⑤ 单击"确定"按钮,其结果如实训项目图 30.1 所示。

DSUM 函数让人们对各种条件求和都有了应对的方法。

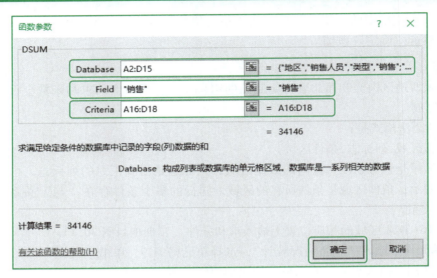

实训项目图 30.5

实训项目 31 学生成绩查询——VLOOKUP 函数的使用

实训说明

本实训制作成绩查询表，其效果如实训项目图 31.1 所示。

在大量数据中查找某个项目的详细情况时，例如在学校的考试成绩数据库中，想查找某位学生的某次考试的情况，虽然数据库会提供查询工具，但 Excel 也提供了相应的工具，可供用户体验 DIY 的感受。

学生成绩查询——
VLOOKUP 函数的
使用

案例素材

	A	B	C	D	E	F
1			几何历次考试成绩			
2	姓名	第一次成绩	第二次成绩	第三次成绩	第四次成绩	第五次成绩
3	李博	90	80	83	58	73
4	刘平	98	91	93	73	84
5	马红军	66	78	95	80	59
6	吴一花	73	82	69	81	91
7	柳亚萍	91	90	78	81	95
8	查找区域					
9	请输入要查找的姓名	李博				
10	第一次成绩		90			
11	第二次成绩		80			
12	第三次成绩		83			
13	第四次成绩		58			
14	第五次成绩		73			

实训项目图 31.1

本实训知识点涉及函数 VLOOKUP 的使用、自定义筛选。

实训步骤

1. 新建工作簿

在工作表 Sheet1 的第 1 行输入表名"几何历次考试成绩"，在 A2～F2 单元格内输入各项目名称，并填入相关数据，如实训项目图 31.2 所示。

几何历次考试成绩					
姓名	第一次成绩	第二次成绩	第三次成绩	第四次成绩	第五次成绩
李博	90	80	83	58	73
刘平	98	91	93	73	84
马红军	66	78	95	80	59
吴一花	73	82	69	81	91
柳亚萍	91	90	78	81	95

实训项目图 31.2

2. 自动筛选查询

实际上，简单的查询就是利用"自动筛选"中的功能或者功能更为强大的"自定义筛选"。

① 将光标移到数据区域内的任意一个单元格。

② 单击"数据"→"排序和筛选"→"筛选"按钮，如实训项目图 31.3 所示，结果如实训项目图 31.4 所示，在每一个项目处都出现了一个下拉菜单。

实训项目图 31.3

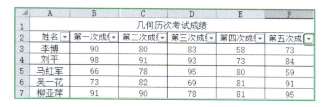

实训项目图 31.4

③ 自动筛选查询举例。如果想知道第五次考试成绩为 91 分的学生，就可以用这种方法加以查询。

在"第五次成绩"的下拉列表中选择"数字筛选"→"自定义筛选"命令，打开如实训项目图 31.5 所示的"自定义自动筛选方式"对话框。

在最左边的下拉列表框中有 12 种运算符可供选择，本实训选择"等于"，在相应的数值编辑框中输入想要查询的成绩，本实训为 91，然后单击"确定"按钮，结果如实训项目图 31.6 所示，可得到第五次考试成绩为 91 分的学生的姓名和历次考试成绩。

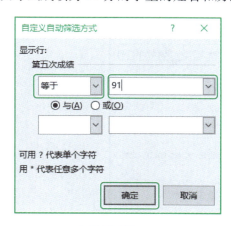

实训项目图 31.5

实训项目图 31.6

说明

用此方法还可以对成绩进行筛选，只显示出大于 80 分小于 90 分的学生及其历次考试成绩。

3. 函数查询

如果只知道学生姓名，而不知道任何考试成绩，那么上述方法不再有效，必须要用函数查询。

在 A9~A14 区域内，输入如实训项目图 31.7 所示的文字。

① 选择单元格 C10，单击"公式"→"函数库"→"插入函数"按钮，打开"插入函数"对话框，如实训项目图 31.8 所示。在"或选择类别"下拉列表中选择"查找与引用"，在"选择函数"列表框中选择 VLOOKUP，然后单击"确定"按钮，打开如实训项目图 31.9 所示的"函数参数"对话框。

9	请输入要查找的姓名	李博
10	第一次成绩	
11	第二次成绩	
12	第三次成绩	
13	第四次成绩	
14	第五次成绩	

实训项目图 31.7

实训项目图 31.8

实训项目图 31.9

② 在 Lookup_value 单元格引用框中选择单元格"C9"，确定姓名的输入地址。只有在此输入学生姓名，函数才可识别。在 Table_array 单元格引用框中选择单元格"A3:B7"，这是包含学生姓名和第一次成绩的数据区域，函数将在此区域内寻求匹配。在 Col_index_num 单元格引用框中输入"2"，因为第一次考试成绩位于第 2 列。在 Range_lookup 单元格引用框中输入"FALSE"，表示精确匹配。如果此单

元格引用框为空或者为"TRUE"，则为大致匹配。单击"确定"按钮，原工作表并未发生任何变化。

③ 在单元格 C11~C14 区域内分别输入函数：

= VLOOKUP(C9,A3:C7,3,FALSE)

= VLOOKUP(C9,A3:D7,4,FALSE)

= VLOOKUP(C9,A3:E7,5,FALSE)

= VLOOKUP(C9,A3:F7,6,FALSE)

其参数含义同上所述。单击"确定"按钮，原工作表仍未发生任何变化，Excel 等待输入查询对象的姓名。

④ 如本实训，在 C9 单元格内输入学生姓名"李博"，按 Enter 键结束输入，其结果如实训项目图 31.10 所示。在单元格 C10~C14 区域内列出了这名学生 5 次考试的成绩。依此类推，只要知道学生姓名或者任意一次成绩，就可得知该学生的详细信息。

可见，Excel 具有十分强大的数据查询功能。

9	请输入要查找的姓名	李博
10	第一次成绩	90
11	第二次成绩	80
12	第三次成绩	83
13	第四次成绩	58
14	第五次成绩	73

实训项目图 31.10

🔖 经验技巧

Excel 网络应用技巧一

1. 快速保存为网页

选择"文件"→"另存为"菜单命令，打开"另存为"对话框，选择保存路径，选择保存类型为"网页(＊. htm，＊. html)"，单击其中的"发布"按钮，打开"发布为网页"对话框，通过"浏览"按钮选择保存路径，再在对话框中选中"在每次保存工作簿时自动重新发布"和"在浏览器中打开已发布网页"两个复选框，最后将其发布即可。

2. 自动更新网页上的数据

虽然旧版本的 Excel 也能够以 HTML 格式保存工作表，并将其发布到 Internet 上，但麻烦的是每次更新数据后都必须重新发布一次。现在，Excel 2016 将这些工作全部自动化，每次保存先前已经发布到 Internet 上的文件时，程序会自动完成全部发布工作，无须用户操心。

3. 下载最新软件的便捷方法

通过下面的技巧，可以定时监视各大软件下载网站的更新情况，而无须链接到不同的网站查看。其方法基本上与前面相同，进入华军软件园（https://www. onlinedown. net/），然后单击"最新更新"进入软件最新更新页面，选中所选数据，将其复制到剪贴板中。在 Excel 2016 中新建一个名为"我的最新软件"的工作簿，执行"粘贴"操作，再单击智能标记，选择"可刷新的 Web 查询"。接着选中"最新软件"区域，单击"导入"按钮即可。

同样，登录其他软件下载网站，复制软件更新数据，将其粘贴至 Sheet2、Sheet3 等工作表中，然后根据需要设置数据区域属性，这样随时打开这个工作簿即可看到众多软件下载网站的新软件快报了，而且单击感兴趣的软件条目，可自动打开浏览器进行浏览。

4. 用 Excel 管理下载软件

随着软件数量的增多，管理越来越无章可循，而且软件名称的不规则性给使用带来了不便。其实，完全可以通过 Excel 实现对下载软件的方便管理。启动 Excel，新建一个工作簿，将其命名为"下载软件管理簿"。然后依次把工作表 Sheet1、Sheet2、Sheet3 分别命名为"网络工具""多媒体工具""迷你小游戏"，这样可以大体划定软件的一个范围。之后，依次在工作表首行的单元格中输入序号、软件名称、软件大小、软件性质、下载网址、软件功能、安装须知等内容。这样，当一个软件下载到本地硬盘后，便可用 Excel 对这款软件的各个项目进行注释。

还可以通过 Excel 对软件直接进行安装。选中该软件所对应的"安装"单元格，单击"插入"→"链接"→"超链接"按钮，打开"插入超链接"对话框，在"要显示的文字"文本框中输入文字"安装"，在"查找范围"下拉列表中选择软件，单击"确定"按钮。这样，当准备安装这款软件时，只要将鼠标指针移至"安装"单元格，单击相应的文字即可开始安装该软件，非常方便。

实训项目 32　等级评定——LOOKUP 函数的使用

等级评定——LOOKUP 函数的使用

案例素材

实训说明

本实训将不同的成绩进行分级或分类，其效果如实训项目图 32.1 所示。

将大量数据按照某一标准分类时，例如，将某次数学考试成绩界定为 90~100 分为优秀，80~89 分为良好，70~79 分为中，60~69 分为及格，0~59 分为不及格，可以用 IF 函数完成，但公式较为复杂。若用 Excel 提供的 LOOKUP 函数，可较简单地解决这个问题。

	A	B	C	D	E	F
1	3000 米长跑成绩和等级表					
2	序号	姓名	部门	成绩	等级	分数
3	2	李迅	财务科	15.10	B	90
4	8	郭序	财务科	15.80	B	90
5	9	黎平	财务科	13.30	A	100
6	15	孙佳	财务科	23.00	E	60
7	3	宋立平	供销科	16.00	C	80
8	6	赵美娜	供销科	14.50	B	90
9	7	许树林	供销科	16.00	C	80
10	4	张国华	设计科	13.40	A	100
11	5	张萍	设计科	21.00	D	70
12	12	吴非	设计科	20.80	D	70
13	13	任明	设计科	19.30	D	70
14	14	钱雨平	设计科	25.00	E	60
15	1	王起	生产科	20.20	D	70
16	10	朱丹丹	生产科	17.00	C	80
17	11	李大朋	生产科	18.20	D	70

实训项目图 32.1

本实训是给某单位参加长跑锻炼的人按照最近一次 3000 米长跑竞赛成绩进行等级评定，以便根据长跑成绩分组加强锻炼。同时还要为每个参赛者打分，以便计算各部门的总分，评比长跑优秀部门。

本实训知识点涉及函数 LOOKUP 的用法。

实训步骤

① 新建工作簿。在工作表 Sheet1 中，按照实训项目图 32.2 输入标题、各个项目和成绩等数据，并将表名改为"汇总结果"；在工作表 Sheet2 中，按照实训项目图 32.3 输入标题、各个项目内容，并将表名改为"等级与分数评级标准"。

	A	B	C	D	E	F
1	3000 米长跑成绩和等级表					
2	序号	姓名	部门	成绩	等级	分数
3	2	李迅	财务科	15.10		
4	8	郭序	财务科	15.80		
5	9	黎平	财务科	13.30		
6	15	孙佳	财务科	23.00		
7	3	宋立平	供销科	16.00		
8	6	赵美娜	供销科	14.50		
9	7	许树林	供销科	16.00		
10	4	张国华	设计科	13.40		
11	5	张萍	设计科	21.00		
12	12	吴非	设计科	20.80		
13	13	任明	设计科	19.30		
14	14	钱雨平	设计科	25.00		
15	1	王起	生产科	20.20		
16	10	朱丹丹	生产科	17.00		
17	11	李大朋	生产科	18.20		

实训项目图 32.2

② 设置参数，在"汇总结果"工作表中选择单元格 E3，单击"公式"→"函数库"→"插入函数"按钮，打开"插入函数"对话框，在"或选择类别"下拉列表中选择"查找与引用"类别，在"选择函数"列表框中选择 LOOKUP，然后单击"确定"按钮，打开如实训项目图 32.4 所示的"选定参数"对话框，选择第 1 种参数方式，打开如实训项目图 32.5 所示的"函数参数"对话框。

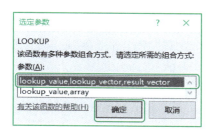

实训项目图 32.3

实训项目图 32.4

③ 设置变量。在如实训项目图 32.5 所示的"函数参数"对话框中，分别输入 LOOKUP 函数的 3 个变量。

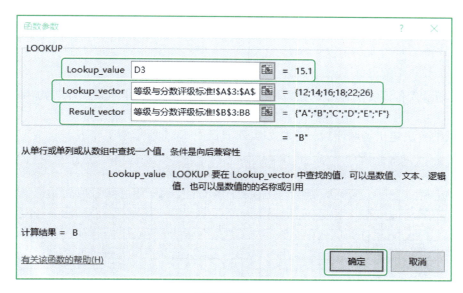

实训项目图 32.5

在 Lookup_value 单元格引用框中输入"D3"，该参数为要查找的数值。

在 Lookup_vector 单元格引用框中选择单元格"等级与分数评定标准表!$A$3:$A$8"，该参数为要查找的单元格数据区域。

在 Result_vector 单元格引用框中选择"等级与分数评定标准表!$B$3:$B$8"，该参数为返回值所对应的单元格数据区域。

④ 结束函数输入。其他人的等级用公式填充方法完成。

⑤ 同理，完成分数的计算。

> **注意**
>
> 在使用 LOOKUP 函数时，查找区域应按升序排序，否则将无法正确实现查找要求。

实训项目 33   设计文体比赛的评分系统——**Excel** 数据透视表的应用

实训说明

很多学校都会不定期地举办各种文体比赛。如果采用手工方式进行比赛的评审，不仅计算速度慢、拖延时间长，而且出错概率较高。应用 Excel 设计一个评分方案，将使整个比赛过程公平、客观、极具透明度。

设计文体比赛的评分系统——Excel数据透视表的应用

案例素材

评比方法：

① 允许各参赛队 1~3 名队员参赛（设有 8 支参赛队、24 名参赛队员）。

② 比赛开始之前，各参赛队队员以抽签方式确定出场顺序。

③ 10 名评委参与评分，以去掉一个最高分和一个最低分后的平均分数作为参赛队员的最后得分，评委打分保留一位小数，参赛队员的最后得分保留两位小数。

④ 各参赛队队员的最后得分的平均分作为各参赛队的成绩，并按递减顺序排列，取前 3 名作为优胜队，设团体一等奖 1 名，二等奖 2 名。

⑤ 参赛队员的最后得分按递减顺序排列，取前 6 名作为优胜队员，设个人一等奖 2 名，二等奖 4 名。

实训步骤

首先新建工作簿"评分系统 . xlsx"。

1. "比赛评分"工作表设计

主要完成现场录入各评委的评分，去掉一个最高分和一个最低分，实现即时输出各参赛队员的最后得分。

① 参赛队员抽签决定出场顺序后，建立如实训项目图 33.1 所示的工作表。

序号	参赛队员	代表队	评委1	评委2	评委3	评委4	评委5	评委6	评委7	评委8	评委9	评委10	最高分	最低分	最后得分
1	郭辰	机械系	9.2	8.8	9.1	8.9	8.8	8.7	8.7	8.6	8.5	8.4	9.2	8.4	8.75
2	黎平	机械系	9.5	8.9	9.2	8.9	8.8	8.6	8.5	8.4	8.2	8.1	9.5	8.1	8.68
3	李大朋	工商系	9.2	8.8	9.8	9.0	9.8	9.0	8.2	8.8	9.8	9.0	9.8	8.2	9.16
4	李大伟	物流系	8.5	8.5	9.2	8.8	8.4	7.9	7.5	7.1	9.0	8.7	9.2	7.1	8.42
5	李讯	机械系	9.8	9.0	8.2	8.8	9.2	9.5	9.1	9.5	9.6	9.0	9.8	8.2	9.21
6	吕菲	物流系	8.7	8.6	9.5	8.9	8.3	7.7	7.1	6.5	9.2	8.8	9.5	6.5	8.38
7	马小勤	人文系	8.8	8.6	9.2	8.8	8.4	8.0	7.6	7.2	9.5	8.9	9.5	7.2	8.54
8	钱雨平	材料系	7.9	8.2	8.5	8.5	8.5	8.5	8.5	8.4	8.8	8.8	8.8	7.9	8.47
9	邱大同	土木系	9.0	8.7	9.8	9.0	8.2	7.4	6.6	5.8	9.2	8.8	9.8	5.8	8.36
10	任明	材料系	8.0	8.3	8.7	8.6	8.6	9.3	8.2	8.1	8.5	8.5	9.3	8.0	8.42
11	宋立平	电气系	9.0	8.7	9.8	9.0	8.2	7.4	6.6	5.8	9.2	8.8	9.8	5.8	8.36
12	孙佳	电气系	9.2	8.8	9.8	9.0	8.2	9.0	9.0	8.6	9.0	8.8	9.8	8.2	9.16
13	孙天一	人文系	8.7	8.6	9.5	8.9	8.3	7.7	7.1	6.5	9.2	8.8	9.5	6.5	8.38
14	于起	工商系	9.2	8.8	9.1	8.9	8.8	8.7	8.7	8.6	8.5	8.4	9.2	8.4	8.75
15	于平妮	土木系	8.8	8.6	9.2	8.8	8.4	8.0	7.6	7.2	9.5	8.9	9.5	7.2	8.54
16	郑涛	土木系	8.5	8.5	9.2	8.8	8.4	7.9	7.5	7.1	9.0	8.7	9.2	7.1	8.42
17	吴菲	材料系	8.2	8.4	8.6	8.6	8.4	8.2	8.0	7.8	8.7	8.6	8.7	7.8	8.39
18	许树林	信息系	8.7	8.6	9.5	8.9	8.3	9.5	9.5	9.4	9.2	8.8	9.8	8.3	9.07
19	袁路	人文系	9.0	8.7	9.2	9.0	8.2	7.4	6.6	9.2	9.2	8.8	9.8	7.4	8.84
20	张国华	信息系	8.5	8.5	9.2	8.8	8.4	7.9	9.8	9.6	9.0	8.7	9.8	7.9	8.85
21	张萍	信息系	8.4	8.4	9.0	8.7	8.4	8.1	7.8	9.8	8.8	8.6	9.8	7.8	8.56
22	张一菲	物流系	8.4	8.4	9.0	8.7	8.4	8.4	7.5	8.8	8.6	9.0	9.0	7.5	8.40
23	赵美娜	电气系	8.8	8.6	9.2	8.8	8.4	8.0	7.6	7.2	9.5	8.9	9.5	7.2	8.54
24	朱丹丹	工商系	9.5	8.9	9.2	8.9	8.8	8.6	8.5	8.4	8.2	8.1	9.5	8.1	8.68

实训项目图 33.1

② 最高分、最低分、最后得分取值的设定。

最高分列：在 N4 单元格中输入"=MAX(D4:M4)"，按 Enter 键结束公式的输入，便可求出第 4 行所对应的参赛队员的最高分。然后单击 N4 单元格，把鼠标指向该单元格右下角的填充句柄，这时鼠标变成黑色的"十"字形，按住鼠标左键，向下拖动至单元格 N27，放开鼠标，即可完成填充。

最低分列：在 O4 单元格中输入"=MIN(D4:M4)"，按 Enter 键结束公式的输入，便可求出第 4 行所对应的参赛队员的最低分。采用同上的方法，向下拖动鼠标填充至单元格 O27。

最后得分列：在 P4 单元格中输入"=(SUM(D4:M4)-N4-O4)/8"，按 Enter 键结束公式的输入，便可求出第 4 行所对应的参赛队员的最后得分，然后向下拖动鼠标填充至单元格 P27。

③ 区域设定。区域"D4:O27"单元格格式设定小数位数为 1 位，区域"P4:P27"设定小数位数为 2 位，区域"A3:C27"和"N4:P27"建议设置区域保护，以防止发生误录。

余下的工作就是现场实时录入各评委的实际打分，最高分、最低分、最后得分会即时显示出来。

2. "代表队成绩"工作表设计

主要计算各代表队的平均成绩，并及时进行数据更新，同时按照由高到低的顺序排名，选出优胜代表队。

① 建立数据透视表。单击"比赛评分"工作表，单击"插入"→"表格"→"数据透视表"按钮，会弹出"创建数据透视表"对话框，选定建立数据透视表的数据源区域为"比赛评分!$A$3:$P$27"，数据透视表的放置位置选中"新工作表"单选按钮，单击"确定"按钮，在新工作表中进行如实训项目图 33.2 所示的布局版式设置。数据项的数据源为"最后得分"的平均值。单击数值区域的"求和项：最后得分"按钮，选择"值字段设置"命令，将值字段的汇总方式设置为"平均值"，其他保留为默认设置，完成数据透视表的设置。然后将新建的工作表改名为"代表队成绩"，如实训项目图 33.3 所示。

实训项目图 33.2

3	平均值项:最后得分	
4	代表队	汇总
5	材料系	8.42
6	电气系	8.69
7	工商系	8.86
8	机械系	8.88
9	人文系	8.59
10	土木系	8.44
11	物流系	8.40
12	信息系	8.82

实训项目图 33.3

② 代表队成绩排名。单击 A4 单元格"代表队"右侧向下按钮，选择"其他排序选项"命令，打

开"排序（代表队）"对话框，选择"降序排序（Z 到 A）依据"为"平均值项：最后得分"，如实训项目图 33.4 所示。单击"确定"按钮，则各代表队按照平均成绩的递减顺序排序。

③ 刷新数据。当"比赛评分"工作表中的数据发生变动时，可单击"数据"→"连接"→"全部刷新"按钮，在下拉列表中选择"刷新"命令及时进行数据的更新。

④ 重新排序。数据的更新并不会自动改变原排序结果，所以当"比赛评分"工作表中的数据发生变动时，在执行"刷新"命令后，需要重新排序，以保证排序结果的正确性。最后，根据代表队排序结果，选出优胜代表队，即可确定获奖团队名单。

3. "个人成绩"工作表设计

主要完成对各参赛队员的成绩按由高到低的顺序排名，选出优胜参赛队员。

① 版式设置。如实训项目图 33.5 所示，行字段为"参赛队员"，数据透视表显示位置选择"新工作表"选项，数据项的数据源为"最后得分"的求和项，单击"确定"按钮，完成数据透视表的设置。然后将新建的工作表改名为"个人成绩"。

② 个人成绩排序。选择区域"A4:B28"，单击"数据"→"排序和筛选"→"降序"按钮 ，即按"成绩"排序，如实训项目图 33.6 所示。

实训项目图 33.4　　　　　　实训项目图 33.5　　　　　　实训项目图 33.6

③ 重新排序。同理，当"比赛评分"工作表中的数据发生变动时，"个人成绩"工作表中的数据会自动更新，所以应重新执行排序命令，以保证排序结果的正确性。最后，根据参赛队员成绩排名的次序，选出优胜队员，确定获奖团队。

以上所设计的评分系统主要针对一组比赛，如果参赛队及队员人数较多，还可以分设若干组同时进行，最后将几组工作表进行合并，然后按上述方法建立数据透视表，确定各代表队的名次以及个人成绩排名。

实训项目 34　学生网上评教——协同工作

实训说明

本实训制作教师课堂教学网上评估表，并进行现场评估，其效果如实训项目图 34.1所示。

在日常的教学活动中，教师常常需要知道学生对课堂教学的即时评价，以便获知自己这堂课上得怎么样、学生学得怎么样。这些反馈信息使上课教师知道学生的情况，以便更好地开展教学，提高教学质量。由于受教学条件的限制，不可能所有学科的教师都能得到学生的即时评价，但由于计算机类的课程是在计算机教室讲授的，可以利用 Excel 的"允许用户编辑区域"简单地获取学生的网上即时评价。

学生网上评教——
协同工作

案例素材

	A	B	C	D	E	F	G
1				感谢你对本节课的评价			
2	学生姓名	备课是否充分	知识点有无错误	本节课是否听懂	本节内容操作是否熟练	你对本节课是否满意	建议与意见
3	方志龙	A	A	B	A	B	
4	王建国	B	A	C	A	C	
5	令巧玲	C	C	B	A	A	
6	任剑侠	B	B	B	C	A	加强练习
7	朱凌杉	C	A	A	A	C	
8	江文汉	B	C	B	A	A	
9	孟志汉	A	A	A	A	B	多上机
10	岳佩珊	A	B	B	A	C	
11	林沛华	A	C	B	C	A	
12	风山水	A	C	A	C	A	
13	陈怡萱	A	B	B	A	B	
14	陈重谋	A	B	C	C	C	多举例子
15	陆伟荟	B	B	C	B	B	多练习
16	赵维心	A	A	B	C	B	上机时间少
17	赵灵燕	B	A	B	B	C	
18	缪可儿	C	A	B	B	A	
19	苏巧丽	C	A	B	A	C	

实训项目图 34.1

本实训知识点涉及批注、工作表保护、工作簿共享等。

实训步骤

1. 制作评估表

启动 Excel，新建工作簿。在工作表 Sheet1 中，按照实训项目图 34.2 输入标题、各项目等数据，并将表名改为"计应基础课程网上评教"。

2. 批注功能

为了给"备课是否充分"这个单元格加入补充说明文字，且不影响单元格的大小，可运用 Excel 的批注功能。

① 选取 B2 单元格。

② 单击"审阅"→"批注"→"新建批注"按钮。

③ 在"批注"文本框内输入批注文字，即可完成批注文字的设定。此时在单元格的右上角会出现一个红色三角形，即"批注"标识，如实训项目图 34.3 所示。

依据同样的原理，给 C2、D2、E2、F2 单元格添加不同内容的批注文字，如实训项目图 34.4 所示。

	感谢你对本节课的评价					
学生姓名	备课是否充分	知识点有无错误	本节课是否听懂	本节内容操作是否熟练	你对本节课是否满意	建议与意见
方志龙						
王建国						
令巧玲						
任剑侠						
朱凌杉						
江文汉						
孟志汉						
岳佩珊						
林沛华						
风山水						
陈怡萱						
陈重谋						
陆伟荟						
赵维心						
赵灵燕						
缪可儿						
苏巧丽						

实训项目图 34.2

	感谢你对本节课的评价					
学生姓名	备课是否充分	A:备课充分,条理清晰; B:讲解基本清晰; C:备课不充分,思路乱	课是否听懂	本节内容操作是否熟练	你对本节课是否满意	建议与意见
方志龙						
王建国						
令巧玲						
任剑侠						

实训项目图 34.3

实训项目图 34.4

提示

　　当鼠标指针停留在有批注的单元格上方时，就可以看到单元格的批注内容，若单击"批注"选项组中的"显示所有批注"按钮可同时查看所有的批注；若想清除单元格的批注，只要先选定单元格，单击"审阅"→"批注"→"删除"按钮即可。此外，若要编辑批注，可在选取单元格后，单击"审阅"→"批注"→"编辑批注"按钮，或右击单元格，在快捷菜单中选择"编辑批注"命令。

注意

　　当选取带有批注的单元格，按 Backspace 键或 Delete 键时，只会删除该单元格中的内容，但不会删除任何批注或单元格格式。

3. 设置用户编辑区域

　　设置此区域的目的是限制学生更改其他学生的评估，以保证数据的正确性、可信性。设置方法如下：单击"审阅"→"更改"→"允许用户编辑区域"按钮，打开"允许用户编辑区域"对话框，单击"新建"按钮，在打开的"新区域"对话框中输入某个学生的可操作的单元格区域，再输入区域密码，并确认密码，然后单击"确定"按钮，返回"允许用户编辑区域"对话框，再对其余学生的编辑区域依次进行设置，每位学生的区域密码不同，如实训项目图 34.5 所示。

4. 保护评估表

　　单击"审阅"→"更改"→"保护工作表"按钮，在打开的"保护工作表"对话框中，在"取消工作表保护时使用的密码"文本框输入密码并确认。因为只有这样，"允许用户编辑区域"才会起作用，如实训项目图 34.6 所示。

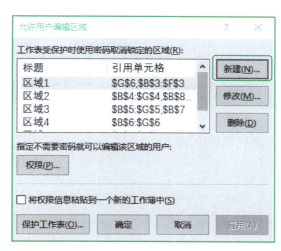

实训项目图 34.5　　　　　　　　　　　实训项目图 34.6

5. 设置评估表为共享

单击"审阅"→"更改"→"共享工作簿"按钮，在打开的"共享工作簿"对话框中选中"允许多用户同时编辑，同时允许工作簿合并"复选框，然后单击"确定"按钮，保存评估表，如实训项目图 34.7 所示。

实训项目图 34.7

6. 在网上进行评估

首先，告诉每位学生的区域密码，要求学生自己保管好密码。

145

然后，把装有评估表的一台计算机作为服务器，在此计算机上建立一个共享文件夹，把文件复制到此共享文件夹下。然后让学生在自己的计算机上打开"网上邻居"，打开文件，双击自己要输入的单元格，此时会要求输入密码，密码校验通过后，就可以在自己的区域内输入数据了。评价完成后，单击"保存"按钮。

7. 查看评估表

在所有学生的评估活动结束后，只要打开文件，即可知道授课效果。

经验技巧

Excel 网络应用技巧二

1. 天下新闻尽收眼底

通过一些技巧，可以将多家新闻网站集成在一起，无须登录，即可了解天下大事。利用 Excel 2016 的 Web 查询功能，还能让它自动定时读取新闻。例如，访问 http://sh.qihoo.com/等新闻网站，选中每天查看的新闻栏目内容，将其复制到 Excel 中，并在粘贴选项中选择"可刷新的 Web 查询"命令，在打开的窗口中选中新闻栏目，单击"导入"按钮后即可将其导入当前 Excel 窗口中。

当然，不是每一个新闻网站上的内容通过上述方法都可以加到当前页面中，现在不少网站的结构并不是基于表格和单元格的。对于那样的网站，在打开"新建 Web 查询"窗口，单击"显示/隐藏图标"按钮后，可把整个页面导入当前的 Excel 表格中。

另外，利用 Excel 2016 的 Web 查询功能，再加上个人的想象力与 Internet 丰富的服务和内容，还可以实现更多的功能。例如，将经常需要访问的论坛导入一个 Excel 工作簿中，可以随时查看新帖子或者关注某个帖子。

2. 天气预报随时知道

通过一些技巧，不用看电视、上网、下载软件，就能随时查看当地或任意城市未来几天的天气预报。先打开网站 http://www.weather.com.cn/forecast/index.shtml，选择城市（如北京市），单击"检索"按钮，在打开的窗口中选中相关数据，右击，选择快捷菜单中的"复制"命令将其复制到 Windows 剪贴板中。启动 Excel 2016，新建一个工作簿，单击"开始"→"剪贴板"→"粘贴"按钮，接着用鼠标向下拖动滚动条，会发现一个智能标记。单击它，在下拉列表中选择"可刷新的 Web 查询"选项。在打开的窗口中会发现该网页有很多数据块，分别由黄色右箭头标识。需要哪一块数据时，只要用鼠标单击黄色右箭头即可。当然，也可以选择多块数据，完成后，单击"导入"按钮即可把选中的数据导入当前表格中。再单击窗口右上角的"选项"按钮，在"Web 查询选项"对话框中进行设置。须要注意的是，在一般情况下，最好选中"完全 HTML 格式"复选框。至此，就完成了北京市天气预报的基本导入工作。

右击制作好的天气预报表格，选择快捷菜单中的"数据范围属性"命令，在打开的"外部数据区域属性"对话框中进行设置，并选中所有复选框。最后，将其保存为"天气预报.xlsx"。为了方便查询，还可将其放置在桌面上。这样，只要当前在线，一旦打开该文件，即可看到最新的天气预报。

3. 股票行情实时关注

通过一些技巧，无须登录股票网站就能得到最新的股票行情，股市风云尽在掌握。首先登录经常光顾的股票网站，如 http://hao.360.cn/gupiaojijin.html，选中自己关心的股票数据，按 Ctrl+C 组合键将其复制到剪贴板中。

　　打开 Excel 2016，新建一个名为"股市更新"的 Excel 表格。按 Ctrl+V 组合键，然后单击粘贴智能标记，在下拉列表中选择"可刷新的 Web 查询"选项，在打开的窗口中选择需要的股票信息，选中它，单击"导入"按钮即可将其导入 Excel 表格。

　　如果工作表不够用，可右击底部的工作表名称标签，选择快捷菜单中的"插入"命令，打开"插入"对话框，选择其中的"工作表"，以此添加新的工作表。接着再登录其他股票网站，采用相同的方法获取数据，分别导入 Excel 表格的 Sheet2、Sheet3 工作表。

　　分别右击所创建的工作表，选择"数据范围属性"，将刷新时间设置得小一些，同时选中"打开文件时刷新数据"复选框。

　　以后在线工作时，可将其打开。这样，该工作簿可随时更新股票数据，让用户时刻掌握股市动向。

第 4 部分　演示文稿软件实训项目

实训项目 35　方案论证会——PowerPoint 2016 的使用

实训说明

　　本实训制作一个"网络综合实验室可行性方案"电子演示文稿汇报材料，其效果如实训项目图 35.1 所示。

　　本实训为某校"网络综合实验室可行性方案"论证会上的电子演示文稿汇报材料，共制作了 11 张幻灯片。在工作中经常要用 PowerPoint 设计和制作广告宣传、新产品演示、汇报材料、会议报告、教学演示、学术论文等电子版幻灯片，借助计算机显示器及投影设备进行演讲，效果非常理想。用 PowerPoint 制作形象生动、图文并茂、主次分明的幻灯片非常方便。

方案论证会——
PowerPoint 2016 的
使用

案例素材

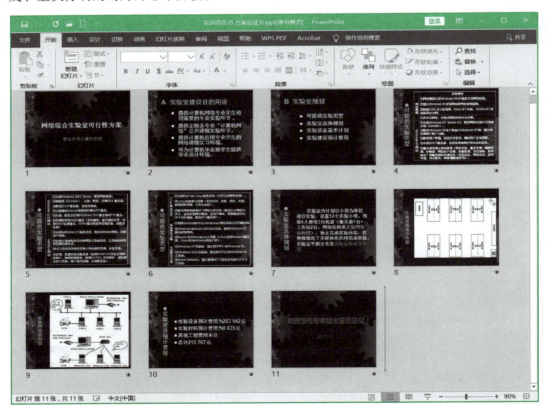

实训项目图 35.1

　　本实训知识点涉及演示文稿的建立、模板的使用。

实训步骤

演示文稿的建立方法

（1）幻灯片中的文字均由文本框形式输入，故要插入文字，就必须先插入文本框。

（2）使用内置主题美化演示文稿：打开演示文稿，单击"设计"→"主题"→"其他"按钮，显示全部内置主题，如实训项目图 35.2 所示，从中选择所需的主题。

实训项目图 35.2

（3）幻灯片版式应用：根据幻灯片内容可以选择幻灯片的版式，单击"开始"→"幻灯片"→"版式"按钮，此时弹出"幻灯片版式"列表框，如实训项目图 35.3 所示，从列表框中选择所需要的应用设计模板（或幻灯片版式）。

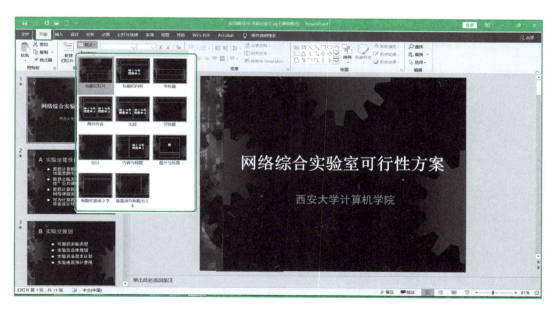

实训项目图 35.3

应用设计模板与幻灯片版式不同。当选择了应用设计模板后，将应用于每一张幻灯片，而幻灯片版式仅对当前幻灯片有效。因此，在新建一张幻灯片之后，都要选择其版式，而模板却无须再进行设置了。

（4）使用图片作为幻灯片的背景，具体过程为：在幻灯片中单击"插入"→"图像"→"图片"按钮，在打开的对话框中选择要插入的图片。将图片调整至与幻灯片相同大小，右击图片，在快捷菜单中选择"置于底层"→"置于底层"命令。

（5）图片及艺术字的组合方法为：使用组合键 Ctrl+A 选定全部图片及艺术字，单击"开始"→"绘图"→"排列"按钮，在下拉列表中选择"组合"命令。

无论在 Word、Excel 还是 PowerPoint 中，在插入图形对象之后，即使是摆放在一起，仍然是单独的个体，对其进行移动或复制等操作十分不便。将选定对象进行组合后，这些对象就成为一个整体，可以很方便地进行各种操作。当需要对组合后的对象进行改动时，可以右击组合对象，在快捷菜单中选择"组合"→"取消组合"命令，即可进行改动。

（6）幻灯片的背景设置：

① 单击"设计"→"自定义"→"设置背景格式"按钮，弹出"设置背景格式"任务窗格。

② 在"设置背景格式"任务窗格中，选择"填充"选项卡，选中"图片或纹理填充"单选按钮。

③ 单击"插入"按钮，选择所要设置的背景图片，如实训项目图 35.4 所示。

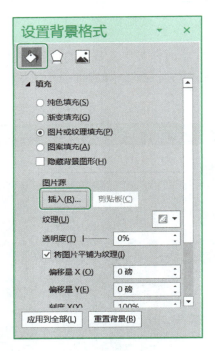

实训项目图 35.4

- 背景图片的颜色可以在"图片"选项卡的"图片颜色"中进行设置。
- 背景填充图片后，单击"关闭"按钮，则所设置背景仅对当前幻灯片的编辑区产生作用。
- 背景填充图片后，单击"应用到全部"按钮，则所设置背景对所有幻灯片的编辑区均有效。

（7）要在幻灯片中插入表格，可以在选择版式时就选择表格样式，也可以单击"插入"→"表格"→"表格"按钮，在下拉列表中选择"插入表格"命令，打开如实训项目图 35.5 所示的"插入表格"对话框，根据要求对表格进行设置即可。

（8）在幻灯片中插入图表的过程为：

① 单击"插入"→"插图"→"图表"按钮，选择一种样本图表后单击"确定"按钮，打开样本工作表和样本图表。

实训项目图 35.5

② 选择样本工作表中的所有数据，将其删除，此时样本图表变为空白效果。

③ 将窗口切换到表格数据所在的幻灯片，选定所需要的数据进行复制。

④ 将窗口切换回要建立图表的幻灯片，将数据粘贴至样本工作表中（如果没有该幻灯片，可以直接在样本工作表中输入数据），样本图表建立成功。

⑤ 当样本图表建立完成后，双击图表，可以切换回图表编辑状态，对图表格式的设置（包括坐标轴颜色、坐标轴标尺格式、字体和字号、背景效果、图例效果及数据标志格式等）可以在图表编辑状态下进行，右击对象，在快捷菜单中选择所需要设置的项即可。

本实训的制作要求和过程

（1）启动 PowerPoint 2016，在如实训项目图 35.6 所示的"新建幻灯片"列表框中选择空白演示文稿。

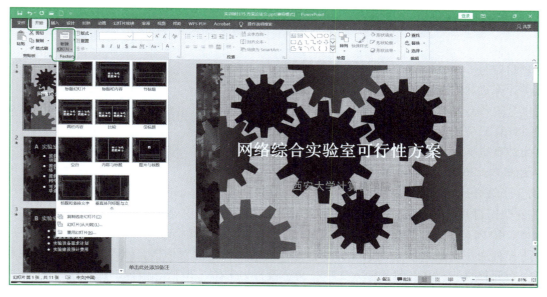

实训项目图 35.6

（2）在弹出的"幻灯片版式"列表框中，选择"空白"版式，如实训项目图 35.7 所示。

（3）选择普通视图或幻灯片浏览视图，开始编辑幻灯片，单击"设计"→"主题"→"其他"按钮，在弹出如实训项目图 35.2 所示的"主题"列表框中选择一个模板。

（4）在制作其他幻灯片时，单击"开始"→"幻灯片"→"新建幻灯片"按钮，在下拉列表中选择"空白"版式，然后按照以下要求制作其余的幻灯片。

① 第 1 张幻灯片：在如实训项目图 35.1 所示位置插入横排文本框，输入文字"网络综合实验室可行性方案"，设置为宋体、48 磅、白色；在如实训项目图 35.1 所示位置插入横排文本框，输入文字"西安大学计算机学院"，设置为黑体、30 磅、橙色。

② 第 2 张幻灯片：在如实训项目图 35.1 所示位置插入横排文本框，输入"A　实验室建设目的用途"，设置为宋体、44 磅、黄色、加粗；在如实训项目图 35.1 所示位置插入横排文本框，输入以下内

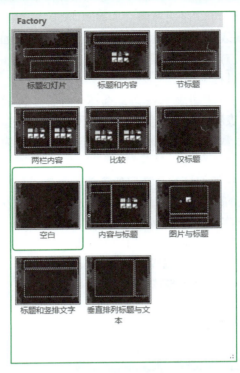

实训项目图 35.7

容并设置项目符号。

- 提供计算机网络专业学生迫切需要的专业实验环节
- 提供全院各专业"计算机网络"公共课程实验环节
- 提供计算机应用专业学生的网络课程实习环境
- 可为计算机毕业班学生提供毕业设计环境

设置为宋体、36 磅、白色、加粗。

③ 第 3 张幻灯片：其制作方法与第 2 张幻灯片基本相同。

④ 第 4 张幻灯片：在如实训项目图 35.1 所示位置插入竖排文本框，输入"● 可提供实验类型"，设置为宋体、40 磅、橙色、加粗；在如实训项目图 35.1 所示位置单击"插入"→"表格"→"表格"按钮，在下拉列表中选择"插入表格"命令，打开"插入表格"对话框，插入 2 列 10 行的表格，并对表格的部分单元格进行合并，然后输入文字，文字设置为宋体、20 磅、白色、加粗。

⑤ 第 5 张和第 6 张幻灯片：其制作方法与第 4 张幻灯片基本相同。

⑥ 第 7 张、第 10 张和第 11 张幻灯片：其制作方法与前几张幻灯片基本相同。

⑦ 第 8 张幻灯片：在如实训项目图 35.1 所示位置插入竖排文本框，输入"实验室场地分布图"，设置为宋体、30 磅、蓝色、加粗；幻灯片中的图形制作，即先在 Word 中用绘图工具绘制好图形，然后进行屏幕复制（按 Print Screen 键），打开 Windows 的"画图"软件，粘贴图形，将含有图形的屏幕内容裁剪并复制，转到第 8 张幻灯片，粘贴图形并调整好其大小。

⑧ 第 9 张幻灯片：在如实训项目图 35.1 所示位置插入竖排文本框，输入"实验网络结构图"，设置为宋体、30 磅、蓝色、加粗；在如实训项目图 35.1 所示位置单击"插入"→"图像"→"图片"按钮，在打开的"插入图片"对话框中，选定网络结构图，单击"插入"按钮，调整好图片大小和位置。幻灯片中的图形制作，即先在 Word 中用绘图工具绘制好图形，然后进行屏幕复制（按 Print Screen 键），打开 Windows 的"画图"软件，粘贴图形，将含有图形的屏幕内容裁剪并复制，转到第 9 张幻灯片，粘贴图形并调整好其大小。

至此，幻灯片的制作基本完成。

（5）调整幻灯片的位置

方法 1：在幻灯片浏览视图下，选中要移动的幻灯片，将其拖动到目标位置。在拖动过程中，将有一根细小的竖线随着鼠标移动，表示所拖动的幻灯片将移至的新位置。

方法 2：在大纲视图下，选中所要移动的幻灯片标记并拖动至目标位置。在拖动过程中，在大纲窗口中有一根细横线，表示幻灯片将移至的新位置。

（6）为了更好地表现幻灯片的演示效果，可以设置幻灯片中对象的动画和声音，以及设置幻灯片的切换方式等。设置幻灯片的切换效果一般在幻灯片浏览视图中完成，具体过程如下：

选择"切换"选项卡，如实训项目图 35.8 所示，在此对幻灯片的切换效果进行设置。

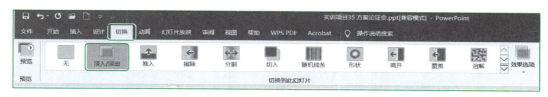

实训项目图 35.8

设置幻灯片的切换效果，即将所有幻灯片的切换效果设置为"随机线条"切换，并在单击鼠标时进行切换。再次预览重新设置后的播放效果。

动画和声音的具体设置方法参考实训项目 36。

实训项目 36　礼花绽放与生日贺卡——幻灯片的动画技术

实训说明

本实训制作一个电子"生日贺卡"，其效果如实训项目图 36.1 所示。

本实训是用 PowerPoint 设计制作电子"生日贺卡"，共制作 6 张幻灯片。当你的亲人、朋友过生日时，如果送上一幅自己制作的电子"生日贺卡"，对方一定非常欣喜，你也会感觉非常满意。因为你可以用优美的图画表达你的心意，并写上你的心里话，准确、真切地表达你的祝福。

本实训知识点涉及幻灯片动画的设置、幻灯片声音及影片的插入。

礼花绽放与生日
贺卡——幻灯片的
动画技术

案例素材

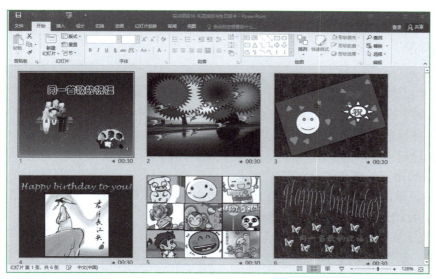

实训项目图 36.1

实训步骤

设置幻灯片的动画

1. 设置方法

设置幻灯片动画和声音对象的方法有以下两种。

方法 1：选定要设置的对象，单击"动画"→"动画"→"其他"按钮，弹出如实训项目图 36.2 所示的"动画"列表，在其中对动画效果进行设置。

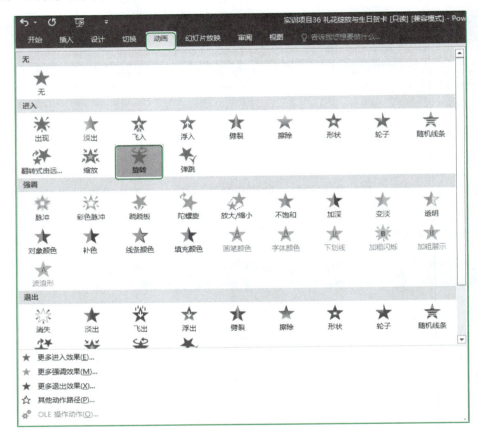

实训项目图 36.2

方法 2：选择要设置的对象，单击"动画"→"高级动画"→"添加动画"按钮，打开如实训项目图 36.3 所示的"添加效果"列表。

2. 在幻灯片中插入声音

① 单击"插入"→"媒体"→"音频"按钮，弹出如实训项目图 36.4 所示下拉列表。

② 选择"PC 上的音频"命令，指定声音文件的位置，单击"插入"按钮。幻灯片中插入声音后，在幻灯片中会增加一个声音标志。

本实训的制作要求和过程

（1）启动 PowerPoint 2016，选择空演示文稿。

（2）在制作幻灯片时，单击"开始"→"幻灯片"→"新建幻灯片"按钮，在弹出的"幻灯片版式"列表中选择"空白"版式，按照以下要求制作幻灯片。

① 第 1 张幻灯片（按播放顺序）。

- 幻灯片背景设置成"渐变填充"，预设颜色设置成"红色"，类型设置成"线性"样式。
- 插入音乐"生日快乐曲.mp3"，将其设置成与幻灯片同时播放，直到第 3 张幻灯片结束。

实训项目图 36.3

实训项目图 36.4

● 在幻灯片标题位置插入文字"同一首歌的祝福"，设置为华文彩云、60 磅、黄色、加粗，动画要求"陀螺旋"。

● 在幻灯片中插入如实训项目图 36.1 所示的剪贴画框，第 1 个剪贴画动画要求放大效果，第 2 个剪贴画要求"旋转"飞入，顺时针效果。

● 在幻灯片的左边插入"man-s. gif"图片，要求从右侧缓慢移入，动画播放后隐藏。

155

- 在幻灯片的上边插入"man-s.gif"图片，要求从下部缓慢移入，动画播放后隐藏。
- 在幻灯片的下边插入"man-s.gif"图片，要求从上部缓慢移入，动画播放后隐藏。
- 在幻灯片的右边插入"man-s.gif"图片，要求从左侧缓慢移入，动画播放后隐藏。

预览幻灯片效果并进行适当的调节，直至满意为止。

② 第2张幻灯片（按播放顺序）。

- 插入图片文件"ocean.jpg"，并使其作为整张幻灯片的背景。
- 在幻灯片中插入多个"Angel6"图片，并摆放成如实训项目图36.1所示的效果，要求从左侧飞入，动画播放后不变暗。
- 利用绘图工具绘制图中的五角星，复制、粘贴出多个五角星，要求从上部缓慢移入，动画播放后不变暗。
- 利用绘图工具绘制图中的32角星，复制、粘贴出多个32角星（填充不同的颜色），要求呈现放大效果，动画播放后隐藏，并伴随声音"爆炸"。

预览幻灯片效果并进行适当的调节，直至满意为止。

提示

在本张幻灯片中，要制作多个相同的对象，可先制作好一个对象（如插入一个"Angel6"图片或五角星、32角星），并设置好动画效果，再复制、粘贴为多个，最后摆放成如实训项目图36.1所示的效果。

③ 第3张幻灯片（按播放顺序）。

- 将贺卡背景设置成"褐色大理石"纹理。
- 在幻灯片中插入如实训项目图36.1所示的有一定旋转角度的文本框，并要求其在显示时颜色能够由浅到深。
- 利用绘图工具绘制笑脸，并能够在实训项目图36.5（a）和（b）之间变化两次。

(a)　　　(b)

实训项目图36.5

- 在文本框中插入多个心形图案，设置图案动画为"出现"，且每个心形图案在动画播放后变为其他颜色。
- 按照如实训项目图36.1所示位置插入太阳形自选图形，动画要求为"随机线条"。
- 在太阳形图案中插入文字"祝"，设置为红色、华文隶书、加粗、80磅。
- 插入艺术字"生"，设置为艺术字样式中第4行2列的样式，从底部飞入，动画播放后不变暗。
- 插入艺术字"日"，选择艺术字样式中第5行第5列样式，设置为旋转进入，顺时针效果。
- 插入艺术字"快乐"，选择艺术字样式中第3行第3列的样式。设置为弹跳进入。
- 插入音乐"生日快乐歌.mp3"，将其设置成在幻灯片播放的同时播放，直到第3张幻灯片结束。

预览幻灯片效果并进行适当地调节，直至满意为止。

④ 第4张幻灯片（按播放顺序）。

- 将贺卡背景设置成"紫色网格"纹理。
- 插入艺术字"Happy birthday to you!"，设置为艺术字样式中第4行第4列的样式，44磅，动画要求为"随机线条"。
- 插入图片文件"shanshui.gif"和"shou.gif"，重叠摆放在如实训项目图36.1所示位置，动画要求为"出现"。

⑤ 第5张幻灯片。

- 将贺卡背景设置成"粉色面巾纸"纹理。
- 按照实训项目图36.1所示的位置插入"chou-s.gif""dao-s.gif"等9张图片文件，动画要求为从右侧缓慢移入、从下部缓慢移入、从上部缓慢移入、从左侧缓慢移入等。

⑥ 第 6 张幻灯片。

● 将贺卡背景设置成"绿色大理石"纹理。

● 插入艺术字"Happy birthday"，设置为艺术字样式中第 4 行第 4 列的样式，Monotype Corsiva 字体，96 磅，动画要求为放大效果。

● 将该艺术字复制两个，设置不同的颜色，并与前一个艺术字的位置设为一致（方法：选中 3 个艺术字，单击"绘图工具/格式"→"排列"→"对齐"按钮，在下拉列表中选择"水平居中"/"垂直居中"对齐方式），即可制作闪烁的艺术字。

● 插入文本框，输入文字"同一首歌的祝福"，字体为方正舒体、60 磅、黄色、加粗、动画要求为"向内溶解"，引入动画文本为"按字/词"。

● 插入图片文件"P44.gif"，并复制 11 个，按照如实训项目图 36.1 所示的位置摆放，最后将这 12 幅图片组合起来，使其同时出现及运动。

（3）单击"动画"→"动画"→"其他"按钮，在下拉列表中选择"内向溶解"样式，如实训项目图 36.6 所示。

实训项目图 36.6

实训项目 37 "学院介绍"——PowerPoint 的综合应用

实训说明

本实训制作一个介绍"学院情况"的演示文稿汇报材料，其效果如实训项目图 37.1 所示。

本实训为介绍某校基本情况的演示文稿汇报材料，制作幻灯片。通过在演示文稿中创建超链接，可以跳转到演示文稿内的某个自定义放映、某张特定的幻灯片、另一个演示文稿、某个 Word 文档、某个文件夹某个网址，以助阐明观点。

本实训知识点涉及幻灯片超链接、母版、幻灯片打包和解包的方法、直接放映的方法。

"学院介绍"——PowerPoint 的综合应用

案例素材

实训步骤

设置幻灯片的超链接

（1）为幻灯片建立超链接可以通过动作按钮来实现，也可以在幻灯片中插入普通图片，再为图片

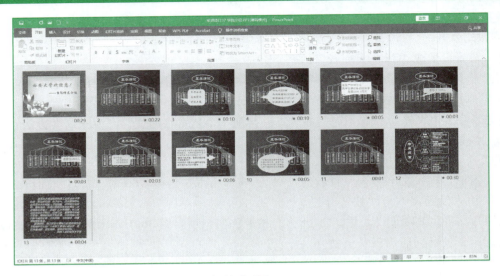

实训项目图 37.1

设置超链接。现仅介绍前者。

（2）PowerPoint 系统提供了一些标准的动作按钮，单击"插入"→"插图"→"形状"按钮，在"形状"下拉列表"动作按钮"组中选择合适的动作按钮。

如果不清楚某动作按钮的功能，可将鼠标指向该动作按钮，停顿片刻后，关于该动作按钮的功能将以标注形式自动显示出来，如实训项目图 37.2 所示。

（3）设置超链接分为以下两步。

① 在幻灯片中插入动作按钮。

② 右击需要设置超链接的"动作按钮"，在快捷菜单中选择"编辑链接"命令，打开如实训项目图 37.3 所示的"操作设置"对话框，在"单击鼠标"选项卡中的"超链接到"下拉列表框中选择要链接到的幻灯片，单击"确定"按钮，链接成功。

实训项目图 37.2

实训项目图 37.3

本实训的制作要求和过程

① 插入图片文件"ltu.jpg"，并使其作为第 1 张幻灯片的背景。

② 第 2 张和第 12 张幻灯片中的线条、圆角矩形、椭圆、文本框等动画设置为"擦除"，并将"效果选项"设置为"自顶部"。

③ 在第 11 张幻灯片中添加两个动作按钮。单击第一个动作按钮时，自动切换到第 12 张幻灯片播放；单击第二个动作按钮时，自动切换到第 13 张幻灯片播放。

④ 给每一张幻灯片都插入页脚和日期——编辑母版。

如实训项目图 37.4 所示，单击"视图"→"母版视图"→"幻灯片母版"按钮，在如实训项目图 37.5 所示母版的日期区和页脚区中分别输入日期和文字"西安大学欢迎您！"，并设置字体为隶书、红色；然后，单击"幻灯片母版"→"关闭"→"关闭母版视图"按钮，如实训项目图 37.6 所示，退出母版的编辑，这时为每一张幻灯片都插入了页脚和日期。

实训项目图 37.4

实训项目图 37.5

159

实训项目图 37.6

　　⑤ 幻灯片的排练计时设置过程如下：单击"幻灯片放映"→"设置"→"排练计时"按钮，此时，系统进入全屏幕播放状态，并打开如实训项目图 37.7 所示的"预演"工具栏。在其正中显示的是对象播放的时间。单击鼠标或单击"下一项"图标按钮可以切换到下一项播放。

实训项目图 37.7

　　⑥ 设置幻灯片的放映方式：可以通过单击"幻灯片放映"→"设置"→"设置幻灯片放映"按钮来实现。打开如实训项目图 37.8 所示的"设置放映方式"对话框，在其中进行相应的设置即可。

实训项目图 37.8

160

如果对幻灯片进行计时，则必须在设置放映方式时选定推进幻灯片为"如果出现计时，则使用它"，才能使设置生效。

双击即可运行的 PowerPoint 演示文稿

对于用 PowerPoint 制作好的演示文稿，虽然可以在桌面上建立其快捷方式，可是在使用时，双击文件名后还要先启动 PowerPoint，然后再放映幻灯片。采用下述方法，双击文件名即可实现直接放映：在保存演示文稿时，保存类型选择"PowerPoint 放映（＊.ppsx）"，然后把保存好的文件在桌面上建立一个快捷方式即可。

实训项目 38　PowerPoint 中 3D 效果的制作

实训说明

想制作简单的 3D 课件，却对专业的 3D 软件望而生畏，但不必为此苦恼，用 PowerPoint 可以解燃眉之急。只要巧妙地利用其三维设置功能，同样可以制作具有逼真 3D 效果的课件。

📱 PowerPoint 中 3D 效果的制作

案例素材

实训步骤

制作三维立体图

（1）插入平面自选图形，如矩形、圆形。

（2）单击"开始"→"绘图"→"形状效果"按钮，在下拉列表中选择一种形状样式。

（3）单击"开始"→"绘图"中的"形状填充""形状轮廓""形状效果"等按钮，即可对选中的图形进行特定的效果设置，如实训项目图 38.1 所示。

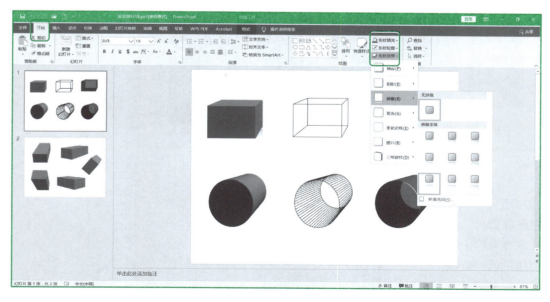

实训项目图 38.1

① 套用形状样式。PowerPoint 提供了许多预设的形状样式。选中要套用样式的形状，单击"格式"→"形状样式"→"其他"按钮，在下拉列表中提供了 42 种样式供选择，选择其中一个样式，则改变

形状样式。

② 自定义形状线条的线型和颜色。选中形状，然后单击"格式"→"形状样式"→"形状轮廓"按钮，在下拉列表中可以修改线条的颜色、粗细、实线或虚线等，也可以取消形状的轮廓线。

③ 设置封闭形状的填充颜色和填充效果。选择封闭形状，可以在其内部填充指定的颜色，还可以利用渐变、纹理、图片来填充形状。选中要填充的封闭形状，单击"格式"→"形状样式"→"形状填充"按钮，在下拉列表中可以设置形状内部填充的颜色，也可以用渐变、纹理、图片来填充形状。

④ 设置形状效果。选中要设置效果的形状，单击"格式"→"形状样式"→"形状效果"按钮，在下拉列表中将鼠标移至"预设"项，有 12 种预设效果，还可对形状的阴影、映像、发光柔化边缘、棱台、三维旋转等方面进行适当设置。

实训项目 39 "灯笼摇雪花飘"——自定义动画和幻灯片放映

实训说明

本例主要介绍自定义动画和幻灯片放映等操作的应用，通过制作"灯笼摇雪花飘"动画来体会一个比较复杂的自定义动画过程，如实训项目图 39.1 和实训项目图 39.2 所示。

"灯笼摇雪花飘"——自定义动画和幻灯片放映

案例素材

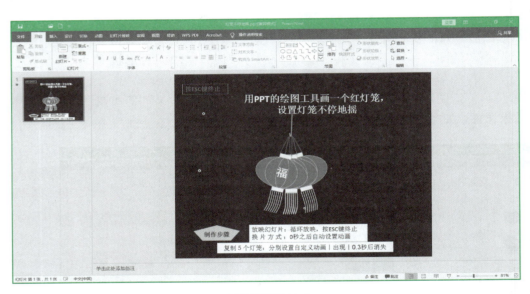

实训项目图 39.1

"灯笼摇雪花飘"动画特色：
① 用形状画出了红灯笼和雪花。
② 灯笼在挂钩上不停地摇摆，集多种技巧设计而成。
③ 应用了循环放映。
④ 雪花飘的动画效果，应用了自定义路径动画。

实训步骤

① 用 PowerPoint 的绘图工具画一个红灯笼。红灯笼的绘制如实训项目图 39.3 所示。

技巧

用 3 个椭圆可很方便地画出灯笼的主体。

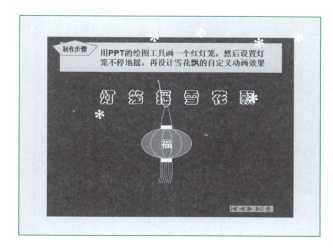

实训项目图 39.2

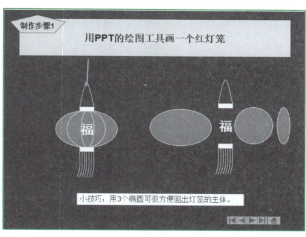

实训项目图 39.3

② 用 PowerPoint 的绘图工具画一个红灯笼后，设置灯笼不停地摇的自定义动画效果，如实训项目图 39.4 所示。

给组合后的灯笼设置动画效果：单击"动画"→"高级动画"→"添加动画"按钮在下拉列表中选择"强调"→"跷跷板"样式。

③ 用 PowerPoint 的绘图工具画雪花，再设计飘的自定义动画效果。

雪花的绘制：用直线工具按雪花的形状绘制，如实训项目图 39.5 中放大后的雪花的形状所示。

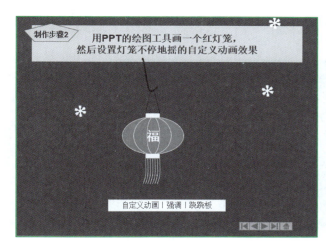

实训项目图 39.4

实训项目图 39.5

给组合后的雪花设置动画效果：单击"动画"→"高级动画"→"添加动画"按钮在下拉列表中选择"动作路径"→"自定义路径"样式。

④ 将设置好的雪花再复制若干片，放到不同的位置，如实训项目图 39.6 所示。

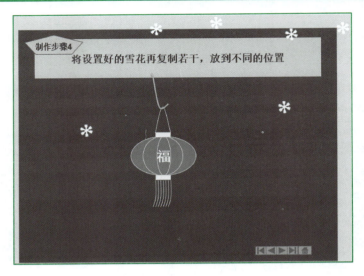

实训项目图 39.6

实训项目 40 "星星闪烁和彗星飘曳"——自定义动画

实训说明

本例主要介绍自定义动画的应用,"星星闪烁和彗星飘曳"动画综合应用了 PowerPoint 多种动画功能。

"星星闪烁和彗星飘曳"动画特色,如实训项目图 40.1 所示。

① 用"图片"菜单命令处理图片,利用层和补丁技巧。

② 应用自定义动画效果展示了星星的 4 种不同闪烁效果。

③ 彗星的动画效果采用自定义路径和计时设置实现。

"星星闪烁和彗星飘曳"——自定义动画

案例素材

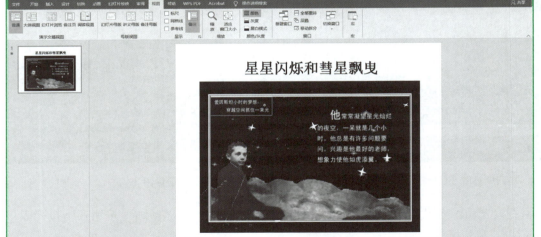

实训项目图 40.1

实训步骤

1. 星星闪烁的制作，如实训项目图 40.2 所示

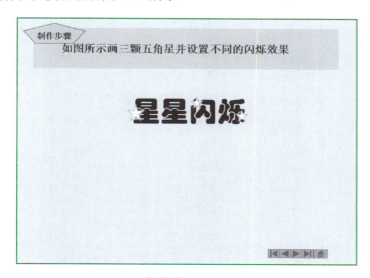

实训项目图 40.2

① 根据实训项目图 40.2 画 3 颗五角星。

② 闪烁效果：选取一个五角星，单击"动画"→"高级动画"→"添加动画"按钮，在下拉列表中选择"更多强调效果"命令，打开"添加强调效果"对话框，在"华丽"分组中选择"闪烁"效果，单击"确定"按钮。

③ 选中所有设置的五角星，单击"动画"→"高级动画"→"动画窗格"按钮，在"动画窗格"任务窗格中单击所选对象右侧的倒三角形按钮，在下拉列表中选择"效果选项"命令，在打开的"闪烁"对话框"效果"选项卡的"动面播放后"列表中选择"播放动画后隐藏"选项，选择"计时"选项卡，在"重复"下拉列表中选择"5"，单击"确定"按钮。该动画闪烁 5 次后隐藏。

④ 星星几种不同闪烁效果的制作：通过设置不同速度体现不同的闪烁效果，如实训项目图 40.3 所示。

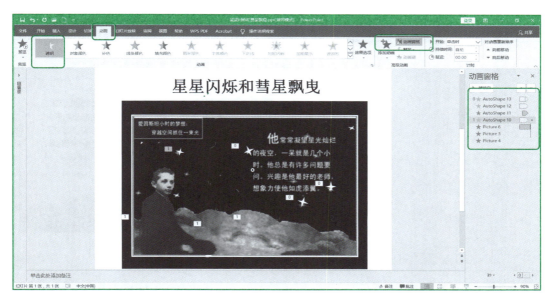

实训项目图 40.3

165

2. 彗星飘曳的制作，如实训项目图 40.4 所示

实训项目图 40.4

① 彗星的动画效果：插入一个彗星图形，选中该图形，单击"动画"→"飞入"，单击"动画"→"动画窗格"。单击当前动画右侧的倒三角形按钮，在下拉列表中选择"效果选项"命令，在打开的"飞入"对话框"效果"选项卡的"设置"→"方向"下拉框中选择"自右上部"、在"增强"→"动画播放后"下拉框中选择"播放动画后隐藏"，如实训项目图 40.4 所示；在"计时"选项卡中设置速度为中速、重复 1 次或 2 次，如实训项目图 40.5 所示。

② 将设置好动画效果的彗星图片再复制两份放在不同的位置即可。

3. "星星闪烁和彗星飘曳"动画案例的制作

① 插入如实训项目图 40.6 所示的图片（此图片在上层）。

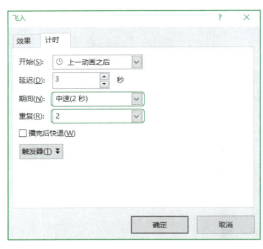

实训项目图 40.5

实训项目图 40.6

② 在天空中加 4 颗闪闪发亮的星和几颗彗星（将此图片放在底层），如实训项目图 40.7 所示。

　　4 颗闪闪发亮的星星分别应用了"放大/缩小"、尺寸 150%、中速，"圆形扩展"、方向为"外"、中速，"忽明忽暗"、非常慢，"闪烁"、快速等动画效果。

　　③ 最后将上述的两幅图片叠放在一起（图片在两层）即完成制作，如实训项目图 40.8 所示。

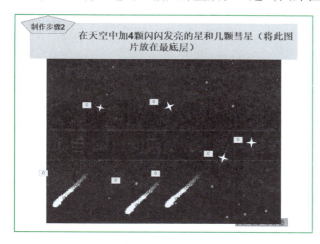

实训项目图 40.7

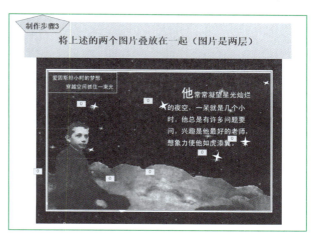

实训项目图 40.8

经验技巧

PowerPoint 中的使用技巧

1. 使两幅图片同时动作

　　PowerPoint 的动画效果比较有趣，选项也颇多，但限于动画的顺序，插入的图片只能一幅一幅地动作。如果有两幅图片需要一左一右或一上一下地向中间同时动作，这可不易实现，但可以这样解决问题：

　　① 排好两幅图片的最终位置，按住 Shift 键，选中两幅图片。

　　② 单击"格式"→"排列"→"组合"按钮。

　　③ 在下拉列表中选择"组合"命令，这样使两幅图片变成了一个选定。

　　④ 再到"动画"选项卡中设置动画效果。

　　⑤ 在"动画"选项卡"动画"选项组中选择"旋转"效果（或其他效果），就可以满足要求了。

2. 长时间闪烁字体的制作

　　在 PowerPoint 中也可以制作闪烁字，但闪烁效果只是流星般地闪一次罢了。要做一个引人注目的连续闪烁字，可以这样做：在文本框中填入所需文字，设置好字的格式和效果，并做成快速或中速闪烁的图画效果，复制这个文本框，根据想要闪烁的时间来确定粘贴的文本框的个数，将这些文本框的位置设置为一致，频率为每隔 1 秒动作 1 次，设置文本框在动作之后消失，这样就成功了。

测 试 篇

第1章 信息技术基础知识测试题

测试题 1

一、单选题（共 20 小题，每题 2 分，共 40 分）

1. 计算机能够直接执行的程序是_____。
   A. 应用软件　　　　B. 机器语言程序　　　C. 源程序　　　　D. 汇编语言程序
2. 操作系统的英文名称是_____。
   A. DOS　　　　　　B. Windows　　　　　C. UNIX　　　　　D. Operating System
3. 要使高级语言编写的程序能够被计算机运行，必须由_____将其处理成机器语言。
   A. 系统软件和应用软件　　　　　　　　B. 内部程序和外部程序
   C. 解释程序或编译程序　　　　　　　　D. 源程序或目标程序
4. _____语言属于面向对象的程序设计语言。
   A. C　　　　　　　B. FORTRAN　　　　C. Pascal　　　　D. Java
5. 解释程序的功能是_____。
   A. 解释执行高级语言程序　　　　　　　B. 将高级语言程序翻译成目标程序
   C. 解释执行汇编语言程序　　　　　　　D. 将汇编语言程序翻译成目标程序
6. 操作系统是_____的接口。
   A. 主机和外围设备　　　　　　　　　　B. 用户和计算机
   C. 系统软件和应用软件　　　　　　　　D. 高级语言和机器语言
7. 操作系统的主要功能是_____。
   A. 实现软、硬件转换　　　　　　　　　B. 管理系统中所有的软、硬件资源
   C. 把源程序转换为目标程序　　　　　　D. 进行数据处理
8. 之所以有"高级语言"这样的称呼，是因为它们_____。
   A. 必须在高度复杂的计算机上运行　　　B. "距离"计算机硬件更远
   C. 开发所用的时间较长　　　　　　　　D. 必须由经过良好训练的程序员使用
9. _____是控制和管理计算机硬件和软件资源、合理地组织计算机工作流程、方便用户使用的程序集合。
   A. 操作系统　　　　B. 监控程序　　　　C. 应用程序　　　D. 编译系统
10. 冯·诺依曼为现代计算机的体系结构奠定了基础，他的主要设计思想是_____。
    A. 采用电子元件　　　　　　　　　　　B. 数据存储
    C. 虚拟存储　　　　　　　　　　　　　D. 存储程序
11. 世界上第一台电子计算机是在_____年诞生的。
    A. 1927　　　　　　B. 1946　　　　　　C. 1943　　　　　D. 1952
12. 第 4 代计算机是由_____构成的。

A. 大规模和超大规模集成电路　　　　B. 中、小规模集成电路

C. 晶体管　　　　　　　　　　　　D. 电子管

13. 计算机在运行时，把程序和数据一并存放在内存中，这是 1946 年由_____所领导的研究小组正式提出并加以论证的。

A. 图灵　　　　　B. 布尔　　　　C. 冯·诺依曼　　D. 爱因斯坦

14. CPU 每执行一个_____，就完成一步基本数学运算或逻辑判断。

A. 语句　　　　　B. 指令　　　　C. 程序　　　　D. 软件

15. 微型计算机的 CPU 是_____。

A. 控制器和内存　　　　　　　　　B. 运算器和控制器

C. 运算器和内存　　　　　　　　　D. 控制器和寄存器

16. CPU 的主要性能指标是_____。

A. 主频、内存、外存储器　　　　　B. 价格、字长、字节

C. 主频、字长、内存容量　　　　　D. 价格、字长、可靠性

17. 在计算机中，指令主要存放在_____中。

A. CPU　　　　　B. 内存　　　　C. 键盘　　　　D. 磁盘

18. 静态图像压缩标准是_____。

A. MPEG　　　　B. JPEG　　　　C. JPG　　　　D. MPG

19. 计算机中的 USB 接口是一种_____。

A. 统一系列块　　　　　　　　　　B. 美国商用标准

C. 通用串行总线接口　　　　　　　D. 通用并行总线接口

20. 多媒体计算机系统的两大组成部分是_____。

A. 多媒体功能卡

B. 多媒体通信软件和多媒体开发工具

C. 多媒体输入设备和多媒体输出设备

D. 多媒体计算机硬件系统和多媒体计算机软件系统

二、多选题（共 2 小题，每题 5 分，共 10 分）

1. 下列叙述中，正确的是_____。

A. 功能键代表的功能是由硬件确定的

B. 关闭显示器的电源，正在运行的程序将立即停止运行

C. CD-RW 光盘驱动器既可作为输入设备，也可作为输出设备

D. Office 是一种应用软件

E. 微型计算机开机时应先接通主机电源，然后接通外围设备电源

2. 下列各种设备中，属于外存储设备的有_____。

A. U 盘　　　　B. 硬盘　　　　C. 显示器　　　　D. RAM

E. ROM　　　　F. 光盘

三、判断题（共 15 小题，每题 2 分，共 30 分）

1. 在第二代计算机中，以晶体管取代电子管作为其主要的逻辑元件。　　　　（　　）

2. ENIAC 计算机是第一台使用内部存储程序的计算机。　　　　　　　　（　　）

3. 一般而言，中央处理器是由控制器、外围设备和存储器所组成的。　　　（　　）

4. 裸机是指未安装机箱盖的主机。　　　　　　　　　　　　　　　　　（　　）

5. 程序必须送到主存储器内，计算机才能执行相应的命令。　　　　　　　（　　）

6. 计算机中的所有计算都是在内存中进行的。　　　　　　　　　　　　（　　）

7. 计算机的存储器可分为主存储器和辅助存储器两种。　　　　　　　　（　　）

8. 输入大写字母必须要先按下 Shift 键。　　　　　　　　　　　　　　　　（　　）

9. 非触摸屏显示器既是输入设备又是输出设备。　　　　　　　　　　　　　（　　）

10. 显示控制器（适配器）是系统总线与显示器之间的接口。　　　　　　　（　　）

11. 键盘上按键的功能可以由程序设计人员改变。　　　　　　　　　　　　（　　）

12. 系统软件又称系统程序。　　　　　　　　　　　　　　　　　　　　　（　　）

13. 即使计算机断电，RAM 中的程序和数据仍然不会丢失。　　　　　　　（　　）

14. 计算机的字长位数越多，其计算结果的精度就越高。　　　　　　　　　（　　）

15. 计算机的内存容量不仅反映计算机可用存储空间的大小，同时也会影响大型软件的运行速度。
　　　　　　　　　　　　　　　　　　　　　　　　　　　　　　　　　（　　）

四、填空题（共 10 小题，每题 2 分，共 20 分）

1. 1 MB 的含义是_____，1 KB 的含义是_____。

2. 存储器容量 1 GB、1 KB、1 MB 分别表示 2 的_____次方、_____次方、_____次方字节。

3. 通常用显示器水平方向上显示的点数乘以垂直方向上显示的点数来表示显示器的清晰程度，该指标称为_____。

4. _____是用户与计算机之间的接口。

5. 计算机的指令由操作码和_____组成。

6. 程序在被执行之前，必须先转换成_____语言。

7. 计算机能够直接执行的程序，在计算机内部是以_____编码形式来表示的。

8. 根据软件的用途，一般可将其分为系统软件和_____两大类。

9. 用高级语言编写的程序称为_____，该程序必须被转换成_____，计算机才能执行。

10. CPU 由运算器和控制器组成，负责指挥和控制计算机各个部分自动、协调一致地进行工作的部件是_____。

测试题 2

一、单选题（共 20 小题，每题 2 分，共 40 分）

1. 在 ASCII 码表中，按照 ASCII 码值从大到小的顺序排列是_____。
   A. 数字、英文大写字母、英文小写字母
   B. 数字、英文小写字母、英文大写字母
   C. 英文大写字母、英文小写字母、数字
   D. 英文小写字母、英文大写字母、数字

2. 在计算机中，bit 的含义是_____。
   A. 字　　　　　　B. 字长　　　　　　C. 字节　　　　　　D. 二进制位

3. 键盘上的 Ctrl 键是控制键，它_____其他键配合使用。
   A. 总是与　　　　B. 无须与　　　　　C. 有时与　　　　　D. 和 Alt 键一起再与

4. _____是上档键，主要用于辅助输入键盘中的上档字符。
   A. Shift　　　　　B. Ctrl　　　　　　C. Alt　　　　　　　D. Tab

5. 按_____键之后，可删除光标位置前面的一个字符。
   A. Insert　　　　B. Ctrl　　　　　　C. Backspace　　　　D. Delete

6. 目前在台式计算机上最常用的 I/O 总线是_____。
   A. ISA　　　　　B. PCI　　　　　　C. EISA　　　　　　D. VL-BUS

7. _____不是硬盘驱动器接口电路。
   A. IDE　　　　　B. EIDE　　　　　　C. SCSI　　　　　　D. USB

8. 在以下计算机系统存储设备中，数据存取速度最快的是_____。

    A. 硬盘   B. 内存   C. U盘   D. 只读型光盘

9. 微型计算机在工作过程中突然遇到电源中断，则计算机_____中的信息将全部丢失，再次接通电源后也不能恢复数据。

    A. ROM   B. CD-ROM   C. RAM   D. 硬盘

10. 下列有关存储器依读写速度所做的排列，正确的是_____。

    A. RAM>Cache>硬盘>软盘   B. Cache>RAM>硬盘>软盘

    C. Cache>硬盘>RAM>软盘   D. RAM>硬盘>软盘>Cache

11. 内存中的每个存储单元被赋予唯一的序号，该序号称为_____。

    A. 容量   B. 内容   C. 标号   D. 地址

12. 只读型光盘简称为_____。

    A. MO   B. WORM   C. WO   D. CD-ROM

13. 机械硬盘在工作时，应特别注意避免_____。

    A. 光线直射   B. 噪声   C. 强烈震动   D. 环境卫生不好

14. 标准VGA显示控制卡的图形分辨率为_____像素。

    A. 420×300   B. 640×200   C. 640×480   D. 1 024×768

15. EPROM是指_____。

    A. 可擦写可编程只读存储器   B. 电擦除只读存储器

    C. 只读存储器   D. 可擦写只读存储器

16. 存储器分为内存和外存储器两类，_____。

    A. 它们中的数据均可被CPU直接调用

    B. 只有外存储器中的数据可被CPU直接调用

    C. 它们中的数据均不能被CPU直接调用

    D. 只有内存中的数据可被CPU直接调用

17. "死机"是指_____。

    A. 计算机读数状态   B. 计算机运行异常状态

    C. 计算机自检状态   D. 计算机处于运行状态

18. 以下说法中正确的是_____。

    A. 由于存在着多种输入法，所以也存在着多种汉字内码

    B. 在多种输入法中，五笔字型是最好的

    C. 一个汉字的内码由两字节组成

    D. 拼音输入法是一种音型码输入法

19. 输入汉字必须是_____。

    A. 大写字母状态   B. 小写字母状态

    C. 用数字键输入   D. 大写字母和小写字母均可

20. 下列哪个设备断电后存储数据会丢失？

    A. 硬盘   B. U盘   C. 内存   D. 光盘

二、多选题（共4小题，每题2.5分，共10分）

1. 计算机可直接执行的指令通常包含_____两个部分，它们在计算机内部是以_____表示的，由这种指令构成的语言也叫作_____。

    A. 源操作数和目的操作数   B. 操作码和操作数

    C. ASCII码的形式   D. 二进制码的形式

    E. 汇编语言   F. 机器语言

2. 微型计算机光盘与硬盘相比较，硬盘的特点是_____。

  A. 存取速度较慢　　　　　　　　B. 存储容量大

  C. 便于随身携带　　　　　　　　D. 存取速度快

  E. 存储容量小

3. 下列叙述中，正确的是_____。

  A. 计算机系统的资源是数据

  B. 计算机系统由 CPU、存储器和输入输出设备所组成

  C. 16 位字长的计算机是指能够计算最大为 16 位十进制数的计算机

  D. 计算机区别于其他计算工具的本质特点是能够存储程序和数据

  E. 运算器是完成算术和逻辑运算的核心部件，通常称为 CPU

4. 下列叙述中，正确的是_____。

  A. 计算机高级语言是与计算机具体型号无关的程序设计语言

  B. 汇编语言程序在计算机中无须经过编译，就能直接执行

  C. 机器语言程序是计算机能够直接运行的程序

  D. 低级语言学习、使用起来都很难，运行效率也低，目前已完全被淘汰

  E. 程序必须先调入内存才能运行

  F. 汇编语言是最早出现的高级语言

三、判断题（共 15 小题，每题 2 分，共 30 分）

1. 只读存储器（ROM）内所存储的数据是固定不变的。　　　　　　　　　（　　）

2. CD-RW 为读写型光盘。　　　　　　　　　　　　　　　　　　　　　（　　）

3. 光盘在被读写时不能由光盘驱动器中取出，否则有可能损坏光盘和光盘驱动器。（　　）

4. 光盘驱动器属于主机的组成部分，光盘属于外围设备。　　　　　　　　（　　）

5. 磁盘上的磁道是由多个同心圆组成的。　　　　　　　　　　　　　　　（　　）

6. 一般不应擅自打开硬盘。　　　　　　　　　　　　　　　　　　　　　（　　）

7. 编译程序的执行效率与速度不如直译程序高。　　　　　　　　　　　　（　　）

8. 总线是一种通信标准。　　　　　　　　　　　　　　　　　　　　　　（　　）

9. 计算机处理数据的基本单位是文件。　　　　　　　　　　　　　　　　（　　）

10. 任何程序均可被视为计算机软件。　　　　　　　　　　　　　　　　　（　　）

11. 计算机的主频越高，计算机的运算速度就越快。　　　　　　　　　　　（　　）

12. 用 C 语言编写的程序要变成目标程序，必须经过解释程序。　　　　　　（　　）

13. 如果没有软件，计算机将无法工作。　　　　　　　　　　　　　　　　（　　）

14. 字长是指计算机能同时处理的二进制数据的位数。　　　　　　　　　　（　　）

15. 编译程序的功能是将源程序翻译成目标程序。　　　　　　　　　　　　（　　）

四、填空题（共 10 小题，每题 2 分，共 20 分）

1. 微型计算机可以配置不同的显示系统，在 CGA、EGA 和 VGA 标准中，显示性能最好的是_____。

2. _____设备是人与计算机相互联系的接口，用户通过它可以与计算机交换信息。

3. 只读光盘的英文缩写是_____。

4. 打印机可以分为击打式打印机和非击打式打印机，激光打印机属于_____。

5. 计算机是由主机和_____组成的。

6. 在计算机显示器的参数中，640×480 像素、1 024×768 像素等表示显示器的_____。

7. 能够与控制器直接交换信息的存储器是_____。

8. 微处理器是指把_____和_____作为一个整体，采用大规模集成电路工艺在一块或多块芯片上制成的中央处理器。

9. 计算机总线有_____、_____、_____三种。

10. Cache 是由_____存储器组成的。

测试题 3

一、单选题（共 12 小题，每题 3 分，共 36 分）

1. 主存储器与外存储器之间的主要区别是_____。
   A. 主存储器容量小，速度快，价格高，而外存储器容量大，速度慢，价格低
   B. 主存储器容量小，速度慢，价格低，而外存储器容量大，速度快，价格高
   C. 主存储器容量大，速度快，价格高，而外存储器容量小，速度慢，价格低
   D. 仅仅因为主存储器在计算机内部，外存储器在计算机外部

2. 将二进制数 101101101.111101 转换成十六进制数是_____。
   A. 16A. F2   B. 16D. F4   C. 16E. F2   D. 16B. F2

3. 下列设备中，_____不能作为微型计算机的输出设备。
   A. 打印机   B. 显示器   C. 键盘和鼠标   D. 绘图仪

4. CGA、EGA、VGA 是_____的性能指标。
   A. 存储器   B. 显示器   C. 总线   D. 打印机

5. 决定显示器分辨率的主要因素是_____。
   A. 显示器的尺寸   B. 显示器的种类   C. 显示器适配器   D. 操作系统

6. 在下列设备中，_____既属于输入设备又属于输出设备。
   A. 鼠标   B. 键盘   C. 打印机   D. 触摸屏显示器

7. 速度快、分辨率高的打印机是_____打印机。
   A. 非击打式   B. 击打式   C. 激光   D. 点阵式

8. 下列各种因素中，对微型计算机工作影响最小的是_____。
   A. 温度   B. 湿度   C. 磁场   D. 噪声

9. 在计算机应用领域中，媒体是指_____。
   A. 各种信息的编码   B. 计算机的输入输出信息
   C. 计算机显示器所显示的信息   D. 表示和传播信息的载体

10. 下面关于多媒体系统的描述中，不正确的是_____。
    A. 多媒体系统是对文字、图形、声音等信息及资源进行管理的系统
    B. 数据压缩是多媒体信息处理的关键技术
    C. 多媒体系统可以在微型计算机上运行
    D. 多媒体系统只能在微型计算机上运行

11. 多媒体信息不包括_____。
    A. 文字、图形   B. 音频、视频   C. 影像、动画   D. 光盘、声卡

12. 多媒体计算机硬件系统主要包括主机、I/O 设备、光盘驱动器、存储器、声卡和_____。
    A. 话筒   B. 扬声器   C. 视频卡   D. 加法器

二、多选题（共 2 小题，每题 7 分，共 14 分）

1. 格式化磁盘的作用是_____。
   A. 为磁盘划分磁道和扇区
   B. 便于用户保存文件到已完成格式化的磁盘中
   C. 在磁盘上建立文件系统
   D. 将磁盘中原有的所有数据删除

E. 将磁盘中已损坏的扇区标记成坏块

2. 下列设备中，属于输出设备的有_____。

A. 键盘　　　　　　　B. 打印机　　　　　C. 鼠标

D. 扫描仪　　　　　　E. 显示器

三、判断题（共15小题，每题2分，共30分）

1. 开机时，先开显示器电源后开主机电源，关机时应先关主机后关显示器。（　　）
2. 计算机采用二进制方式处理数据仅仅是为了计算简单。（　　）
3. 微型计算机相对于大型机的主要特点是体积小、价格低。（　　）
4. 指令是计算机用以控制各部件协调工作的命令。（　　）
5. 指令系统就是指令。（　　）
6. 系统软件就是软件系统。（　　）
7. 在计算机中，指令的长度通常是固定的。（　　）
8. 用以表示计算机运算速度的是每秒钟能执行指令的条数。（　　）
9. 硬盘通常安装在主机机箱内，因此它属于主机的组成部分。（　　）
10. 鼠标不能完全取代键盘。（　　）
11. 衡量微型计算机性能的主要技术指标是主频、字长、存储容量、存取周期和运算速度。（　　）
12. 任何计算机都具有记忆能力，其中存储的信息不会丢失。（　　）
13. 控制器的主要功能是自动生成控制命令。（　　）
14. 运算器只能运算，而不能存储信息。（　　）
15. 总线在主板上，而接口不一定在主板上。（　　）

四、填空题（共10小题，每题2分，共20分）

1. 存储 32×32 点阵的 200 个汉字的信息需要_____KB。
2. 在计算机存储器中，保存一个汉字需要_____个字节。
3. 数字 0 的 ASCII 码值的十进制表示为 48，数字 9 的 ASCII 码值的十进制表示为_____。
4. 一个 ASCII 码是用_____个字节表示的。
5. 按照其所对应的 ASCII 码值进行比较，"a" 比 "b"_____。
6. 大写字母、小写字母和数字这 3 种字符的 ASCII 码从小到大的排列顺序是_____、_____、_____。
7. 123.25 = _____H。
8. 254.28 = _____B（保留两位小数）。
9. ABCD.EFH = _____B。
10. 11101111101.1B = _____H = _____D。

测试题 4

一、单选题（共20小题，每题2分，共40分）

1. Caps Lock 键的功能是_____。

A. 暂停　　　　　　　　　　　B. 大写锁定

C. 上档键　　　　　　　　　　D. 数字/光标控制转换

2. 为了允许不同用户的文件拥有相同的文件名，通常在指定文件时使用_____来唯一指定。

A. 多级目录　　　B. 路径　　　C. 约定　　　D. 重名翻译

3. 准确地说，文件是存储在_____。

A. 存储介质上的一组相关数据的集合　　B. 内存中的数据的集合

C. 光盘中的数据的集合 　　　　　　　　D. 辅助存储器中的一组相关数据的集合

4. 计算机中最小的存储单元是_____。
   A. 字节　　　　　　　　B. 字　　　　　　　　C. 字长　　　　　　　　D. 地址

5. 十进制数 625.25 对应的二进制数是_____。
   A. 1011110001.01　　　　　　　　B. 100011101.10
   C. 1001110001.01　　　　　　　　D. 1000111001.001

6. 将八进制数 154 转换成二进制数是_____。
   A. 1101100　　　　　　B. 111011　　　　　　C. 1110100　　　　　　D. 111101

7. 将十进制数 215 转换成八进制数是_____。
   A. 327　　　　　　　　B. 268.75　　　　　　C. 352　　　　　　　　D. 326

8. 下列各种进制的数中，最小的数是_____。
   A. 001011B　　　　　　B. 52O　　　　　　　C. 2BH　　　　　　　D. 44D

9. 二进制数 10101 与 11101 之和为_____。
   A. 110100　　　　　　B. 110110　　　　　　C. 110010　　　　　　D. 100110

10. 在下面关于计算机的说法中，正确的是_____。
    A. 微型计算机内存容量的基本计量单位是字符
    B. 1 GB = 1 024 KB
    C. 二进制数中，右起第 10 位的权是 2^{10}
    D. 1 TB = 1 024 GB

11. 某微型计算机的内存容量是 128 MB，这里的 MB 是指_____。
    A. 1 024 个二进制位　　B. 1 024×1 024 字节　　C. 1 000 字节　　D. 1 000×1 000 字节

12. 五笔字型属于_____。
    A. 数字编码法　　　　B. 字音编码法　　　　C. 字形编码法　　　　D. 形音编码法

13. 存储 24×24 点阵的一个汉字，需要_____字节的存储空间。
    A. 9　　　　　　　　B. 24　　　　　　　　C. 72　　　　　　　　D. 256

14. 在计算机存储器中，1 字节可以保存_____。
    A. 一个汉字 　　　　　　　　　　B. ASCII 码表中的一个字符
    C. 0~256 之间的一个整数　　　　　D. 一个英文句子

15. 在下面关于字符大小关系的说法中，正确的是_____。
    A. 空格符>i>I　　　B. 空格符>I>i　　　C. i>I>空格符　　　D. I>i>空格符

16. 把十进制数 121 转化为二进制数是_____。
    A. 1111001　　　　　　B. 111001　　　　　　C. 1001111　　　　　　D. 100111

17. 二进制数 01011011 转换为十进制数是_____。
    A. 103　　　　　　　　B. 91　　　　　　　　C. 171　　　　　　　　D. 71

18. 光盘驱动器的倍速越高，_____。
    A. 数据传输速率越高 　　　　　　B. 纠错能力越强
    C. 播放 VCD 的效果越好　　　　　D. 所能读取的光盘的容量越大

19. 硬盘是_____。
    A. 内存（主存储器）　　B. 大容量内存　　　C. 辅助存储器　　　D. CPU 的一部分

20. 运行应用程序时，如果内存空间不够用，只能通过_____来解决。
    A. 扩充硬盘容量　　　　　　　　B. 增加内存容量
    C. 更换为更高主频的 CPU　　　　D. 把软盘换为光盘

二、多选题（共 2 小题，每题 5 分，共 10 分）

1. 下列叙述中，正确的是_____。

   A. 外存储器上的信息可直接进入 CPU 处理

   B. 磁盘必须经格式化后才能使用，凡已格式化的磁盘都能在微型计算机中使用

   C. 键盘和显示器都是计算机的 I/O 设备，键盘是输入设备，非触摸式显示器是输出设备

   D. 个人计算机键盘上的 Ctrl 键是起控制作用的，它与其他键同时按下时才起作用

   E. 键盘是输入设备，但显示器上所显示的内容既有输出结果，又有用户通过键盘输入的内容，故显示器既是输入设备又是输出设备

   F. 微型计算机在使用过程中突然断电，RAM 中保存的信息会全部丢失，ROM 中保存的信息不受任何影响

   G. 光盘驱动器属于主机的组成部分，软盘属于外围设备

2. 下列属于应用软件的有_____。

   A. CAD　　　　　B. Windows 10　　　　　C. Linux　　　　　D. unix　　　　　E. office

三、判断题（共 15 小题，每题 2 分，共 30 分）

1. 光盘不可代替磁盘。　　　　　　　　　　　　　　　　　　　　　　　　　（　　）
2. 主机是指所有安装于主机机箱中的部件。　　　　　　　　　　　　　　　　（　　）
3. 显示器的主要技术指标是像素。　　　　　　　　　　　　　　　　　　　　（　　）
4. 软件是程序和文档的集合，而程序是由某种程序设计语言编写的，语言的最终形式是指令。（　　）
5. 操作系统是计算机系统中最外层的软件。　　　　　　　　　　　　　　　　（　　）
6. 计算机是一种机器，只能根据人的批示工作，不会推理、自学习和创新。　（　　）
7. 计算机系统包括硬件系统和操作系统两大部分。　　　　　　　　　　　　（　　）
8. 所有汉字都只能在小写字母状态下输入。　　　　　　　　　　　　　　　　（　　）
9. 汉字输入码是指系统内部的汉字代码。　　　　　　　　　　　　　　　　　（　　）
10. 开机的顺序通常是先开主机，后开外围设备。　　　　　　　　　　　　　（　　）
11. 对于暂时不用的程序和数据，微型计算机将其存放在 Cache 中。　　　　　（　　）
12. 磁场可以破坏存储器中的数据。　　　　　　　　　　　　　　　　　　　（　　）
13. 处理器的字长单位是字节。　　　　　　　　　　　　　　　　　　　　　（　　）
14. 五笔字型是一种无须记忆就能快速掌握的汉字输入方法。　　　　　　　　（　　）
15. 内存储器在断电后，存储器中存储的数据将会消失。　　　　　　　　　　（　　）

四、填空题（共 10 小题，每题 2 分，共 20 分）

1. 与八进制小数 0.1 等值的十六进制小数为_____。
2. 十进制数 112.375 转换成十六进制数是_____。
3. 八进制数 615 所对应的二进制数是_____。
4. 十六进制数 4B5.6C 所对应的二进制数是 10010110101._____。
5. 二进制数 1101.101 的十进制数表示形式为_____。
6. 二进制数运算 1011+1101 的结果等于_____。
7. 二进制数运算 11101011−10010 的结果等于_____。
8. 二进制数 00010101 与 01000111 相加，其运算结果的十进制数表示为_____。
9. 二进制数 1110101 的 2 倍为_____。
10. 二进制数 11011101 的 1/2 为_____。

第 2 章 Windows 10 的使用测试题

测试题 5

一、单选题（共 20 小题，每题 2 分，共 40 分）

1. 以下 4 项操作中，_____不是鼠标的基本操作方式。
   - A. 单击
   - B. 拖放
   - C. 连续交替按下鼠标左、右键
   - D. 双击

2. 当鼠标指针移到一个窗口的边缘时会变成一个_____，表明可改变窗口的大小。
   - A. 指向左上方的箭头
   - B. 伸出手指的手
   - C. 垂直短线
   - D. 双向箭头

3. 在 Windows 10 中，打开某个菜单后，其中某菜单项会出现与之对应的级联菜单的标识是_____。
   - A. 菜单项右侧有一组英文提示
   - B. 菜单项右侧有一个黑色三角
   - C. 菜单项左侧有一个黑色圆点
   - D. 菜单项左侧有一个 "√" 号

4. 在某窗口中打开 "文件" 菜单，在其中的 "打开" 命令项的右侧括弧中有一个带下画线的字母 "O"，此时要想执行打开操作，可以在键盘上按_____。
   - A. O 键
   - B. Ctrl+O 组合键
   - C. Alt+O 组合键
   - D. Shift+O 组合键

5. 在菜单的各个命令项中，有一类命令项的右侧标有省略号（…），这类命令项的执行特点是_____。
   - A. 被选中执行时会要求用户加以确认
   - B. 被选中执行时会打开子菜单
   - C. 被选中执行时会打开对话框
   - D. 当前情况下不能执行

6. 在 Windows 10 操作系统中，若要完成 "剪切"/"复制" → "粘贴" 功能，可以通过_____选项卡下的 "剪切"/"复制" 和 "粘贴" 命令。
   - A. "主页"
   - B. "文件"
   - C. "查看"
   - D. "帮助"

7. 对话框允许用户_____。
   - A. 最大化
   - B. 最小化
   - C. 移动其位置
   - D. 改变其大小

8. 在 Windows 10 的各种窗口中，有一种形式叫作 "对话框（会话窗口）"。在这种窗口中，有些项目在文字说明的左边标有一个小圆形框，当该框内有 "·" 符号时表明_____。
   - A. 这是一个多选（复选）项，而且未被选中
   - B. 这是一个多选（复选）项，而且已被选中
   - C. 这是一个单选按钮，而且未被选中
   - D. 这是一个单选按钮，而且已被选中

9. 为了执行一个应用程序，可以在 Windows 资源管理器窗口内用鼠标_____。
   - A. 左键单击一个文档图标
   - B. 左键双击一个文档图标
   - C. 左键单击相应的可执行程序
   - D. 右键单击相应的可执行程序

10. 用鼠标左键单击快速启动栏中的一个按钮，将_____。

  A. 使一个应用程序处于前台运行　　　　B. 使一个应用程序开始运行

  C. 使一个应用程序结束运行　　　　　　D. 打开一个应用程序窗口

11. 在 Windows 环境中，可以同时打开若干窗口，但是_____。

  A. 其中只能有一个是当前活动窗口，其图标在任务栏上的颜色与众不同

  B. 其中只能有一个窗口在工作，其余窗口都不能工作

  C. 它们都不能工作，只有其余窗口都关闭，留下一个窗口才能工作

  D. 它们都不能工作，只有其余窗口都最小化之后，留下一个窗口才能工作

12. 在 Windows 环境中，当启动（运行）一个程序时就打开一个应用程序窗口，关闭运行程序窗口_____。

  A. 使该程序转入后台工作

  B. 暂时中断该程序的运行，但随时可以由用户对其加以恢复

  C. 结束该程序的运行，或使其最小化到托盘区

  D. 该程序仍然继续运行，不受任何影响

13. 在 Windows 资源管理器窗口中，要选择多个相邻文件以便对其进行某些处理操作（如复制、移动等），选择文件的方法为_____。

  A. 用鼠标逐一单击各文件图标

  B. 用鼠标单击第一个文件图标，再用鼠标右键逐一单击其余各文件图标

  C. 用鼠标单击第一个文件图标，按住 Ctrl 键的同时单击最后一个文件图标

  D. 用鼠标单击第一个文件图标，按住 Shift 键的同时单击最后一个文件图标

14. Windows 资源管理器窗口分为左、右两部分，_____。

  A. 左边显示磁盘的目录结构，右边显示指定目录中的文件夹和文件信息

  B. 左边显示指定目录中的文件夹和文件信息，右边显示磁盘的目录结构

  C. 两边都可以显示磁盘的目录结构或指定目录中的文件夹和文件信息，由用户自行决定

  D. 左边显示磁盘的目录结构，右边显示指定文件的具体内容

15. 在 Windows 环境中，各个应用程序之间能够交换和共享信息，是通过_____来实现的。

  A. "此电脑"窗口调度　　　　　　　　B. 资源管理器

  C. 查看程序　　　　　　　　　　　　D. 剪贴板这个公共数据通道

16. 在 Windows 环境中，许多应用程序内部或应用程序之间能够交换和共享信息。当用户选择某一部分信息（如一段文字、一个图形）后，要把它移动到其他位置，应当首先执行"主页"选项卡下的_____命令。

  A. 复制　　　　　　B. 粘贴　　　　　　C. 剪切　　　　　　D. 选择性粘贴

17. 在 Windows 10 环境中，许多应用程序内部或应用程序之间能够交换和共享信息。当用户选择某一部分信息（如一段文字、一个图形）并把它存入剪贴板后，要在另一处复制该信息，应当把插入点定位到该处，执行"主页"选项卡下的_____命令。

  A. 复制　　　　　　B. 粘贴　　　　　　C. 剪切　　　　　　D. 复原编辑

18. 在 Windows 10 资源管理器的右窗格中，显示着指定目录中的文件夹和文件信息，其显示方式是_____。

  A. 可以只显示文件名，也可以显示文件的部分或全部信息，由用户做出选择

  B. 固定显示文件的全部信息

  C. 固定显示文件的部分信息

  D. 只显示文件名

19. Windows 10 是一个_____的操作系统。

  A. 单任务　　　　　　B. 多任务　　　　　　C. 实时　　　　　　D. 重复任务

20. 用鼠标_____桌面上的图标，可以把它的对应窗口或程序打开。

    A. 左键单击   B. 左键双击   C. 右键单击   D. 右键双击

二、多选题（共 4 小题，每题 2 分，共 8 分）

1. 窗口中的组件有_____。

    A. 滚动条   B. 标题栏   C. 菜单栏   D. 任务栏

2. 利用 Windows 的任务栏，可以_____。

    A. 快速启动应用程序   B. 打开当前活动应用程序的控制菜单

    C. 改变所有窗口的排列方式   D. 切换当前活动应用程序

3. 在 Windows 资源管理器中，在已经选定文件后，不能删除该文件的操作是_____。

    A. 按 Delete 键

    B. 按 Ctrl+Delete 组合键

    C. 用鼠标右击该文件，在快捷菜单中选择"删除"命令

    D. 单击"主页"选项卡下的"删除"按钮

    E. 用鼠标左键单击该文件

4. 在"控制面板""外观和个性化"窗口中，单击"字体"超链接后，可以_____。

    A. 显示已安装的字体   B. 设置艺术字格式

    C. 删除已安装的字体   D. 安装新字体

三、判断题（共 10 小题，每题 1 分，共 10 分）

1. Windows 10 支持长文件名，也就是说在为文件命名时，最长允许 256 个字符，但是文件夹名的长度最长为 8 个字符。（   ）

2. 在 Windows 10 中，选择汉字输入方法时，可以使用状态栏中的"En"图标，也可以按 Ctrl+Shift 组合键进行选择。（   ）

3. Windows 10 可运行多个任务，要进行任务间的切换，可以先将鼠标指针移到任务栏中该任务按钮上，然后单击鼠标左键。（   ）

4. 在 Windows 10 中，进行汉字和英文输入的切换时，可以按 Ctrl+Space 组合键。（   ）

5. 在 Windows 10 中，没有区位码汉字输入法。（   ）

6. 在同一个文件夹中，不能用鼠标拖曳的方法对同一个文件进行复制。（   ）

7. 在 Windows 10 中，只能创建快捷方式图标，而不能创建文件夹图标。（   ）

8. 快捷方式图标与一般图标之间的区别在于它的右下角有一个箭头。（   ）

9. 通过菜单方式执行的复制操作，只能将对象复制到"我的文档"文件夹中，不能复制到其他文件夹中。（   ）

10. 在 Windows 资源管理器窗口中，文件夹左侧的"＞"号表示该文件夹还包含子文件夹，当文件夹前无符号时表示该文件夹下无文件夹，而只有文件了。（   ）

四、填空题（共 10 小题，每题 2 分，共 20 分）

1. 在 Windows 中，用户可以同时打开多个窗口，窗口的排列方式有_____、_____和_____三种，但只有一个窗口处于激活状态，该窗口叫作_____。窗口中的程序处于_____运行状态，其他窗口的程序则在_____运行。如果要改变窗口的排列方式，可以通过在_____栏的空白处单击鼠标右键，在快捷菜单中选取窗口的排列方式。

2. 在 Windows 中，有些菜单项的右端有一个向右的箭头，其含义是_____，菜单中呈灰色的命令项代表_____。

3. 剪贴板是 Windows 中一个重要的概念，它的主要功能是_____，它是 Windows 在_____中开辟的一块临时存储区。当利用剪贴板将文档信息放到这个存储区中备用时，必须先对要剪切或复制的信息进行_____操作。

4. Windows 中文件夹的概念相当于 DOS 中的_____，一个文件夹中可以包含多个_____和_____。文件夹是用来组织磁盘文件的一种_____数据结构。

5. 当一个文件或文件夹被删除后，如果用户还没有执行其他操作，则可以右击，在弹出的快捷菜单中选择"_____"命令，将刚刚删除的文件恢复；如果用户已经执行了其他操作，则必须通过_____选定被删除文件后再执行"_____"选项卡下的"_____"命令才能将其恢复。

6. 在 Windows 中，可以很方便、直观地使用鼠标拖放功能实现文件或文件夹的_____或_____。

7. 要将整个桌面以图片形式存入剪贴板，应按_____键。

8. 当选定文件或文件夹后，若要改变其属性设置，可以单击鼠标_____键，然后在快捷菜单中选择"_____"命令。

9. 在 Windows 中，被删除的文件或文件夹将存放在_____中。

10. 在 Windows 资源管理器窗口中，要想显示隐含文件，可以利用"_____"选项卡下的"_____"命令，在弹出的对话框中的"_____"选项卡进行设置。

五、操作题（共 8 小题，第 1 题和第 2 题每题 2 分，第 3 题~第 8 题每题 3 分，共 22 分）

1. 对 U 盘进行碎片整理。

2. 在 D:\ABC\FILE 中为"记事本"建立快捷方式，命名为 Notepad。

3. 设置文件夹选项：

（1）显示所有的文件和文件夹。

（2）在同一个文件夹内打开其所含有的全部文件夹。

（3）显示已知文件类型的扩展名。

4. 设置任务栏：

（1）自动隐藏任务栏。

（2）隐藏时钟。

（3）取消分组相似任务栏按钮功能。

5. 在 D 盘根目录中创建 ABC 和 XYZ 文件夹，再在 ABC 文件夹下创建文件夹 FILE，在 XYZ 文件夹下创建文件夹 DATA。

6. 将 Windows 主目录中的 notepad.exe 文件复制到 D 盘根目录中，更名为"记事本.exe"，并设置"只读"属性。

7. 对上述名为"记事本.exe"的文件，设置隐藏属性，压缩内容以便节省磁盘空间（通过其"属性"对话框进行设置）。

8. 搜索 Windows 主目录（包括各级子文件夹）中的所有文件长度小于 15 KB 的含有文字"Windows"的文本文件，并将其复制到 D:\XYZ\DATA 中。

测试题 6

一、单选题（共 20 小题，每题 2 分，共 40 分）

1. 用鼠标_____菜单中的选项，可以把相应的对话框打开。
   A. 左键单击　　　　B. 左键双击　　　　C. 右键单击　　　　D. 右键双击

2. 快捷菜单是用鼠标_____目标调出的。
   A. 左键单击　　　　B. 左键双击　　　　C. 右键单击　　　　D. 右键双击

3. 在文档窗口中，要选择一批连续排列的文件，在选择第一个文件后按住_____键，用鼠标左键单击最后一个文件。
   A. Ctrl　　　　　　B. Alt　　　　　　C. Shift　　　　　D. Insert

4. 在文档窗口中，要选择一批不连续排列的文件，在选择第一个文件后按住_____键，用鼠标左键单击下一个文件。

    A. Ctrl   B. Alt   C. Shift   D. Insert

5. 用鼠标拖动的方法移动一个目标时，通常是按住＿＿＿＿＿＿＿键，同时拖动鼠标。

    A. Ctrl   B. Alt   C. Shift   D. Insert

6. 用鼠标拖动的方法复制一个目标时，通常是按住＿＿＿＿＿＿＿键，同时拖动鼠标。

    A. Ctrl   B. Alt   C. Shift   D. Insert

7. 在菜单或对话框中，含有子菜单的选项上有一个＿＿＿＿＿＿标记。

    A. 黑三角形   B. 省略号   C. 钩形   D. 单圆点

8. 误操作后可以按＿＿＿＿＿＿＿组合键撤销。

    A. Ctrl+X   B. Ctrl+Z   C. Ctrl+Y   D. Ctrl+D

9. 下列选项中，＿＿＿＿＿＿＿符号在菜单命令项中不可能出现。

    A. …   B. ●   C. ▲   D. √

10. 下列叙述中，正确的是＿＿＿＿＿＿＿。

    A. 对话框可以改变大小，也可以移动位置

    B. 对话框只能改变大小，不能移动位置

    C. 对话框只能移动位置，不能改变大小

    D. 对话框既不能移动位置，又不能改变大小

11. 要关闭当前活动应用程序窗口，可以按组合键＿＿＿＿＿＿＿。

    A. Alt+F4   B. Ctrl+F4   C. Alt+Esc   D. Ctrl+Esc

12. 在 Windows 10 中，＿＿＿＿＿＿＿可释放一些内存空间。

    A. 从使用壁纸改为不用壁纸

    B. 使用 True Type 字体

    C. 将应用程序窗口最小化

    D. 以窗口代替全屏运行非 Windows 应用程序

13. 关于 Windows 10 任务栏的功能，下列说法中＿＿＿＿＿＿＿是正确的。

    A. 启动或退出应用程序   B. 实现应用程序之间的切换

    C. 创建和管理桌面图标   D. 设置桌面外观

14. 单击"开始"→"设置"按钮，可单击"＿＿＿＿＿＿＿"项目进行卸载/更改程序操作。

    A. 应用   B. 活动桌面   C. 任务栏   D. 文件夹选项

15. 剪贴板是＿＿＿＿＿＿＿中临时存放交换信息的一块区域。

    A. 内存   B. ROM   C. RAM   D. 应用程序

16. 在 Windows 中，当全屏运行多个应用程序时，显示器上显示的是＿＿＿＿＿＿＿。

    A. 第一个程序的窗口   B. 最后一个程序的窗口

    C. 系统的当前活动程序窗口   D. 多个窗口的叠加

17. 在 Windows 中，不能通过＿＿＿＿＿＿＿启动应用程序。

    A. 应用程序快捷方式   B. "此电脑"

    C. "开始"菜单   D. 所有程序列表

18. 在不同的运行着的应用程序之间切换，可以利用组合键＿＿＿＿＿＿＿。

    A. Alt+Esc   B. Ctrl+Esc   C. Alt+Tab   D. Ctrl+Tab

19. Windows 任务栏中的应用程序按钮是最小化的＿＿＿＿＿＿＿窗口。

    A. 应用程序   B. 对话框   C. 文档   D. 菜单

20. 若显示器上同时显示多个窗口，可以根据窗口＿＿＿＿＿＿＿栏的特殊颜色来判断其是否为当前活动窗口。

　　A. 菜单　　　　　　B. 符号　　　　　　C. 状态　　　　　D. 标题

二、多选题（共 4 小题，每题 5 分，共 20 分）

1. 下列叙述中，属于 Windows 特点的是_____。
　　A. 只能使用命令行工作方式　　　　　B. 支持多媒体功能
　　C. 硬件设备即插即用功能　　　　　　D. 所见即所得

2. "Windows 附件"程序组中的系统工具包括_____。
　　A. 画图　　　　　　　　　　　　　　B. 步骤记录器
　　C. 压缩磁盘空间程序　　　　　　　　D. 截图工具

3. Windows 中的菜单类型有_____。
　　A. 快捷菜单　　　　　　　　　　　　B. 下拉式菜单
　　C. 用户自定义菜单　　　　　　　　　D. 固定菜单

4. 在 Windows 中，_____操作可以新建文件夹。
　　A. 单击"此电脑"窗口快速访问工具栏中的"新建文件夹"按钮
　　B. 将回收站中的文件夹还原
　　C. 右击桌面上的"此电脑"图标，在快捷菜单中选择"打开"命令
　　D. 在桌面空白处右击，选择快捷菜单中的"新建"→"文件夹"命令
　　E. 选择"开始"→"搜索"菜单命令

三、判断题（共 10 小题，每题 1 分，共 10 分）

1. Windows 10 系统桌面中的图标、字体的大小是不能改变的。　　　　　（　　）
2. 屏幕保护程序的图案只能从系统预设的几种图案中进行选择，用户不能自行设置。（　　）
3. Windows 10 "安全选项屏幕"中的"锁定"是保护运行程序中不被他人修改而设置的。（　　）
4. 打印机只要正确地连接到主机板的接口上即可执行打印操作，不需要进行其他的设置。（　　）
5. 若有两台打印机同时与计算机相连，那么必须对其中的一台设置其默认值。　（　　）
6. 移动当前窗口时，只要将鼠标指针移到该窗口的任意位置上，进行拖动即可。　（　　）
7. Windows 10 任务栏不仅可以移动到其他位置，而且还可以扩大其范围。　　（　　）
8. 要创建一个文件夹，最简单的方法是单击鼠标右键，选择快捷菜单中的"创建"命令。（　　）
9. 在"此电脑"窗口，右键磁盘图标，利用所对应的快捷菜单可以格式化和复制磁盘。（　　）
10. 窗口的最小化是指关闭该窗口。　　　　　　　　　　　　　　　　　（　　）

四、填空题（共 10 小题，每题 2 分，共 20 分）

1. 在"控制面板"的"类别"查看方式中，单击_____向导，可以安装新硬件。
2. 利用_____菜单中的"属性"选项，可以设置被选中文件的各项属性。
3. 在键盘操作方式中，按_____键可以激活活动窗口的菜单条。
4. 单击在前台运行的应用程序的窗口的"最小化"按钮，这个应用程序在任务栏中仍有_____。
5. 如果无意中误删除了文件或文件夹，可以在_____里恢复它。
6. 在 U 盘"格式化"对话框中，提供了 2 种格式化类型，分别为_____和创建一个 MS-DOS 启动盘。
7. 将一个文件（夹）复制到目标文件夹中，首先应选定要复制的文件（夹），再单击"主页"选项卡下的_____按钮，然后到目标文件夹中，单击功能区中的_____按钮。
8. 被删除的文件（夹）被临时存放在_____中。
9. 当打印机正在打印某个文档时，如果要取消打印，应该用"_____"菜单中的"取消打印"命令。
10. Windows 系统自带的_____程序可以播放 CD、VCD。

五、操作题（共 2 小题，每题 5 分，共 10 分）

1. 依次打开"此电脑""写字板""画图"窗口，然后执行以下各项操作：

（1）使"此电脑"窗口处于激活状态。

（2）最大化或最小化"此电脑"窗口，然后将其还原。

（3）改变已打开的文件窗口的大小。

2. 在磁盘 C 中创建名为"个人文档"的文件夹，并在其中创建两个文件，分别是命名为"我的简历"的文本文件和命名为"肖像"的位图文件。

（1）将"个人文档"文件夹名改为"我的文档文件夹"，并将其隐藏。

（2）删除位图文件"肖像"，然后通过回收站将其恢复。

测试题 7

一、单选题（共 20 小题，每题 2 分，共 40 分）

1. Windows 10 主窗口提供了在线帮助功能，按下_____键可打开默认浏览器，在线查看与该窗口有关的帮助信息。

  A. F1   B. F2   C. F3   D. F4

2. 下列有关关闭窗口的方法的叙述，错误的是_____。

  A. 单击右上角的"关闭"按钮×   B. 单击右上角的"最小化"按钮-

  C. 双击左上角的应用程序图标   D. 选择"文件"→"关闭"命令

3. 在执行菜单操作时，各菜单项后面有用圆括号括起来的大写字母，表示该项可通过_____实现。

  A. Alt+字母   B. Ctrl+字母   C. Shift+字母   D. Space+字母

4. 在 Windows 中，文件夹是指_____。

  A. 文档   B. 程序   C. 磁盘   D. 目录

5. 在"画图"应用程序中，选用"矩形"工具后，移动鼠标到绘图区，拖动鼠标时按住_____键可以绘制正方形。

  A. Alt   B. Ctrl   C. Shift   D. Space

6. 在 Windows 中，桌面是指_____。

  A. 活动窗口   B. 电脑桌

  C. 资源管理器窗口   D. 窗口、图标及对话框所在的屏幕背景

7. 在 Windows 10 的各选项按钮中，灰色的表示_____。

  A. 该命令的快捷方式   B. 该命令正在起作用

  C. 将打开相应的对话框   D. 该命令当前不可用

8. 在 Windows 10 中，为了启动应用程序，正确的操作是_____。

  A. 从键盘输入应用程序图标下的标识

  B. 用鼠标双击该应用程序图标

  C. 将该应用程序图标最大化成窗口

  D. 用鼠标将应用程序图标拖动到窗口的最上方

9. 在 Windows 10 下，对任务栏的描述错误的是_____。

  A. 任务栏的位置、大小均可改变

  B. 任务栏不可隐藏

  C. 任务栏的末端可以添加图标

  D. 任务栏内显示的是已打开文档或已运行程序的标题

10. 在下列各项中，_____不是 Windows 的特点。
    A. 所见即所得
    B. 链接与嵌入
    C. 主文件名最多 8 个字符，扩展名最多 3 个字符
    D. 硬件即插即用

11. "并排显示窗口"命令的功能是将窗口_____。
    A. 顺序编码　　　B. 层层嵌套　　　C. 折叠起来　　　D. 并列排列

12. 在文件资源管理器中，不允许_____。
    A. 一次删除多个文件　　　　　B. 同时选择多个文件
    C. 一次复制多个文件　　　　　D. 同时启动多个应用程序

13. 在桌面上要移动任何窗口，可用鼠标指针拖动该窗口的_____。
    A. 滚动条　　　B. 边框　　　C. 控制菜单项　　　D. 标题栏

14. 应用程序窗口和文档窗口之间的区别在于_____。
    A. 是否有系统菜单　B. 是否有菜单栏　　C. 是否有标题栏　D. 是否有最小化按钮

15. 在 Windows 10 中，扩展名为_____的文件不是程序文件。
    A. com　　　B. wmp　　　C. bat　　　D. exe

16. 处于运行状态的 Windows 应用程序，列于桌面任务栏的_____。
    A. 地址工具栏　　　B. 系统区　　　C. 活动任务区　　　D. 快捷启动工具栏

17. Windows 任务栏中存放的是_____。
    A. 系统正在运行的所有程序　　　B. 系统已保存的所有程序
    C. 系统前台运行的程序　　　　　D. 系统后台运行的程序

18. 在以下各项操作中，不能进行中英文输入法切换的操作是_____。
    A. 用鼠标左键单击中英文输入法切换按钮
    B. 用语言指示器
    C. 用 Shift+Space 组合键
    D. 用 Ctrl+Space 组合键

19. 在 Windows 10 中，每一个应用程序或程序组都有一个可用于标识的_____。
    A. 编码　　　B. 编号　　　C. 图标　　　D. 缩写

20. 要在下拉菜单中选择命令，正确的操作是_____。
    A. 同时按住 Shift 键和该命令选项后面括号中带有下画线的字母
    B. 直接按住该命令选项后面括号中带有下画线的字母
    C. 用鼠标双击该命令选项
    D. 用鼠标单击该命令选项

二、多选题（共 4 小题，每题 2 分，共 8 分）

1. 实现文件（夹）复制的方法有_____。
   A. 选定目标，按 Ctrl+V 组合键
   B. 选定目标，按住 Ctrl 键的同时拖动鼠标
   C. 选定目标，单击"主页"选项卡下的"复制"按钮
   D. 选定目标，按 Ctrl+X 组合键
   E. 选定目标，按 Ctrl+C 组合键

2. 下列选项中，不属于对话框中的组件的是_____。
   A. "关闭"按钮　　B. "最小化"按钮　　C. 帮助按钮　　D. "还原"按钮

3. 在文件资源管理器中，不能_____。

A. 一次打开多个文件

B. 在复制文件夹时只复制其中的文件而不复制其下级文件夹

C. 在窗口中显示所有文件的属性

D. 一次复制或移动多个不连续排列的文件

E. 一次删除多个不连续的文件

F. 不按任何控制键，直接拖动鼠标在不同的磁盘之间移动文件

4. 下列各项操作中，可以实现删除功能的有_____。

A. 选定文件→按 Backspace 键　　　　　B. 选定文件→按空格键

C. 选定文件→按 Enter 键　　　　　　　D. 选定文件→按 Delete 键

E. 选定文件→右击鼠标→选择快捷菜单中的"删除"命令

三、判断题（共 10 小题，每题 1 分，共 10 分）

1. 单击"此电脑"窗口右上角的"关闭"按钮可以关闭该窗口。　　　　　（　　）

2. 堆叠和层叠显示方式可以对所有对象生效，包括未打开的文件。　　　（　　）

3. Windows 10 可支持不同对象的链接与嵌入。　　　　　　　　　　　（　　）

4. 通过使用写字板可以对文本文件进行编辑。　　　　　　　　　　　　（　　）

5. 所有运行中的应用程序在任务栏的活动区中都有一个对应的按钮。　　（　　）

6. 删除一个应用程序的快捷方式就意味着删除了相应的应用程序。　　　（　　）

7. 在为某个应用程序创建快捷方式图标后，再将该应用程序移至另一个文件夹中，通过该快捷方式仍能启动该应用程序。　　　　　　　　　　　　　　　　　　　　　（　　）

8. 使用附件中的"画图"应用程序时，如果默认颜色不能满足用户要求，可以重新编辑颜色。　　　　　　　　　　　　　　　　　　　　　　　　　　　　　　　　　　（　　）

9. 双击任务栏右端的时间显示区，可以直接对系统时间进行设置。　　　（　　）

10. 在桌面上按住 Ctrl 键的同时滚动鼠标滚轴，可以改变桌面图标的大小。（　　）

四、填空题（共 10 小题，每题 2 分，共 20 分）

1. 在 Windows 中，要进行不同任务之间的切换可以单击_____上有关的窗口按钮。

2. 在"此电脑"窗口中，右击空白处，选择快捷菜单中的"_____"命令，可以重新排列图标。

3. 剪贴板是_____中一块存放临时数据的区域。

4. _____是改变系统配置的应用程序，通过它可以调整各软件和硬件的相关选项。

5. 撤销操作对应的组合键是_____。

6. Windows 中的 OLE 技术是_____技术，可以实现多个文件之间的信息传递和共享。

7. 在 Windows 窗口的滚动条和向上箭头之间的空白部分单击，可使窗口中的内容向上滚动_____的距离。

8. 选定窗口中的全部文件（夹）的组合键是_____。

9. 选定对象并按 Ctrl+X 组合键后，所选定的对象将被保存在_____中。

10. 创建一个 Windows 桌面图标后，在磁盘上会自动生成一个扩展名为_____的快捷方式文件。

五、操作题（共 6 小题，第 1 题和第 2 题每题 3 分，第 3 题~第 6 题每题 4 分，共 22 分）

1. 通过适当的设置，使 Windows 在启动时能够自动启动"计算器"。

2. 通过"画图"应用程序，把"日期和时间"对话框图保存在 D 盘根目录下，文件名为 date. gif。

3. 将第 2 题中的 date. gif 文件作为背景平铺整个桌面。

4. 自定义桌面，将桌面的颜色设置为一种新颜色：红 20，绿 118，蓝 10。

5. 搜索"Windows Media Player 概述"的相关帮助信息，将其保存在 D:\XYZ 中，文件名为 wmp. txt。

6. 把自己喜欢的 10 张图片设置作为屏幕保护程序，让它们无序播放，等待时间为 2 分钟，在恢复 Windows 用户界面时返回到 Windows 登录屏幕。

测试题 8

一、单选题（共 20 小题，每题 2 分，共 40 分）

1. Windows 10 控制面板的鼠标选项_____。
   A. 只能改变桌面图标　　　　　　B. 只能更改鼠标指针
   C. 只能更改账户图片　　　　　　D. 以上内容都可以更改

2. 在 Windows 10 的文件资源管理器中，_____可以实现在不同的驱动器之间移动文件或文件夹。
   A. 按住 Ctrl 键的同时拖动鼠标
   B. 不按任何控制键，直接拖动鼠标
   C. 使用"主页"选项卡下的"复制"和"粘贴"命令按钮
   D. 使用"文件"选项卡下的"剪切"和"粘贴"命令按钮

3. 在对话框中，复选框是指在所列的选项中_____。
   A. 仅选择一项　　　　　　　　　B. 可以选择多项
   C. 必须选择多项　　　　　　　　D. 必须选择全部项

4. 在对话框中，选择某一单选按钮后，被选中单选项的左侧将出现符号：_____。
   A. 方框中的一个"√"　　　　　　B. 方框中的一个"·"
   C. 圆圈中的一个"√"　　　　　　D. 圆圈中的一个"·"

5. 要切换资源管理器的左、右子窗口，应使用_____键。
   A. F8　　　　B. F1　　　　C. F4　　　　D. F6

6. Windows 10 有两种大版本，一种是 32 位操作系统；另一种是_____位操作系统。
   A. 16　　　　B. 64　　　　C. 48　　　　D. 128

7. 窗口中"查看"选项卡下可以提供不同的显示方式，在下列选项中，不可以实现的是按_____显示。
   A. 修改时间　　B. 文件类型　　C. 文件大小　　D. 文件创建者名称

8. 激活窗口控制菜单的方法是_____。
   A. 单击窗口标题栏中的应用程序图标
   B. 双击窗口标题栏中的应用程序图标
   C. 单击窗口标题栏中的应用程序名称
   D. 双击窗口标题栏中的应用程序名称

9. 在"格式化磁盘"对话框中，选中"快速格式化"复选框，被格式化的磁盘必须是_____。
   A. 从未格式化过的新盘　　　　　B. 曾经格式化过的磁盘
   C. 无任何坏扇区的磁盘　　　　　D. 硬盘

10. 在 Windows 10 中，若鼠标指针变成"I"字形，表示_____。
   A. 当前系统正忙　　　　　　　　B. 可以改变窗口大小
   C. 可以在鼠标所在的位置输入文字　D. 还有对话框出现

11. "记事本"是_____中的应用程序。
   A. "画图"程序　　B. 菜单　　　C. 控制面板　　D. Windows 附件

12. 下面关于 Windows 10 窗口的描述中，不正确的是_____。
   A. 窗口中可以有工具栏，工具栏上的每个按钮都对应于一个命令

B. 在 Windows 10 中启动一个应用程序，就打开了一个窗口

C. 不一定每个应用程序窗口都能建立多个文档窗口

D. 一个应用程序窗口只能显示一个文档窗口

13. 在 Windows 10 中，文件名可以_____。

    A. 是任意长度　　　　B. 用中文　　　　　C. 用斜线　　　　　D. 用任意字符

14. 下列说法中，关于图标的错误描述是_____。

    A. 图标可以表示被组合在一起的多个程序

    B. 图标既可以代表程序，也可以代表文件夹

    C. 图标可以代表仍然运行、但窗口已经最小化了的应用程序

    D. 图标只能代表一个应用程序

15. 在文件资源管理器中，为文件重命名的操作是_____。

    A. 用鼠标单击文件名，直接输入新的文件名后回车

    B. 用鼠标双击文件名，直接输入新的文件名后单击"确定"按钮

    C. 用鼠标先后单击文件名两次，直接输入新的文件名后回车

    D. 用鼠标先后单击文件名两次，直接输入新的文件名后单击"确定"按钮

16. 在 Windows 中，应用程序的管理应该在_____中进行。

    A. "开始"→"设置"→"应用"

    B. 计算机

    C. 桌面

    D. 剪贴板

17. 当鼠标指针指向窗口的两边时，鼠标形状变为_____。

    A. 沙漏状　　　　　B. 双向箭头　　　　C. 十字形状　　　　D. 问号状

18. Windows 剪贴板程序的扩展名为_____。

    A. txt　　　　　　　B. bmp　　　　　　C. clp　　　　　　D. pif

19. 下面关于 Windows 10 字体的说法中，正确的是_____。

    A. 每一种字体都有相应的字体文件，它存放在文件夹 Fonts 中

    B. 在 Fonts 窗口中，使用"文件"→"删除"命令可以删除字体和字体文件

    C. 通过使用控制面板中的"字体"选项，可以设置资源管理器窗口中的字体

    D. TreeType 字体是一种可缩放字体，其打印效果与屏幕显示相比略差

20. 在文件资源管理器左窗格中的树形目录上，有">"号的表示_____。

    A. 是一个可执行程序　　　　　　　　　B. 一定是空目录

    C. 该目录尚有子目录未展开　　　　　　D. 一定是根目录

二、多选题（共 4 小题，每题 2 分，共 8 分）

1. 关闭应用程序的方法有_____。

    A. 单击窗口右上角的"关闭"按钮

    B. 单击标题栏中的应用程序图标

    C. 双击标题栏中的应用程序图标

    D. 执行菜单"文件"→"关闭"命令

    E. 利用组合键 Alt+F4

2. 下列叙述中，正确的有_____。

    A. 在安装 Windows 系统时，所有功能都必须安装，否则系统不能正常运行

    B. Windows 系统允许同时建立多个文件（夹）

    C. Windows 系统中的文件（夹）删除后，还可以通过回收站将其还原

  D. 从回收站中删除文件（夹）后，该程序仍存在于内存中

  E. Windows 系统的功能非常强大，即使直接将电源切断，计算机仍能自动保存信息

  F. 一个窗口在最大化之后，就不能再移动了

 3. 下列关于即插即用技术的叙述中，正确的是_____。

  A. 既然是即插即用，那么插上就可以使用，在插的时候不必切断电源

  B. 计算机的硬件和软件都可以实现即插即用

  C. 增加新硬件时，可以不必重新安装系统

  D. 增加新硬件时，有时可以不必安装驱动程序

 4. Windows 窗口有_____等几种。

  A. 应用程序窗口   B. 组窗口   C. 对话框

  D. 快捷方式窗口   E. 对话框标签窗口 F. 文档窗口

三、判断题（共 10 小题，每题 1 分，共 10 分）

 1. 当文件从回收站中被删除后，任何方法都无法将其恢复，哪怕是刚刚删除的。 （ ）

 2. 对话框可以移动位置或改变尺寸。 （ ）

 3. 在附件的"画图"应用程序中，如果使用"全屏"显示模式，就不能编辑图形了。（ ）

 4. Windows 不允许删除正在运行的应用程序。 （ ）

 5. Windows 的图标是在安装的同时就设置好了的，以后不能对其进行更改。 （ ）

 6. Windows 具有电源管理功能，若达到一定时间仍未操作计算机，系统会自动关机。 （ ）

 7. 假设由于不小心，在回收站中删除了一个文件（夹），立即执行撤销操作可以避免损失。

  （ ）

 8. 在控制面板的"声音"应用程序中，可以设置和改变 Windows 执行各种操作时的声音。（ ）

 9. Windows 10 部分依赖于 DOS。 （ ）

 10. 定期运行磁盘碎片整理程序有助于提高计算机的性能。 （ ）

四、填空题（共 10 小题，每题 2 分，共 20 分）

 1. 在 Windows 10 中，文件名的长度可达_____个字符。

 2. 在 Windows 10 中，可以直接运行的程序文件有_____种。

 3. Windows 10 提供多种字体，字体文件被存放在_____文件夹中。

 4. 长文件名"计算机应用基础 . docx"所对应的短文件名是_____。

 5. 运行中文版 Windows 10，至少需要_____ MB 内存。

 6. 当某个应用程序不再响应用户的操作请求时，可以按_____键，再选择"任务管理器"选项，打开"任务管理器"对话框，然后选择所要关闭的应用程序，单击"结束任务"按钮退出该应用程序。

 7. 在文件资源管理器中，如果要查看某个快捷方式的目标位置，应选择"主页"选项卡下的"_____"命令。

 8. 在文件资源管理器窗口，可以使用导航窗格、_____和详细信息窗格。

 9. 显示文件的扩展名类型应该勾选"查看"选项卡下的"_____"复选框。

 10. 要查找所有的 BMP 文件，应在"搜索结果"窗口的"全部或部分文件名"文本框中输入"_____"。

五、操作题（共 8 小题，第 1 题和第 2 题每题 2 分，第 3 题~第 8 题每题 3 分，共 22 分）

 1. 格式化 U 盘，并用自己的姓名设置卷标号。

 2. 搜索"创建文件和文件夹"相关帮助内容，将其复制到"记事本"程序中，并将其保存起来，文件命名为"help. txt"。

3. 在 D 盘根目录上为"画图"应用程序创建快捷方式，命名为"MSPaint"。

4. 在 D 盘根目录上为 C：\Office\Word 创建快捷方式，命名为"Word 快捷方式"。

5. 在 C 盘上查找文件主名为 4 个字母的文本文件，将其复制到 D：\Data 中，属性设置为"只读"。

6. 将"记事本"程序放入 Windows 启动组中。

7. 将"录音机"窗口图像通过"画图"应用程序保存在 D 盘根目录中，文件命名为"Smtree32. jpg"。

8. 将 Windows 桌面背景设置为"apple. jpg"，居中。选择"字幕"作为屏幕保护程序，出现位置是随机的，文字内容为"屏幕保护程序"。

第3章 Word 2016 的使用测试题

一、单选题（共 20 小题，每题 2 分，共 40 分）

1. 要在 Word 的文档编辑区中选取若干连续字符进行处理，正确的操作是_____。
   A. 在此段文字的第一个字符处按下鼠标左键，拖动至要选取的最后字符处松开鼠标左键
   B. 在此段文字的第一个字符处单击鼠标左键，再移动光标至要选取的最后字符处单击鼠标左键
   C. 在此段文字的第一个字符处按 Home 键，再移动光标至要选取的最后字符处按 End 键
   D. 在此段文字的第一个字符处单击鼠标左键，再移动光标至要选取的最后字符处，按住 Ctrl 键的同时单击鼠标左键

2. 与普通文本的选择不同，单击艺术字时，选中_____。
   A. 艺术字整体　　　　　　　　　B. 一行艺术字
   C. 部分艺术字　　　　　　　　　D. 文档中插入的所有艺术字

3. 在 Word 的文档编辑区中，要将一段已被选定（以反白方式显示）的文字复制到同一文档的其他位置上，正确的操作是_____。
   A. 将鼠标光标放到该段文字上单击，再移动到目标位置上单击
   B. 将鼠标光标放到该段文字上单击，再移动到目标位置上按 Ctrl 键并单击鼠标左键
   C. 将鼠标光标放到该段文字上，按住 Ctrl 键的同时单击鼠标左键，并拖动到目标位置上松开鼠标和 Ctrl 键
   D. 将鼠标光标放到该段文字上，按下鼠标左键，并拖动到目标位置上松开鼠标

4. 在 Word 中单击"开始"→"编辑"→"替换"按钮，在"查找和替换"对话框内指定"查找内容"，但在"替换为"编辑框内未输入任何内容，此时单击"全部替换"按钮，则执行结果是_____。
   A. 能执行，显示错误
   B. 只做查找，不做任何替换
   C. 将所有查找到的内容全部删除
   D. 每查找到一个匹配项将询问用户，让用户指定替换内容

5. 在 Word 的主窗口中，用户_____。
   A. 只能在一个窗口中编辑一个文档
   B. 能够打开多个窗口，但它们只能编辑同一个文档
   C. 能够打开多个窗口并编辑多个文档，但不能有两个窗口编辑同一个文档
   D. 能够打开多个窗口并编辑多个文档，可有多个窗口编辑同一个文档

6. 对图片不可以进行的操作是_____。
   A. 裁剪　　　　　　B. 移动　　　　　　C. 分栏　　　　　　D. 改变大小

7. 在 Word 中，可利用_____选项卡中的"查找"命令查找指定内容。

    A. 开始   B. 插入   C. 页面布局   D. 视图

8. 在未选中艺术字时，"艺术字"工具栏中仅_____按钮有效。

    A. 插入艺术字   B. 编辑文字   C. 艺术字库   D. 艺术字形状

9. 插入艺术字时，将自动切换到_____视图。

    A. 大纲   B. 页面   C. 打印预览   D. Web 版式

10. 编辑艺术字时，应先切换到_____视图选中艺术字。

    A. 大纲   B. 页面   C. 打印预览   D. 普通

11. 如果要重新设置艺术字的字体，选择快捷菜单中的"_____"命令，打开"编辑'艺术字'文字"对话框。

    A. 编辑文字   B. 艺术字格式   C. 艺术字库   D. 艺术字形状

12. 如果要将艺术字"学习中文版 Word"更改为"学习 MS-Office"，选择快捷菜单中的"_____"命令，打开"编辑'艺术字'文字"对话框。

    A. 编辑文字   B. 艺术字格式   C. 艺术字库   D. 艺术字形状

13. 如果要将艺术字对称于中心位置进行缩放，需在按住_____键的同时拖动鼠标。

    A. Enter   B. Shift   C. Ctrl   D. Esc

14. 选择快捷菜单中的"_____"命令，可为选中的艺术字填充颜色。

    A. 设置艺术字格式   B. 艺术字库

    C. 编辑文字   D. 艺术字形状

15. 对于已执行过存盘命令的文档，为了防止突然断电丢失新输入的文档内容，应经常执行"_____"命令。

    A. 保存   B. 另存为   C. 关闭   D. 退出

16. 对于打开的文档，如果要另外保存，须选择"_____"命令。

    A. 复制   B. 保存   C. 剪切   D. 另存为

17. 对于正在编辑的文档，选择_____命令，输入文件名后，仍可继续编辑此文档。

    A. "退出"   B. "关闭"

    C. "保存"/"另存为"   D. "撤销"

18. 对于新建的文档，执行"保存"命令并输入新文档名（如"LETTER"）后，标题栏显示_____。

    A. LETTER   B. LETTER. doc 或 LETTER

    C. 文档 1   D. DOC

19. Word 2016 文档默认的扩展名为_____。

    A. txt   B. docx   C. wps   D. bmp

20. 对于已经保存的文档，又进行编辑后，再次选择"_____"命令，不会打开"另存为"对话框。

    A. 保存   B. 关闭   C. 退出   D. 另存为

二、多选题（共 2 小题，每题 4 分，共 8 分）

1. 在 Word 2016 中要选定整个文档内容，应_____。

    A. 鼠标左键三击文档的空白区域

    B. 单击"开始"→"编辑"→"选择"按钮，在下拉列表中选择"全选"命令

    C. 使用快捷键 Ctrl+A

    D. 用鼠标从文档的开头拖动到结尾

2. 下列叙述中，正确的是_____。

    A. 自动更正词条可用于所有模板的文档

    B. 凡是分页符都可以删除

    C. 在使用 Word 的过程中，随时按 F1 键，都可以获得帮助

    D. 在任何视图下都可以看到分栏效果

    E. 执行分栏操作前必须先选定欲分栏的段落

三、判断题（共 10 小题，每题 1 分，共 10 分）

1. 2016 版的 Word 窗口和文档窗口可分为两个独立的窗口。   (　　)

2. 移动、复制文本之前须先选定文本。   (　　)

3. 选择矩形文本区域需要按 Shift+F8 组合键进行切换。   (　　)

4. 删除文本后，单击"撤销"按钮，将恢复刚才被删除的内容。   (　　)

5. 按 Delete 键只能删除插入点右边的字符。   (　　)

6. 执行菜单"工具"→"自定义"命令，可显示/隐藏工具栏。   (　　)

7. 为了防止因断电丢失新输入的文本内容，应经常执行"另存为"命令。   (　　)

8. 在文档内移动文本一定要经过剪贴板。   (　　)

9. 执行"保存"命令不会关闭文档窗口。   (　　)

10. 要更改某字符格式，一定要选定后才可更改。   (　　)

四、填空题（共 8 小题，每题 4 分，共 32 分）

1. 选定文本后，拖动鼠标到需要处即可实现文本块的移动，按住_____键的同时拖动鼠标到需要处即可实现文本块的复制。

2. 在 Word 文档编辑窗口中，设光标停留在某个字符之前，当选择某个样式时，该样式就会对当前_____起作用。

3. 设置页边距最快速的方法是在页面视图中拖动标尺。对于左、右边距，可以通过拖动水平标尺上的左、右缩进滑块进行设置；要进行精确地设置，可以在按住_____键的同时做上述拖动。

4. 在设置段落的对齐方式时，要使两端对齐，可使用工具栏上的_____按钮；要左对齐，可使用工具栏上的_____按钮；要右对齐，可使用工具栏上的_____按钮；要居中对齐，可使用工具栏上的_____按钮。

5. 要想自动生成目录，在文档中应包含_____样式。

6. 要建立表格，可以单击"插入"→"_____"图标按钮，并拖动鼠标选择行数和列数。

7. 打印文档的组合键是_____。

8. 打开 Word 窗口，选择文本格式并输入文本，操作方法如下。

（1）单击任务栏中的"_____"按钮，在程序列表中选择_____，打开 Word 窗口。

（2）单击"字体"选项中"_____"下拉式列表右边的倒三角形按钮，在下拉列表中选择"小四"；单击"_____"下拉式列表右边的倒三角形按钮，在下拉列表中选择"楷体"。

五、操作题（共 5 小题，每题 2 分，共 10 分）

1. 打开一个文档，然后用标尺改变页边距。

2. 设置页面，要求纸张尺寸为 A4，页面方向为"横向"，上、下、左、右的页边距分别为 3 厘米、3 厘米、3.5 厘米、3 厘米，装订线位于左侧且位置为 1 厘米。

3. 为文档的奇偶页创建不用的页眉，奇数页的页眉是"北京大学 2020—2050 年发展规划"，偶数页的页眉是"第 1 章　北京大学 2020—2030 年发展规划"。

4. 在文档中插入分页符和分节符。

5. 设置自动保存文档，要求自动保存文档的时间间隔为 15 秒，并为该文档设置密码"sxpi2006"。

测试题 10

一、单选题（共 20 小题，每题 2 分，共 40 分）

1. 向右拖动标尺上的＿＿＿＿缩进标志，插入点所在的整个段落将向右移动。
   A. 左　　　　　　B. 右　　　　　　C. 首行　　　　　　D. 悬挂

2. 向左拖动标尺上的右缩进标志，＿＿＿＿向左移动。
   A. 插入点所在段落除第一行以外的全部
   B. 插入点所在段落的右边界
   C. 插入点所在段落的第一行
   D. 整篇文档

3. 单击水平标尺左端特殊制表符按钮，可切换＿＿＿＿种特殊制表符。
   A. 1　　　　　　B. 2　　　　　　C. 4　　　　　　D. 5

4. 将鼠标指向特殊制表符按钮，＿＿＿＿，可以切换特殊制表符。
   A. 单击鼠标左键　　　　　　　　B. 双击鼠标左键
   C. 单击鼠标右键　　　　　　　　D. 拖动鼠标

5. 在水平标尺上＿＿＿＿，可在标尺相应位置设置特殊制表符。
   A. 单击鼠标左键　　　　　　　　B. 单击鼠标右键
   C. 双击鼠标左键　　　　　　　　D. 拖动鼠标

6. 如果设置完一种对齐方式后，要在下一个特殊制表符的对应列输入文本，应按＿＿＿＿键。
   A. 空格　　　　　B. Tab　　　　　C. Enter　　　　　D. Ctrl+Tab

7. 将鼠标指向＿＿＿＿，双击鼠标左键打开"制表位"对话框。
   A. 水平标尺上设置的特殊制表符　　B. 水平标尺的任意位置
   C. 垂直滚动条　　　　　　　　　　D. 垂直标尺

8. 在"字体"选项组中有"字体"和"字号"下拉列表框，当选取一段文字后，这两个框内分别显示"仿宋"、"四号"，这说明＿＿＿＿。
   A. 被选取的文字的当前格式为四号、仿宋
   B. 被选取的文字将被设定的格式为四号、仿宋
   C. 被编辑文档的总体格式为四号、仿宋
   D. 将中文版 Word 中默认的格式设定为四号、仿宋

9. 双击"格式刷"可将一种格式从一个区域一次复制到＿＿＿＿个区域。
   A. 三个　　　　　B. 多个　　　　　C. 一个　　　　　D. 两个

10. 在中文版 Word 2016 中设置页面时，应首先执行的操作是＿＿＿＿。
    A. 在文档中选取一定的内容作为设置对象
    B. 选取"布局"选项卡→"页面设置"
    C. 选取"开始"选项卡→"字体"
    D. 选取"引用"选项卡

11. 要求在打印文档时每一页上都有页码，最佳实现方法是＿＿＿＿。
    A. 由 Word 根据纸张大小进行分页时自动加页码
    B. 单击"插入"→"页眉和页脚"→"页码"按钮，在下拉列表中加以指定
    C. 应由用户执行菜单"文件"→"页面设置"项加以指定
    D. 应由用户在每一页的文字中自行输入

12. 在 Word 2016 中输入页眉、页脚的按钮所在的选项卡是＿＿＿＿。

　　　　A. 文件　　　　　B. 插入　　　　C. 视图　　　　D. 格式

13. 段落形成于_____。

　　A. 按 Enter 键后

　　B. 按 Shift+Enter 组合键后

　　C. 有空行作为分隔

　　D. 输入字符达到一定的行宽就自动转入下一行

14. 边界"左缩进"、"右缩进"是指段落的左、右边界_____。

　　A. 以纸张边缘为基准向内缩进

　　B. 以"页边距"的位置为基准向内缩进

　　C. 以"页边距"的位置为基准，都向左移动或都向右移动

　　D. 以纸张的中心位置为基准，分别向左、向右移动

15. 如果规定某一段的第一行左端起始位置在该段其余各行左端的右侧，称此为_____。

　　A. 左缩进　　　　B. 右缩进　　　　C. 首行缩进　　　D. 首行悬挂缩进

16. 段落对齐方式中的"两端对齐"是指_____。

　　A. 左、右两端都要对齐，字符少的将加大字间距，把字符分散开以便两端对齐

　　B. 左、右两端都要对齐，字符少的将左对齐

　　C. 或者左对齐，或者右对齐，统一即可

　　D. 在段落的第一行右对齐，末行左对齐

17. 如果文档中某一段与其前后两段之间要留有较大的间隔，一般应_____。

　　A. 在两行之间用按 Enter 键的方法添加空行

　　B. 在两段之间用按 Enter 键的方法添加空行

　　C. 用段落格式的设定来增加段间距

　　D. 用字符格式的设定来增加字间距

18. 在文档的各段落前面如果要有编号，可采用命令进行设置，此命令所在的选项卡为_____。

　　A. 编辑　　　　　B. 插入　　　　C. 开始　　　　D. 工具

19. 要将一个段落末尾的"回车符"删除，使此段落与其后的段落合为一段，则原来前段的文字内容将_____。

　　A. 仍然采用原来设定的格式　　　B. 采用 Word 默认的格式

　　C. 采用原来后段的格式　　　　　D. 无格式，必须重新设定

20. 在 Word 2016 的编辑状态中，"复制"操作的组合键是_____。

　　A. Ctrl+A　　　B. Ctrl+X　　　C. Ctrl+V　　　D. Ctrl+C

二、多选题（共 2 小题，每题 4 分，共 8 分）

1. 从文档页眉/页脚编辑进入正文，可以_____。

　　A. 单击"页眉和页脚/设计"→"关闭"→"关闭页眉和页脚"按钮

　　B. 单击文档编辑区

　　C. 双击文档编辑区

　　D. 右击页眉/页脚编辑区，选择"关闭"命令

2. 以下关于打印预览的叙述中，正确的是_____。

　　A. 打印预览状态下能够显示出标尺

　　B. 打印预览可以显示多张页面

　　C. 打印预览状态下可以直接进行打印

　　D. 打印预览状态下可以进行部分文字处理

三、判断题（共 10 小题，每题 1 分，共 10 分）

1. 对于行距固定的文本，增大字号时文本内容不会全部显示。　　　　（　　）
2. 在页面视图中，可以通过拖动栏调节标志调整栏宽。　　　　　　　（　　）
3. 在"分栏"对话框中，只能按照相等宽度设置栏宽。　　　　　　　（　　）
4. 单击"显示/隐藏编辑标记"按钮，将显示/隐藏按 Tab 键输入的制表符。（　　）
5. 单击"开始"→"段落"→"显示/隐藏编辑标记"按钮，可显示/隐藏段落标记。（　　）
6. 未在标尺上设置特殊制表符时，按 Tab 键后，插入点将定位于下一个默认制表位。（　　）
7. 按 Enter 键可以增加段间距。　　　　　　　　　　　　　　　　　（　　）
8. 按 Enter 键后，上一个段落的格式将带到下一个段落。　　　　　（　　）
9. 执行查找和替换操作时，可删除文档中的字符串。　　　　　　　（　　）
10. 文本与表格不可相互转换。　　　　　　　　　　　　　　　　　（　　）

四、填空题（共 8 小题，每题 4 分，共 32 分）

1. 输入文本

"美国微软公司在推出 Windows 95 中文操作系统的同时，推出了 Microsoft Office for Windows 95、Microsoft Office for Windows 95 中文版套装办公软件。"

选择上一段文本，更改文本格式，操作方法如下：

（1）将鼠标指向待选文本的首部，按住鼠标＿＿＿＿＿＿＿键，拖动鼠标选定这段文字；在"开始"选项卡中，单击"字体"选项组中的＿＿＿＿＿＿＿按钮，将其设置为粗体；单击"字体"选项组中的＿＿＿＿＿＿＿按钮，将其设置为斜体；单击"字体"选项组中的＿＿＿＿＿＿＿按钮，将其设置为带下画线文本。

（2）选择第 1 行文本。将插入点置于第 1 行的行首，按住 Shift 键，在第 1 行的行＿＿＿＿＿＿＿单击鼠标＿＿＿＿＿＿＿键。

（3）字体、字号的设置。单击"开始"选项卡中"＿＿＿＿＿＿＿"选项组的"字体"下拉式列表右边的倒三角形按钮，选择"楷体"；单击"＿＿＿＿＿＿＿"选项组的"字号"下拉式列表右边的倒三角形按钮，选择"四号"，将所选文本设置为四号、楷体。

（4）按＿＿＿＿＿＿＿ + ＿＿＿＿＿＿＿组合键，选择整个文档，然后单击"＿＿＿＿＿＿＿"下拉按钮，选择红色，将整个文档设置为红色。

（5）将鼠标指向英文单词，＿＿＿＿＿＿＿击鼠标左键，选择一个英文单词。

2. 选择、删除文本

将鼠标指向第 1 行对应的选择条位置，单击鼠标＿＿＿＿＿＿＿键，选择第 1 行文本。按＿＿＿＿＿＿＿键删除第 1 行文本。单击＿＿＿＿＿＿＿按钮，恢复第 1 行文本。

3. 选择、移动文本

将鼠标指向选择条，＿＿＿＿＿＿＿击鼠标左键选择一个自然段。单击＿＿＿＿＿＿＿按钮，将选择的自然段存放到剪贴板中。将插入点移到目标位置，单击＿＿＿＿＿＿＿按钮，将选择的自然段移动到目标位置。

4. 选择、复制文本

在文档编辑区内，按住鼠标＿＿＿＿＿＿＿键，拖动鼠标任选一段文本。将鼠标指向选择的文本，按住鼠标左键的同时按下＿＿＿＿＿＿＿键，拖动鼠标到目标位置，释放鼠标，选择文本即被复制到目标位置。

5. 利用快捷菜单移动或复制选定的文本

选择文本，将鼠标指向所选文本，按住鼠标＿＿＿＿＿＿＿键，拖动鼠标到目标位置，释放鼠标，弹出快捷菜单，选择"＿＿＿＿＿＿＿"命令，将选择的文本移到目标位置。

6. 在 Word 窗口中创建新文档及进行文档之间文本内容的复制，操作方法如下：

（1）单击"＿＿＿＿＿＿＿"→"＿＿＿＿＿＿＿"按钮，选择"空白文档"，打开新文档窗口。Word 窗口＿＿＿＿＿＿＿栏显示新文档文件名"文档 1"。

（2）在新文档中输入文本内容。

（3）当文档窗口最大化时，单击＿＿＿＿＿＿＿窗口的"还原"按钮，然后将鼠标指向文档窗口边缘，出现＿＿＿＿＿＿＿箭头时，可调整之前文档和文档 1 窗口的大小。

（4）将文档 1 中的文本内容复制到之前文档。在文档 1 窗口中选择一段文本，单击＿＿＿＿＿＿＿按钮，将被选择文本存放到剪贴板中。

（5）将插入点移到之前文档窗口的目标位置，单击＿＿＿＿＿＿＿按钮，将剪贴板中的内容复制到文档 1 中。

7. 为新文档取名，保存新文档，不关闭新文档窗口，操作方法如下：

（1）单击"文档 1"窗口，设置"文档 1"为当前活动窗口。

（2）单击"＿＿＿＿＿＿＿"图标按钮，打开"另存为"对话框。

（3）单击"另存为"对话框的"＿＿＿＿＿＿＿"下拉列表，选择 Word 文档类型。

（4）在"另存为"对话框的"＿＿＿＿＿＿＿"编辑框中输入新文档名，如"MYFILEl"。

（5）单击"另存为"对话框中的"＿＿＿＿＿＿＿"按钮，保存新文档，＿＿＿＿＿＿＿栏显示新文档名"＿＿＿＿＿＿＿"且不关闭文档窗口。

8. 备份文档，操作方法如下：

（1）单击"MYFILEl"文档窗口，将其置为当前活动窗口。

（2）选择"＿＿＿＿＿＿＿选项卡"→"＿＿＿＿＿＿＿"命令，打开"另存为"对话框。

（3）在"文件名"文本框中输入文件名，如"FILE"，单击"＿＿＿＿＿＿＿"按钮，为文档取另外的名字保存。

五、操作题（共 1 小题，共 10 分）

打开一个已经存在的 Word 文档，进行如下操作：

（1）在文档中应用内置的标题样式。

（2）创建样式。要求：样式名为"章标题"，小三号字，宋体，前、后各空 0.5 行，居中。

（3）使用内部样式编制文档标题，然后以目录形式提取，并在文档中标记及编制索引。

（4）在 Word 中加载共用模板。

（5）创建模板，要求该模板出现在"文件"→"新建"→"个人"选项卡中。

测试题 11

一、单选题（共 20 小题，每题 2 分，共 40 分）

1. 如果在输入字符后，单击"撤销"按钮，将＿＿＿＿＿＿＿。

　　A. 删除输入的字符　　　　　　　　B. 复制输入的字符

　　C. 复制字符到任意位置　　　　　　D. 恢复字符

2. 如果在删除字符后，单击"撤销"按钮，将＿＿＿＿＿＿＿。

　　A. 在原位置恢复输入的字符　　　　B. 删除字符

　　C. 在任意位置恢复输入的字符　　　D. 把字符存放在剪贴板中

3. 要修改已输入文本的字号，在选择文本后，单击＿＿＿＿＿＿＿按钮可选择字号。

　　A. 加粗　　　　　B. 新建　　　　C."字号"下拉　　　　D."字体"下拉

4. 如果未选择文本，单击"字体颜色"下拉按钮，选择颜色后，为＿＿＿＿＿＿＿设置颜色。

　　A. 所有已输入的文本

　　B. 当前插入点所在的段落

　　C. 整篇文档

　　D. 后面将要输入的字符

5. 如果要改变某段文本的颜色，应_____，再选择颜色。
   A. 先选择该段文本　　　　　　　　　　B. 将插入点置于该段文本中
   C. 不选择文本　　　　　　　　　　　　D. 选择任意文本

6. 如果要将一行标题居中显示，将插入点移到该标题行，单击"_____"按钮。
   A. 居中　　　　　　　　　　　　　　　B. 减少缩进量
   C. 增加缩进量　　　　　　　　　　　　D. 分散对齐

7. 如果要在每一个段落的前面自动添加编号，应启用"_____"按钮。
   A. 格式刷　　　　　　B. 项目符号　　　　　　C. 编号　　　　　　D. 字号

8. 如果在输入段落的前面不再自动添加项目符号，禁用"_____"按钮。
   A. 项目符号　　　　　　B. 编号　　　　　　C. 格式刷　　　　　　D. 撤销

9. 将某一文本段的格式复制给另一文本段：先选择源文本，单击"_____"按钮后才能进行格式复制。
   A. 格式刷　　　　　　B. 复制　　　　　　C. 重复　　　　　　D. 保存

10. 对于已设置了修改权限密码的文档，如果不输入密码，该文档_____。
    A. 将不能打开　　　　　　　　　　　　B. 能打开且修改后能保存为其他文档
    C. 能打开但不能修改　　　　　　　　　D. 能打开且能修改

11. 对于只设置了打开权限密码的文档，输入密码验证通过后，可以打开文档，_____。
    A. 但不能修改
    B. 修改后既可保存为其他文档，又可保存为原文档
    C. 可以修改但必须保存为其他文档
    D. 可以修改但不能保存为其他文档

12. 执行菜单"_____"→"符号"→"编号"命令，打开"编号"对话框。
    A. 编辑　　　　　　B. 格式　　　　　　C. 插入　　　　　　D. 工具

13. 在"编号"对话框中的"编号类型"列表框中选择"A，B，C，…"项，并在"编号"文本框中输入27，在文档中插入_____。
    A. A　　　　　　B. 27　　　　　　C. AAA　　　　　　D. AA

14. 单击"插入"→"符号"→"其他符号"，打开"符号"对话框，按_____组合键，打开"自动更正"对话框。
    A. Alt+A　　　　　　B. A　　　　　　C. Ctrl+A　　　　　　D. Enter+A

15. 在"查找和替换"对话框中，在"_____"选项卡中才能执行替换操作。
    A. 替换　　　　　　B. 查找　　　　　　C. 定位　　　　　　D. 常规

16. 如果要将文档中的字符串"我们"替换为"他们"，应在"_____"文本框中输入"我们"。
    A. 查找内容　　　　　　B. 替换为　　　　　　C. 搜索范围　　　　　　D. 同音

17. 单击"_____"按钮，可以将要替换的词全部替换。
    A. 替换　　　　　　B. 全部替换　　　　　　C. 查找下一处　　　　　　D. 取消

18. 在查找和替换过程中，如果只替换文档中的部分字符串，应先单击"_____"按钮。
    A. 查找下一处　　　　　　B. 替换　　　　　　C. 常规　　　　　　D. 格式

19. 单击"查找下一处"按钮，找到源字符串后，单击"_____"按钮，替换一个字符串。
    A. 常规　　　　　　B. 查找下一处　　　　　　C. 取消　　　　　　D. 替换

20. 如果要对查找到的字符串进行修改，且不关闭"查找和替换"对话框，应_____，再进行修改。
    A. 按 Enter 键
    B. 不移动插入点

  C. 先将插入点置于文档中找到的字符串位置

  D. 按 Esc 键

二、多选题（共 2 小题，每题 4 分，共 8 分）

1. 在 Word 2016 的"段落"选项组中，提供了＿＿＿＿对齐方式。

 A. 左对齐   B. 右对齐   C. 居中对齐   D. 分散对齐

2. 对文档的页面设置，可以＿＿＿＿。

 A. 右击文档，在快捷菜单中进行设置

 B. 双击文档，在选定文本区域中进行设置

 C. 在"布局"选项卡中的"页面设置"选项组中进行设置

 D. 在打印预览窗口中单击"页面设置"菜单进行设置

三、判断题（共 10 小题，每题 1 分，共 10 分）

1. 全字匹配查找时，一定区分全/半角。 ( )

2. 使用通配符查找时，不能进行全字匹配查找。 ( )

3. 通配符"?"只能代替一个字符。 ( )

4. 在查找字符串的中间位置使用通配符"＊"时，可表示任意多个字符。 ( )

5. 只能在页面视图下为文本加框。 ( )

6. 对于利用字符边框为文本添加的边框，可删除部分文本的边框。 ( )

7. 在没有缩放过的文本框中横向输入文字时，当输入的内容到达文本框底部时，文本框能够自动扩充。 ( )

8. 对文本框进行缩放时，文本框中的内容自动编排。 ( )

9. 利用"字符边框"按钮添加的边框可用鼠标拖动以调节其大小。 ( )

10. 艺术字可作为查找对象。 ( )

四、填空题（共 8 小题，每题 4 分，共 32 分）

1. 保存文档，且关闭文档窗口。

在文档中继续输入文本内容，单击"MYFILEl"文件窗口的"＿＿＿＿"按钮，显示保存文档提示信息，单击"＿＿＿＿"按钮保存文档，且关闭文档窗口。

2. 保存文档，关闭文档窗口。

单击文档窗口的"＿＿＿＿"按钮，显示保存文档提示信息；单击"＿＿＿＿"按钮，为"文档2"输入文件名，单击"保存"按钮，保存文档，关闭文档窗口。如果当前有多个文档窗口，须逐一回答。

3. 执行查找命令，查找全角和半角字符串"PC"，要求在"PC"右边加上"-"号，操作步骤如下：

（1）按＿＿＿＿+＿＿＿＿组合键，将插入点置于文本末尾。

（2）单击"开始"→"＿＿＿＿"→"查找"按钮，打开"查找和替换"对话框后，选择"＿＿＿＿"选项卡，再单击"更多"按钮，清除＿＿＿＿复选框，进行不区分全/半角的查找。

（3）在"＿＿＿＿"下拉列表中选择"向上"，将插入点置于"＿＿＿＿"文本框中，输入"PC"。

（4）单击"＿＿＿＿"按钮，开始查找。查找到文本末尾的半角字符"PC"，在高亮显示处单击鼠标，将插入点置于"PC"右边，按"-"键。

（5）单击"＿＿＿＿"按钮，继续从开始处查找。

4. 选择"替换"命令，将半角"PC-"全部自动改为"微机"。

（1）单击"开始"→"编辑"→"＿＿＿＿"按钮，打开"查找和替换"对话框，选择"＿＿＿＿"选项卡，执行查找和替换操作。

（2）选中_____复选框，区分全/半角查找，在"_____"下拉列表中选择"全部"。

（3）单击"输入法"状态栏中的_____按钮，切换为半角输入。

（4）将插入点置于"_____"文本框内，输入"PC-"；将插入点置于"_____"文本框内，输入"微机"。

（5）单击"_____"按钮，执行自动替换。

5. 加边框和底纹。

选中"_____"和"_____"图标按钮，输入字符串，为字符串添加边框和底纹。

6. 取消边框和底纹。

选择有边框或底纹的字符串，禁用"_____"或"_____"图标按钮，取消边框或底纹。

7. 设置文本框并在文本框内输入文本。

（1）单击"_____"→"_____"→"文本框"按钮，在下拉列表中，选择"绘制竖排文本框"命令，自动切换到_____视图，鼠标指针变为十字形。

（2）拖动鼠标设置文本框的大小，插入点自动置于_____框内。

8. 利用鼠标移动和调节文本框。

（1）单击"_____"按钮，切换到页面视图。

（2）单击文本框，将鼠标指向文本框的_____位置，鼠标指针变为四向箭头形状。

（3）按住鼠标左键，拖动鼠标，_____文本框。

（4）将鼠标指向文本框控制块位置，鼠标指针变为双向箭头形状，按住鼠标左键拖动，文本框_____或缩小，按住_____键拖动鼠标，文本框对称于中心缩放。

五、操作题（共 1 小题，共 10 分）

打开一个已经存在的 Word 文档，执行如下操作：

（1）分别全屏显示文档。

（2）按照 75% 的比例显示文档。

（3）显示/隐藏非打印字符。

（4）在打印预览状态下，设置 2×3 多页显示方式。

（5）设置打印选项并执行打印操作。

测试题 12

一、单选题（共 20 小题，每题 2 分，共 40 分）

1. 移动光标到文件末尾的组合键是_____。
   A. Ctrl+Page Down   B. Ctrl+Page Up   C. Ctrl+Home   D. Ctrl+End

2. 选中文本框后，将鼠标指向_____，单击鼠标右键，在快捷菜单中选择"设置文本框格式"命令。
   A. 文本框的任意位置   B. 文本框外边   C. 文本框的边界位置 D. 文本框内部

3. 在 Word 中，若要对表格的一行数据合计，正确的公式是_____。
   A. SUM（ABOVE）   B. AVERAGE（LEFT） C. SUM（LEFT）   D. AVERAGE（ABOVE）

4. 选中文本框后，文本框边界显示_____个控制块。
   A. 2   B. 4   C. 1   D. 8

5. 要取消利用"字符边框"按钮为一段文本所添加的文本框，_____，再单击"字符边框"按钮。
   A. 先选定已加边框的文本   B. 不选定文本
   C. 插入点置于任意位置   D. 选定整篇文档

6. 在单击文本框后，按_____键可以删除文本框。

  A．Enter   B．Alt   C．Delete   D．Shift

7. 如果要删除文本框中的部分字符，插入点应置于_____位置。

  A．文档中的任意   B．文本框中需要删除的字符

  C．文本框中的任意   D．文本框的开始

8. 对文本框中的内容执行"查找"命令时，应切换到_____视图。

  A．普通   B．页面或 Web 版式

  C．打印预览   D．大纲

9. 当插入点位于文本框中时，_____中的内容进行查找。

  A．既可对文本框又可对文档   B．只能对文档

  C．只能对文本框   D．不能对任何部分

10. 在"设置文本框格式"对话框中，文本框对文档的环绕方式有_____种。

  A．1   B．2   C．5   D．4

11. 用 Word 制作表格时，下列叙述中不正确的是_____。

  A．将光标移到所需行中任一单元格的最左侧，单击鼠标左键即可选定该行

  B．将光标移到所需列的上端，光标变成垂直向下的箭头后，单击鼠标左键即可选定该列

  C．将光标移到所需行中任一单元格内，选择"布局"→"表"→"选择"→"选择列"命令即可选定该列

  D．要选定连续的多个单元格，可用鼠标连续拖动经过若干单元格

12. 打开一个 Word 文件时，会_____窗口。

  A．只打开 Word   B．同时打开 Word 窗口和文档

  C．只打开文档   D．打开 Word 窗口，不打开文档

13. 对于新建的文档，选择"关闭"（"保存"）命令时，将打开"_____"对话框。

  A．另存为   B．打开   C．新建   D．页面设置

14. 纯文本文档的扩展名为_____。

  A．dos   B．txt   C．wps   D．bmp

15. 在 Word 中，要选定一个英文单词，可以用鼠标在单词的任意位置_____。

  A．双击   B．单击   C．右击   D．按住 Ctrl 键的同时单击

16. 单击"_____"→"符号"→"公式"按钮，会打开"设计"工具栏。

  A．编辑   B．插入   C．格式   D．工具

17. 下面的数学符号中，可用键盘直接输入的是_____。

  A．±   B．÷   C．×   D．+

18. 要输入矩阵，应选中一个公式，单击"设计"→"结构"中的"_____"。

  A．矩阵   B．分式

  C．括号   D．运算符

19. 在插入脚注、尾注时，最好使当前视图为_____。

  A．Web 版式视图   B．页面视图   C．大纲视图   D．阅读视图

20. Word 2016 最大的缩放比例为_____。

  A．150%   B．200%   C．300%   D．500%

二、多选题（共 4 小题，每题 2 分，共 8 分）

1. 下列叙述中，正确的是_____。

  A．可以只改变文本框中文字的方向，而不改变文档中文字的方向

  B．在 Word 的表格中，支持简单的运算

    C. 在文本框中，可以插入图片

    D. 在文本框中，不能使用项目符号

2. 要删除选定的文本，可以_____。

    A. 单击"开始"→"编辑"→"删除"按钮

    B. 使用键盘上的 Delete 键

    C. 使用键盘上的 Backspace 键

    D. 右击选定区域，选择快捷菜单中的"删除"命令

3. 将文档 A 的内容全部插入文档 B 中，可以_____。

    A. 单击"插入"→"对象"按钮

    B. 单击"插入"→"文本"→"对象"按钮，在下拉列表中选择"文件中的文字"命令

    C. 选择菜单"插入"→"文件"命令，指定文档 A 进行插入

    D. 打开文档 B→打开文档 A→复制文档 A 中的全部内容→在文档 B 中适当位置粘贴

4. 在 Word 的编辑区域中，要删除一段已被选取的文字，正确的操作是按_____键。

    A. Backspace   B. Enter   C. Delete   D. Insert

三、判断题（共 8 小题，每题 1 分，共 8 分）

1. 与一般的文本操作类似，可以利用"格式"工具栏设置艺术字样式。   （   ）

2. 在插入符号时，如果未关闭"符号"对话框，则不能编辑文档。   （   ）

3. 单击"插入"→"文本"→"艺术字"按钮，可以插入艺术字。   （   ）

4. 利用"公式编辑器"输入的数学公式不能进行字体大小缩放操作。   （   ）

5. 从键盘直接输入的时间，如 8 点 10 分 20 秒，能够自动更新。   （   ）

6. 利用"公式编辑器"输入数学公式时，所有符号必须通过"公式"工具栏输入。   （   ）

7. 在 Word 文档中，可以不显示段落标记。   （   ）

8. 在 Word 文档中，页码可以设置在页眉或页脚位置。   （   ）

四、填空题（共 6 小题，每空 2 分，共 34 分）

1. 创建艺术字。

（1）将鼠标指向_____选项卡，单击鼠标_____键，选中文本功能组中的"_____"项。

（2）单击任务栏上的_____按钮，在"输入法"菜单中选择某一种汉字输入法。

（3）输入文字"欢迎"，在"_____"下拉列表框中选择楷体，单击"_____"图标按钮，将艺术字设置为粗体。

2. 为艺术字填充颜色、改变大小。

（1）在页面视图中单击艺术字。

（2）单击"格式"选项卡。

（3）单击"艺术字样式""_____"选项卡，在下拉列表中选择一种填充颜色。

3. 利用鼠标定位、缩放艺术字。

（1）单击"_____"图标按钮，切换到页面视图，将鼠标指向艺术字，单击鼠标_____键，鼠标指针变为_____箭头时，拖动鼠标，移动艺术字。

（2）单击艺术字，出现 8 个控制块，将鼠标指向控点，按住_____键，拖住鼠标，艺术字的中心位置不变，缩小或放大艺术字。

4. 设置艺术字与文本的环绕方式。

在页面视图中单击艺术字，单击旁边出现的"_____"按钮，选择其中某一个文字环绕方式。

5. 自动更正。

（1）选择"_____"选项卡→"_____"命令，打开"Word 选项"对话框，选择"校对"选项卡，单击"_____"按钮，添加自动更正条目。

（2）选中"＿＿＿＿"复选框，输入时将自动更正。将插入点置于"＿＿＿＿"文本框中输入"HBDX"。

（3）将插入点置于"＿＿＿＿"文本框中，输入文字"湖北大学"，单击"添加"按钮，将输入的自动更正项添加到自动更正条目中，对话框不关闭。

（4）将插入点置于"＿＿＿＿"文本框中，输入"JSJJC"，然后将插入点置于"＿＿＿＿"文本框中，输入"计算机基础知识"，单击"确定"按钮，将输入的自动更正项添加到自动更正条目中，关闭对话框。

（5）在文档中输入英文"HBDX"＋＿＿＿＿键，或"JSJJC"＋＿＿＿＿键，自动输入"＿＿＿＿"或"＿＿＿＿"。

6. 插入数学公式。

完成下面数学公式的输入：

$$y = \sqrt{\frac{1}{n-1}\left\{\sum_{i=1}^{n} x_i^2 - n\,\overline{x^2}\right\}}$$

（1）在文档中将插入点置于待插入公式的位置，依次单击"＿＿＿＿"→"＿＿＿＿"按钮。

（2）在"＿＿＿＿"选项卡中，根据公式的结构，选择合适的字母或符号。

五、操作题（共 1 小题，共 10 分）

在 Word 中创建如测试图 12.1 所示表格，并执行如下操作。

××网络公司员工工资表			
姓　名	基本工资	岗位工资	合　计
钟海涛	1600	800	
周明明	1350	750	
刘向楠	1200	600	
赵龙	1000	500	
平均工资			

测试图 12.1

（1）将表格的外框线加粗一倍。

（2）在"刘向楠"的前面插入一条记录"姓名为王刚，基本工资为 1300，岗位工资为 700"。

（3）将标题文字"××网络公司员工工资表"设置为黑体，并加底纹。

（4）对表格中的"合计"栏进行计算，即"合计＝基本工资＋岗位工资"，再计算出各员工工资的平均值。

第4章 Excel 2016 的使用测试题

测试题 13

一、单选题（共 20 小题，每题 2 分，共 40 分）

1. 文件类型_____是 Excel 2016 工作簿的标准文件格式。

   A．．xlsx   B．．mdb   C．．doc   D．．ppt

2. 自动填充功能可以协助用户产生_____。

   A．日期序列   B．时间序列   C．等差序列   D．以上皆可

3. 在"相对位置"与"绝对位置"中，用标准符号_____进行区分。

   A．+   B．$ C．=   D．！

4. 在工作表单元格中输入的表达式，可以包含_____项目。

   A．数值   B．运算符   C．单元格引用位置 D．以上皆是

5. 利用鼠标并配合键盘上的_____键，可以同时选取多个不连续的单元格区域。

   A．Ctrl   B．Enter   C．Shift   D．Esc

6. _____图表类型不适合在有多种数据序列时使用。

   A．条形图   B．折线图   C．饼图   D．以上皆是

7. 在 Excel 中，选择连续区域可以用鼠标和_____键配合实现。

   A．Shift   B．Alt   C．Ctrl   D．F8

8. 在用 Excel 处理表格时，如果在选中某个单元格并输入字符或数字后，需要取消刚输入的内容而保持原来的值，应在编辑栏内单击_____按钮。

   A．√   B．×   C．=   D．%

9. Excel 的窗口包含_____。

   A．标题栏、工具栏、标尺   B．菜单栏、工具栏、标尺

   C．编辑栏、标题栏、选项卡   D．菜单栏、状态区、标尺

10. Word 和 Excel 都有的一组选项卡是_____。

    A．文件、编辑、视图、工具、数据

    B．文件、视图、格式、表格、数据

    C．插入、视图、格式、表格、数据

    D．文件、开始、插入、审阅、视图

11. 关于 Excel 的插入操作，正确的方法是先选择列标为 D 的列，然后_____。

    A．单击鼠标左键，在快捷菜单中选择"插入"命令，将在原 D 列之前插入一列

    B．单击鼠标左键，在快捷菜单中选择"插入"命令，将在原 D 列之后插入一列

    C．单击鼠标右键，在快捷菜单中选择"插入"命令，将在原 D 列之前插入一列

    D．单击鼠标右键，在快捷菜单中选择"插入"命令，将在原 D 列之后插入一列

12. 如果单元格 B2、B3、B4、B5 的内容分别为 4、2、5、=B2*B3-B4，则 B2、B3、B4、B5 单元格实际显示的内容分别是_____。

  A. 4，　2，　5，　2　　　　　　　　 B. 2，　3，　4，　5

  C. 5，　4，　3，　2　　　　　　　　 D. 4，　2，　5，　3

13. 假设单元格 D2 的值为 6，则函数 =IF(D2>8,D2/2,D2*2) 的结果为_____。

  A. 3　　　　　　 B. 6　　　　　　 C. 8　　　　　　 D. 12

14. 在 Excel 中，空心十字形鼠标指针和实心十字形鼠标指针分别可以进行的操作是_____。

  A. 拖动时选择单元格，拖动时复制单元格内容

  B. 拖动时复制单元格内容，拖动时选择单元格

  C. 作用相同，都可以选择单元格

  D. 作用相同，都可以复制单元格内容

15. 在 Excel 的打印页面中，增加页眉和页脚的操作是_____。

  A. 单击"页面设置"超链接，在弹出的"页面设置"对话框中选择"页面"选项卡

  B. 在"页面布局"选项卡中，单击"页面设置"中的"对话框启动器"按钮，从弹出的对话框中选择"页眉/页脚"选项卡

  C. 在"插入"选项卡的"插图"选项组中，单击"页眉和页脚"按钮

  D. 只能在打印预览中进行设置

16. 若要重新对工作表命名，可以使用的方法是_____。

  A. 单击工作表标签　　　　　　　　 B. 双击工作表标签

  C. F5　　　　　　　　　　　　　　 D. 使用窗口左下角的滚动按钮

17. 在 Excel 的工作表中，每个单元格都有其固定的地址，如"A5"表示_____。

  A. "A"代表 A 列，"5"代表第 5 行

  B. "A"代表 A 行，"5"代表第 5 列

  C. "A5"代表单元格中的数据

  D. 以上都不是

18. 在保存 Excel 工作簿文件的操作过程中，默认的工作簿文件保存格式是_____。

  A. XML 数据　　　　　　　　　　 B. Excel 工作簿

  C. Microsoft Excel 5. 0/95 工作簿　 D. Excel 97-2003 工作簿

19. 在行号和列号前面加符号"$"代表绝对引用。绝对引用工作表 Sheet2 中从 A2 到 C5 区域的公式为_____。

  A. Sheet2!A2:C5　　　　　　　　　 B. Sheet2!$A2:$C5

  C. Sheet2!$A$2:$C$5　　　　　　　 D. Sheet2!$A2:C5

20. Excel 应用程序窗口最下面的一行称为状态行，当用户输入数据时，状态行显示"_____"。

  A. 输入　　　　　 B. 指针　　　　　 C. 编辑　　　　　 D. 拼写检查

二、多选题（共 6 小题，每题 3 分，共 18 分）

1. Excel 可以画出_____图形。

  A. 二维图表　　　 B. 三维图表　　　 C. n 维图表　　　 D. 雷达图

2. 下列关于筛选的叙述，正确的是_____。

  A. 进行高级筛选时，必须先在工作表中选择筛选范围

  B. 进行高级筛选，不但要有数据区，还要建立条件区

  C. 高级筛选可以将筛选结果复制到其他区域内

  D. 高级筛选只能将筛选结果放在原有区域内

3. 下列方法中，不能在 Windows 中启动 Excel 的操作是_____。

A. 单击"开始"→"Excel"

B. 在资源管理器中打开 Excel 程序文件夹，双击 excel. exe 文件

C. 在资源管理器中打开 Excel 程序文件夹，双击 setup. exe 文件

D. 用鼠标双击 myfile. xlsx 文件图标（假设此文件已存在）

E. 用鼠标双击 myfile. wps 文件图标（假设此文件已存在）

4. 下列有关 Excel 区域名的论述中，错误的是_____。

A. 同一个区域可以有多个区域名

B. 一个区域只能定义一个区域名

C. 区域名可以与单元格地址相同

D. 同一工作簿中不同工作表中的区域可以有相同的名字

E. 若删除区域名，同时也删除了对应区域中的内容

5. 下列属于 Excel 编辑区的是_____。

A. 文字输入区域　　　B."取消"按钮　　　C."确定"按钮

D. 函数指令按钮　　　E. 名字框　　　F. 单元格

6. Excel 中数据透视表的数据来源有_____。

A. Excel 数据清单或数据库

B. 外部数据库

C. 多重合并计算数据区域

D. 查询条件

E. 高级筛选

三、判断题（共 10 小题，每题 1 分，共 10 分）

1. 在 Excel 中，单元格数据格式包括数字格式、对齐格式等。　　　　　　（　　）

2. 在 Excel 中，函数输入可以有两种方法，一种是粘贴函数法；另一种是间接输入法。（　　）

3. 在 Excel 中，自动求和可通过 SUM 函数实现。　　　　　　　　　　　　（　　）

4. 在 Excel 中，链接和嵌入之间的主要差别在于数据存储的位置不同。　　（　　）

5. 在 Excel 工作表中，每个单元格都有其固定的地址，如 A5 表示："A"代表"A"行，"5"代表第 5 列。　　　　　　　　　　　　　　　　　　　　　　　　　　　　　　（　　）

6. 在 Excel 中，单元格不能被删除。　　　　　　　　　　　　　　　　　　（　　）

7. 在 Excel 中，被删除的工作表可以用"常用"工具栏上的"撤销"按钮加以恢复。（　　）

8. 在 Excel 中，若用户在单元格中输入"3/5"，即表示数值五分之三。　　（　　）

9. Excel 中的清除操作是指将单元格的内容删除，包括其所在的地址。　　（　　）

10. 在 Excel 中，图表的大小和类型可以改变。　　　　　　　　　　　　　（　　）

四、填空题（共 12 小题，每题 1 分，共 12 分）

1. Excel 是微软公司推出的功能强大、技术先进、使用方便的_____软件。

2. 电子表格是一种_____维表格。

3. Word 中所处理的是文档，在 Excel 中直接处理的对象是_____。

4. 工作簿是指在_____的文件。

5. 正在处理的工作表称为_____。

6. 在 Excel 中，被处理的所有数据都保存在_____中。

7. 正在处理的单元格称为_____。

8. 在 Excel 中，公式都是以_____开始的，后面由_____和_____构成。

9. 自动填充是指_____。

10. 清除是指_____，删除是指_____。

11. 选择连续的单元格区域，只要在单击第一个单元格后，按住_____键，再单击最后一个单元格；选择不连续的单元格则在按住_____键的同时选择各单元格。

12. Excel 的工作表由_____行、_____列组成，其中行号用_____表示，列号用_____表示。

五、操作题（共 2 小题，每题 10 分，共 20 分）

1. 实例基本操作。

（1）在单元格 B2 中输入数字 18，在单元格 D3 中输入数字 7，然后在单元格 F7 中创建公式"＝(B2−D3)/7"，计算结果。

（2）在单元格 B6 中输入数字 12.3，将其设置为"百分比样式"，然后将其设置为"文本"数据。

（3）设置数据的有效性，要求输入数值的范围是 100~1 500。

（4）设置单元格的显示比例为 110%。

（5）插入 Sheet2 和 Sheet3 工作表，隐藏工作表 Sheet3，将工作表 Sheet2 重命名为"人事表"，并将该工作表标签的颜色设置为黄色。

2. 实例综合操作。

在工作表中输入如下数据表格，在单元格 E5 中输入公式"＝C5+D5"，即"进出口总和"＝"出口"＋"进口"，使用公式复制的方法计算单元格区域 E6:E10 中对应的"进出口总和"。

E5				fx	=C5+D5
	A	B	C	D	E
1		2019年1—5月进出口商品国家（地区）总值表			
2					
3		国　家			
4		（地区）	出口	进口	进出口总和
5		亚洲	4,904,822	5,131,183	10,036,005
6		非洲	185,295	199,682	
7		欧洲	1,723,259	1,473,353	
8		拉丁美洲	260,372	152,436	
9		北美洲	2,010,187	990,912	
10		总值	9,083,935	7,947,566	

测试题 14

一、单选题（共 20 小题，每题 2 分，共 40 分）

1. Excel 2016 创建图表可使用_____。
   A. 模板　　　　　B. 插入图表　　　　　C. 插入对象　　　　　D. 图文框

2. 在 Excel 2016 中，每张工作表最多可以容纳的行数是_____。
   A. 256 行　　　　B. 1 024 行　　　　C. 65 536 行　　　　D. 1 048 576 行

3. 移动 Excel 图表的方法是_____。
   A. 将鼠标指针放在图表边线上，按住鼠标左键拖动
   B. 将鼠标指针放在图表控点上，按住鼠标左键拖动
   C. 将鼠标指针放在图表内，按住鼠标左键拖动
   D. 将鼠标指针放在图表内，按住鼠标右键拖动

4. 在以下各类函数中，不属于 Excel 函数的是_____。
   A. 统计　　　　　B. 财务　　　　　C. 数据库　　　　　D. 类型转换

5. 在 Excel 中，按 Ctrl+End 组合键，光标将移到_____。

    A. 行首   B. 工作表头

    C. 工作簿头   D. 工作表有效区域的右下角

6. 在工作表的单元格中输入日期，下列日期格式中不正确的是_____。

    A. 99/4/18   B. 1999-4-18   C. 4-18-1999   D. 1999/4/18

7. 下列关于 Excel 中"选择性粘贴"的叙述，错误的是_____。

    A. 选择性粘贴可以只粘贴格式

    B. 选择性粘贴只能粘贴数值型数据

    C. 选择性粘贴可以将源数据的排序旋转 90°，即"转置"粘贴

    D. 选择性粘贴可以只粘贴公式

8. 在 Excel 工作表中，不正确的单元格地址是_____。

    A. C$66   B. $C66   C. C6$6   D. $C$66

9. 在"自定义自动筛选方式"对话框中，可以用"_____"单选项指定多个条件的筛选。

    A. !   B. 与   C. +   D. 非

10. 有关 Excel 中分页符的说法，正确的是_____。

    A. 只能在工作表中加入水平分页符

    B. Excel 会按照纸张大小、页边距的设置和打印比例的设定自动插入分页符

    C. 可通过插入水平分页符来改变页面数据行的数量

    D. 可通过插入垂直分页符来改变页面数据列的数量

11. 在 Excel 中，图表中的_____会随着工作表数据发生相应的变化。

    A. 系列数据的值   B. 图例

    C. 图表类型   D. 图表位置

12. 在 Excel 中，若希望同时显示同一工作簿中的多个工作表，可以_____。

    A. 在"视图"选项卡中单击"窗口"选项组中的"新建窗口"按钮，再单击"窗口"选项组中的"全部重排"按钮

    B. 在"窗口"选项组中单击"拆分"按钮

    C. 在"窗口"选项组中直接单击"全部重排"按钮

    D. 不能实现此目的

13. 显示/隐藏选项卡的操作是_____。

    A. 用鼠标右键单击任意选项卡，然后在弹出的快捷菜单中选择"自定义功能区"命令，选择需要显示/隐藏的选项卡名称

    B. 隐藏某选项卡时，可单击其上的"关闭"按钮

    C. 用鼠标右击选项卡可迅速隐藏它

    D. 未在功能区中出现的选项卡不能通过"自定义功能区"命令来添加

14. 为 Excel 工作表设置密码的操作是_____。

    A. 隐藏

    B. 单击"插入"选项卡

    C. 无法实现

    D. 在"审阅"选项卡中单击"更改"选项组中的"保护工作表"命令

15. 工作表的单元格表示为 Sheet1!A2，其含义为_____。

    A. Sheet1 为工作簿名，A2 为单元格地址

    B. Sheet1 为单元格地址，A2 为工作表名

    C. Sheet1 为工作表名，A2 为单元格地址

    D. 单元格的行标、列标

16. 删除单元格是指_____。

    A. 将选定的单元格从工作表中移去　　　　B. 将单元格的内容清除

    C. 将单元格的格式清除　　　　　　　　　　D. 将单元格所在列从工作表中移去

17. Excel 工作簿的默认工作表数是_____。

    A. 2　　　　　　　　　B. 1　　　　　　　　　C. 3　　　　　　　　　D. 16

18. 下列 Excel 单元格地址表示正确的是_____。

    A. 22E　　　　　　　　B. 2E2　　　　　　　　C. E22　　　　　　　　D. AE

19. Excel 绝对地址引用的符号是_____。

    A. ?　　　　　　　　　B. $　　　　　　　　　C. #　　　　　　　　　D. !

20. Excel 计算参数平均值的函数是_____。

    A. COUNT　　　　　　B. AVERAGE　　　　　C. MAX　　　　　　　D. SUM

二、多选题（共 5 小题，每题 2 分，共 10 分）

1. Excel 中设置范围的方式有_____。

    A. 选取范围　　　　　　B. 输入文字　　　　　C. 设置单元格

    D. 修改范围　　　　　　E. 设置范围名称

2. 关于 Excel 的基本概念，正确的是_____。

    A. 工作表是处理和存储数据的基本单位，由若干的行和列组成

    B. 工作簿是 Excel 处理和存储数据的文件，工作簿内只能包含工作表

    C. 单元格是工作表中行与列的交叉部分，是工作表的最小单位

    D. Excel 中的数据库属于网状模型数据库

3. 在 Excel 中，对数据清单进行排序是按照_____。

    A. 字母　　　　　　　　B. 笔画　　　　　　　C. 月份　　　　　　　D. 以上均可

4. Excel 工作表中的单元格 A1 到 A6 求和，正确的公式为_____。

    A. ＝A1+A2+A3+A4+A5+A6　　　　　　　B. ＝SUM（A1+A6）

    C. ＝SUM（A1：A6）　　　　　　　　　　D. ＝（A1+A2+A3+A4+A5+A6）

5. 有关编辑单元格内容的说法，正确的是_____。

    A. 双击待编辑的单元格，可对其内容进行修改

    B. 单击待编辑的单元格，然后在"编辑栏"中输入修改内容

    C. 要取消对单元格内容所做的改动，可在修改后按 Esc 键

    D. 向单元格中输入公式必须在编辑栏内进行

三、判断题（共 10 小题，每题 1 分，共 10 分）

1. 向某单元格中输入公式，确认后该单元格所显示的是数据，故该单元格存储的是数据。（　　）

2. 若要删除 Excel 工作表，应首先选定工作表，然后从右键快捷菜单中选择"删除"命令。

    （　　）

3. 在 Excel 中，可以为图表加上标题。（　　）

4. 在 Excel 中，单元格中字符的大小会在调整行高后改变。（　　）

5. 设置 Excel 选项，只能用鼠标操作。（　　）

6. 在 Excel 中，可以建立数据/日期序列。（　　）

7. 在 Excel 中，使用公式的主要目的是为了节省内存。（　　）

8. 对于编辑后未保存的 Excel 工作簿，选择"文件"→"关闭"命令，可直接退出 Excel。

    （　　）

9. 在公式"＝A$1+B3"中，A$1 是绝对地址，而 B3 是相对地址。（　　）

10. 对单元格区域 B3：B10 进行求和的公式是"＝SUM（B3：B10）"。（　　）

四、填空题（共 10 小题，每题 2 分，共 20 分）

1. Excel 目前提供了两种不同的数据筛选方式：_____与_____。

2. 在 Word 和 Excel 中，当按_____键时，将出现相应的"帮助"子窗格；第一次保存新建文档或工作簿时，系统将打开"_____"对话框。

3. 在默认情况下，一个 Excel 工作簿有 1 个工作表，工作表的默认表名是_____。为了改变工作表的名字，可以右击_____，打开快捷菜单，在其中选择"重命名"命令。

4. Excel 的数据种类很多，包括_____、_____、日期时间、公式和函数等。

5. 拖动单元格的_____可以进行数据填充。如果单元格 D3 的内容是"＝A3+C3"，则选择单元格 D3 并向下进行数据填充操作后，单元格 D4 的内容是"_____"。

6. 如果 B2＝2、B3＝1、B4＝3、B5＝6，则＝SUM（B2:B5）的结果为_____，＝（B2+B3+B4）/B5 的结果为_____。

7. Excel 的一个工作簿中默认包含_____个工作表，一个工作表中可以有_____个单元格。在表示同一个工作簿内不同工作表的单元格时，工作表名与单元格之间应用_____号分隔开。

8. 在单元格 F9 中引用单元格 E3 的地址，有 3 种形式：相对地址引用为_____，绝对地址引用为_____，混合地址引用为_____。

9. 数据列表必须有_____，而且每一列的_____必须相同。

10. 在 Excel 2016 的单元格，作为常量输入的数据可以有数字和文本，常规单元格中的数字_____对齐，文本_____对齐，数字作为文本输入的方法_____。

五、操作题（共 2 小题，每题 10 分，共 20 分）

1. 在单元格 D8 中，输入文字"北京 2022 年冬季奥运会"，然后进行如下操作。

（1）将该单元格调整到最合适的列宽。

（2）将"北京"两个字设置为宋体、15 磅，将数字"2022"设置为 Time New Roman、18 磅，将"年冬季奥运会"设置为黑体、20 磅。

（3）将单元格设置为"水平居中"和"垂直居中"。

（4）将文字"北京 2022 年冬季奥运会"的颜色设置为红色。

（5）将单元格 D8 中的值复制到单元格 F8 中，然后将单元格 F8 中的内容调整至合适的位置，并以水平方向为基准顺时针旋转 20°。

2. 创建如测试图 14.1 所示的数据清单，然后进行操作。

产品名称	销售日期	销售地区	产品型号	台数	单价	销售收入
工作站	1季度	北京	WK	100	10	1000
工作站	2季度	上海	WK1	200	10	2000
工作站	3季度	广州	WK	220	10	2200
服务器	4季度	北京	SV	120	15	1800
服务器	1季度	上海	SV1	120	15	1800
服务器	2季度	广州	SV	120	15	1800
服务器	3季度	北京	SV1	125	15	1875
工作站	4季度	上海	WK	160	11	1760
工作站	1季度	广州	WK1	180	11	1980
工作站	2季度	北京	WK	181	11	1991
服务器	3季度	上海	SV1	182	16	2912
服务器	4季度	广州	SV	183	16	2928
服务器	1季度	北京	SV	184	16	2944
服务器	2季度	上海	SV	185	16	2960

测试图 14.1

（1）创建数据透视表，将"产品名称"放置在"页"字段区、"销售日期"放置在"行"字段区、"产品型号"放置在"列"字段区、"销售收入"放置在"数据"字段区。

（2）创建数据透视图，将"产品名称"放置在"页"字段区、"销售日期"放置在"行"字段区、"产品型号"放置在"列"字段区、"销售收入"放置在"数据"字段区。

（3）将第一条记录中的 WK 改成 WK1，然后刷新数据透视表。

（4）在数据透视表中，按"工作站"筛选数据透视表。

第 5 章　PowerPoint 2016 的使用测试题

测试题 15

一、单选题（共 20 小题，每题 2 分，共 40 分）

    1. PowerPoint 2016 的主要功能是_____。

        A. 创建演示文稿　　　　B. 数据处理　　　　C. 图像处理　　　　D. 文字编辑

    2. 演示文稿由_____组合而成。

        A. 文本框　　　　　　　B. 图形　　　　　　C. 幻灯片　　　　　D. 版式

    3. 在 PowerPoint 2016 中，链接有_____两种。

        A. 超链接和动作　　　　B. 超链接和宏　　　C. 宏和动作　　　　D. 超链接和对象

    4. 启动幻灯片放映有_____种方法。

        A. 4　　　　　　　　　B. 6　　　　　　　　C. 3　　　　　　　　D. 5

    5. PowerPoint 2016 演示文稿的扩展名是_____。

        A. . pptx　　　　　　　B. . doc　　　　　　C. . pot　　　　　　D. . xlsx

    6. PowerPoint 2016 提供了_____种视图。

        A. 4　　　　　　　　　B. 6　　　　　　　　C. 3　　　　　　　　D. 5

    7. 调整幻灯片顺序或复制幻灯片使用_____视图最方便。

        A. 备注　　　　　　　　B. 幻灯片　　　　　C. 幻灯片放映　　　D. 幻灯片浏览

    8. 在浏览模式下，选择单张幻灯片用_____鼠标的方式。

        A. 单击　　　　　　　　B. 双击　　　　　　C. 拖放　　　　　　D. 右击

    9. 在浏览模式下，选择分散的多张幻灯片需要按住_____键进行选择。

        A. Shift　　　　　　　B. Ctrl　　　　　　C. Tab　　　　　　D. Alt

    10. 在 PowerPoint 2016 中使用_____来编写宏。

        A. java　　　　　　　　B. Visual Basic　　C. JavaScript　　D. C++

    11. _____是幻灯片层次结构中的顶层幻灯片，用于存储有关演示文稿的主题和幻灯片版式的信息，包括背景、颜色、字体、效果、占位符大小和位置。

        A. 母版　　　　　　　　B. 讲义母版　　　　C. 备注母版　　　　D. 幻灯片母版

    12. PowerPoint 2016 运行于_____环境下。

        A. UNIX　　　　　　　B. DOS　　　　　　C. Macintosh　　　D. Windows

    13. 对插入的图片、自选图形等进行格式化时，应使用"_____"选项卡中对应的命令完成。

        A. 视图　　　　　　　　B. 插入　　　　　　C. 格式　　　　　　D. 窗口

    14. 绘制图形时按住_____键图形为正方形。

        A. Shift　　　　　　　B. Ctrl　　　　　　C. Delete　　　　　D. Alt

    15. 将一个幻灯片上多个已选中自选图形组合成一个复合图形，使用"_____"选项卡。

A. 开始　　　　　　　　B. 插入　　　　　　　C. 动画　　　　　　　D. 格式

16. 要想使每张幻灯片中都出现某个对象（除标题幻灯片），须在_____中插入该对象。

A. 标题母版　　　　　B. 幻灯片母版　　　　C. 标题占位符　　　　D. 正文占位符

17. 关于幻灯片母版操作，在标题区或文本区添加各幻灯片都能够共有文本的方法是_____。

A. 选择带有文本占位符的幻灯片版式　　　B. 单击直接输入

C. 使用模板　　　　　　　　　　　　　　D. 使用文本框

18. PowerPoint 2016 中文字排版没有的对齐方式是_____。

A. 中部居中　　　　　B. 分散对齐　　　　　C. 右对齐　　　　　　D. 向上对齐

19. 当幻灯片内插入图片、表格、艺术字等难以区分层次的对象时，可用_____定义各对象的显示顺序和动画效果。

A. 动画效果　　　　　B. 动作按钮　　　　　C. 添加动画　　　　　D. 动画预览

20. 可同时显示多张幻灯片、使用户纵览演示文稿概貌的视图方式是_____。

A. 幻灯片视图　　　　B. 幻灯片浏览视图　　C. 普通视图　　　　　D. 幻灯片放映视图

二、多选题（共 4 小题，每题 2 分，共 8 分）

1. 建立一个新的演示文稿，可以通过_____实现。

A. 选择"文件"→"新建"命令

B. 单击快速访问工具栏上的下拉菜单中的"新建"命令

C. 单击工具栏上的"新幻灯片"按钮

D. 选择菜单"插入"→"新幻灯片"命令

2. 在幻灯片中，可以插入_____。

A. 影片　　　　　　　B. 声音　　　　　　　C. 动画　　　　　　　D. Word 文稿

3. SmartArt 图形是信息和观点的可视表示形式，以下的 SmartArt 形状图形非常适合制作成具有特殊动画效果的对象：_____。

A. 显示层次结构决策树图

B. 显示部分和整体关系的矩阵图

C. 显示比例信息的棱锥图

D. 显示各个数据点标记的雷达图

4. 要改变幻灯片在窗口中的显示比例，应_____。

A. 右击幻灯片，在快捷菜单中选择"显示比例"命令

B. 将鼠标指向幻灯片的四角，待鼠标变成双向箭头时，拖动鼠标

C. 拖动状态栏上的"显示比例"调节按钮

D. 单击"视图"→"显示比例"→"显示比例"按钮

三、判断题（共 10 小题，每题 1 分，共 10 分）

1. 一张幻灯片就是一个演示文稿。　　　　　　　　　　　　　　　　　　　　（　　）

2. 当单色显示按钮生效时，幻灯片放映的效果也是单色的。　　　　　　　　　（　　）

3. PowerPoint 2016 可以从"开始"菜单的应用程序列表中启动。　　　　　　（　　）

4. 当对演示文稿进行排练计时后，排练计时在人工放映时也生效。　　　　　（　　）

5. 在对两张幻灯片设置超链接时，一般应该先定义动作按钮。　　　　　　　（　　）

6. 普通视图的左子窗口显示的是文稿的大纲。　　　　　　　　　　　　　　（　　）

7. 在幻灯片中不能设置页眉/页脚。　　　　　　　　　　　　　　　　　　　（　　）

8. 可以从"文件"选项卡中关闭幻灯片。　　　　　　　　　　　　　　　　　（　　）

9. 幻灯片中的文本在插入后就具有动画了，只有在需要更改时才对其进行设置。（　　）

10. 右击幻灯片，在快捷菜单中选择"删除"命令，可以删除一张幻灯片。　　（　　）

四、填空题（共 8 小题，每题 4 分，共 32 分）

1. PowerPoint 2016 的视图包括_____、_____、备注页视图、幻灯片浏览视图和幻灯片放映视图。

2. 在 PowerPoint 2016 中可以利用_____和_____两种方法创建演示文稿。

3. 放映演示文稿可以单击"幻灯片放映"选项卡中的"_____"按钮，或单击幻灯片视图工具栏上的"_____"按钮，也可以利用_____键。

4. 插入一张新幻灯片可以选择"插入"选项卡的"_____"按钮，还可以利用组合键_____。

5. 删除幻灯片可以通过_____键或_____菜单中的"删除幻灯片"命令。

6. 控制演示文稿外观的 3 种方式是_____、_____和_____。

7. 演示文稿母版包括幻灯片母版、_____和_____ 3 种。

8. 新幻灯片的放映方式分为_____和_____。

五、操作题（共 1 小题，共 10 分）

（1）在幻灯片中制作如下所示的组织结构：

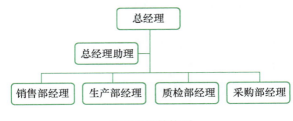

公司组织结构图

（2）在幻灯片中插入一段音乐，设置为在运行演示文稿时播放。

（3）在幻灯片中录制旁白。

（4）为幻灯片中的对象设置动画效果。

（5）修改幻灯片母版。

要求：

① 改变文字占位符或标题占位符的大小和位置。

② 在幻灯片母版中添加图片，改变幻灯片的背景。

③ 改变文字占位符中文字的格式。

④ 在幻灯片母版中添加希望在每张幻灯片中都出现的文字或徽标。

测试题 16

一、单选题（共 20 小题，每题 2 分，共 40 分）

1. PowerPoint 2016 默认的视图方式是_____。

    A. 大纲视图   B. 幻灯片浏览视图

    C. 普通视图   D. 幻灯片视图

2. 在演示文稿中，为幻灯片重新设置背景，若要让所有幻灯片使用相同的背景，则应在"设置背景格式"任务窗格中单击_____按钮。

    A. 全部应用   B. 应用   C. 取消   D. 预览

3. 创建幻灯片的动画效果时，应选择"_____"选项卡。

    A. 动画   B. 动作设置   C. 动作按钮   D. 幻灯片放映

4. 供演讲者查阅以及播放演示文稿时对各幻灯片加以说明的是_____。

    A. 备注窗格　　　B. 大纲窗格　　　　C. 幻灯片窗格　　　D. 页面窗格

5. 不属于 PowerPoint 2016 创建的演示文稿的格式文件保存类型的是_____。

    A. PowerPoint 2016　　　　　　B. RTF 文件

    C. PowerPoint 2010　　　　　　D. PowerPoint 2003

6. 属于演示文稿扩展名的是_____。

    A. . opx　　　　B. . pptx　　　　C. . dwg　　　　　D. . jpg

7. 在 PowerPoint 2016 中不属于文本占位符的是_____。

    A. 标题　　　　B. 副标题　　　　C. 图表　　　　　D. 普通文本框

8. 绘制图形时，如果画一条水平、垂直或者 45° 倾角的直线，在拖动鼠标时，需要按住_____键。

    A. Ctrl　　　　B. Tab　　　　　C. Shift　　　　　D. F4

9. 选择全部演示文稿时，可用组合键_____。

    A. Ctrl+A　　　B. Ctrl　　　　C. F3　　　　　　D. F4

10. PowerPoint 2016 应用程序是一个_____文件。

    A. 文字处理　　　B. 表格处理　　　C. 图形处理　　　　D. 文稿演示

11. 选定图形对象时，如果选择多个图形，需要按住_____键，再用鼠标单击要选择的图形。

    A. Shift　　　　B. Ctrl+Shift　　C. Tab　　　　　D. F1

12. 改变图形对象的大小时，如果要保持图形的比例，拖动控制句柄的同时要按住_____键。

    A. Ctrl　　　　B. Ctrl+Shift　　C. Shift　　　　　D. Tab

13. 改变图形对象的大小时，如果要以图形对象的中心为基点进行缩放，要按住_____键。

    A. Ctrl　　　　B. Shift　　　　C. Ctrl+E　　　　D. Ctrl+Shift

14. 如果要求幻灯片能够在无人操作的环境下自动播放，应该事先对演示文稿进行_____。

    A. 自动播放　　　B. 排练计时　　　C. 存盘　　　　　D. 打包

15. 在幻灯片_____视图中，拖动幻灯片可以更改幻灯片的次序。

    A. 大纲　　　　B. 普通　　　　C. 浏览　　　　　D. 放映

16. 当在幻灯片中插入声音后，幻灯片中将出现_____。

    A. 喇叭标记　　　B. 一段文字说明　C. 链接说明　　　D. 链接按钮

17. 在 PowerPoint 2016 动画中，不可以设置_____。

    A. 动画效果　　　B. 时间和顺序　　C. 动作的循环播放　D. 放映类型

18. 在放映幻灯片时，如果需要从第 2 张幻灯片切换至第 5 张幻灯片，应_____。

    A. 在制作时建立第 2 张幻灯片转至第 5 张幻灯片的超链接

    B. 停止放映，双击第 5 张幻灯片后再放映

    C. 放映时双击第 5 张幻灯片就可以切换

    D. 右击幻灯片，在快捷菜单中选择第 5 张幻灯片

19. PowerPoint 2016 的 "设计模板" 包含_____。

    A. 预定义的幻灯片版式　　　　B. 预定义的幻灯片背景颜色

    C. 预定义的幻灯片配色方案　　D. 预定义的幻灯片样式和配色方案

20. 幻灯片之间的切换效果，通过 "_____" 选项卡中的命令来设置。

    A. 设计　　　　B. 动画　　　　C. 幻灯片放映　　　D. 切换

二、多选题（共 3 小题，每题 3 分，共 9 分）

1. _____可以启动 PowerPoint。

    A. 单击任务栏的 "开始" 菜单→ "PowerPoint"

B. 双击桌面上的 PowerPoint 快捷方式图标

C. 从"我的电脑"中的 Office 程序组启动

D. 双击 PowerPoint 演示文稿

2. 在 PowerPoint 2016 中，_____可以启动帮助系统。

A. 选择菜单"帮助"中的"帮助"命令

B. 单击快速访问工具栏上的"帮助"按钮

C. 右击对象并从快捷菜单中选择"帮助"命令

D. 按 F1 键

3. _____ 可以在"格式"菜单中进行设置。

A. 样式背景　　　B. 版式　　　　　C. 主题　　　　　　D. 影片和声音

三、判断题（共 9 小题，每题 1 分，共 9 分）

1. 在 PowerPoint 系统中，不能插入 Excel 图表。　　　　　　　　　　（　　）

2. 演示文稿只能用于放映幻灯片，而无法输出到打印机上。　　　　　（　　）

3. 当演示文稿按照自动放映方式进行播放时，按 Esc 键可以中止播放。（　　）

4. 如果不进行设置，系统放映幻灯片时默认是全部播放的。　　　　　（　　）

5. 除了系统提供的幻灯片动作按钮外，还可以根据需要，由制作者自己设置。（　　）

6. 幻灯片动画设置分为预设动画和自定义动画两种方式。　　　　　　（　　）

7. 在"动画窗格"中，可以改变动画出场的次序。　　　　　　　　　（　　）

8. 幻灯片中的组织结构图不能设置动画。　　　　　　　　　　　　　（　　）

9. 在放映幻灯片时，可以采用各种显示方式。　　　　　　　　　　　（　　）

四、填空题（共 7 小题，第 1~5 题每空 2 分，第 6~7 题每空 3 分，共 31 分）

1. 为了在放映时达到观众所期望的节奏和次序，可以在_____选项卡中设置。

2. 控制新幻灯片放映的 3 种方式是_____、_____和_____。

3. 在讲义母版中，包括 4 个可以输入文本的占位符，它们分别是页眉区、页脚区、_____、_____。

4. 保存演示文稿的方法有：在"文件名"文本框中输入文件存放路径和文件名，最多可以包含_____个字符。

5. PowerPoint 2016 演示文稿设计模板的文件扩展名是_____。

6. 在联机广播放映幻灯片时，播放演示文稿的所有切换在浏览器中显示都为_____。

7. 退出 PowerPoint 2016 的 4 种方法分别是_____、_____、_____、_____。

五、操作题（共 1 小题，共 10 分）

（1）创建一个自定义放映幻灯片时，控制幻灯片放映的方式有哪两种？练习使用不同的自定义放映方法。

（2）在一个演示文稿中，为不同的幻灯片设置不同的切换效果。

（3）通过排练设置幻灯片换片时间，然后通过人工的方法改变部分幻灯片的放映时间。

（4）将宏病毒保护的安全级设置为最高。

（5）在 Word 中分别嵌入和链接两个不同的 PowerPoint 文件，然后在 PowerPoint 中修改这两个文件的内容并保存，观察该 Word 文档有何变化。

第6章　Internet 与信息检索测试题

测试题 17

一、单选题（共 18 小题，每题 2 分，共 36 分）

1. 某用户的 E-mail 地址是 Lu_sp@ online. sh. cn，那么发送电子邮件的服务器是_____。

   A. online. sh. cn　　　　B. Internet　　　　C. Lu_sp　　　　D. iwh. com. cn

2. Intranet 是_____。

   A. 局域网　　　　B. 广域网　　　　C. 企业内部网　　　　D. Internet 的一部分

3. 中国科技网是_____。

   A. CERNET　　　　B. CSTNET　　　　C. ChinaNET　　　　D. ChinaGBN

4. 以下关于拨号上网的说法，正确的是_____。

   A. 只能用音频电话线　　　　　　　B. 音频和脉冲电话线都不能用

   C. 只能用脉冲电话线　　　　　　　D. 音频和脉冲电话线都能用

5. 以下关于进入 Web 站点的说法，正确的是_____。

   A. 只能输入 IP 地址　　　　　　　B. 需要同时输入 IP 地址和域名

   C. 只能输入域名　　　　　　　　　D. 可以输入 IP 地址或域名

6. Internet 上的资源分为_____两类。

   A. 计算机和网络　　　B. 信息和网络　　　C. 信息和服务　　　D. 浏览和电子邮件

7. 万维网引进了超文本的概念，超文本是指_____。

   A. 包含多种文本的文本　　　　　　B. 包含图像的文本

   C. 包含多种颜色的文本　　　　　　D. 包含超链接的文本

8. 电子邮件的主要功能是建立电子邮箱、生成电子邮件、发送电子邮件和_____。

   A. 接收电子邮件　　　　　　　　　B. 处理电子邮件

   C. 修改电子邮件　　　　　　　　　D. 删除电子邮件

9. 关于 Modem 的说法，不正确的是_____。

   A. Modem 可以支持将模拟信号转换为数字信号

   B. Modem 可以支持将数字信号转换为模拟信号

   C. Modem 不支持模拟信号转换为数字信号

   D. Modem 就是调制解调器

10. 在浏览某些中文网页时，出现乱码的原因通常是_____。

    A. 所使用的操作系统不同　　　　　B. 传输协议不一致

    C. 所使用的中文操作系统内码不同　　D. 浏览器使用的网页编码和网页的源代码不同

11. 下面关于网址的说法中，不正确的是_____。

    A. 网址有两种表示方法　　　　　　B. IP 地址是唯一的

        C. 域名的长度是固定的   D. 输入网址时可以使用域名

12. 文件传输和远程登录都是互联网的主要功能，它们都需要双方计算机之间建立通信联系，二者的区别是_____。

    A. 文件传输只能传输计算机上已经存在的文件，远程登录还要直接在已登录的主机上进行目录、文件等的创建与删除操作

    B. 文件传输不必经过对方计算机的验证和许可，远程登录则必须经过对方计算机的验证和许可

    C. 文件传输只能传递文件，远程登录则不能传递文件

    D. 文件传输只能传输字符型文件，不能传输图像、声音，而远程登录则可传输这些文件

13. 支持 Internet 扩充服务的协议是_____。

    A. OSI   B. IPX/SPX   C. TCP/IP   D. FTP/Usenet

14. 不属于电子邮件系统主要功能的是_____。

    A. 生成电子邮件   B. 发送和接收电子邮件

    C. 建立电子邮箱   D. 自动销毁电子邮件

15. 网址中的 http 是指_____。

    A. 超文本传送协议   B. 文件传输协议

    C. 计算机主机名   D. TCP/IP

16. 将 IE 临时文件夹的空间设置为 500 MB，正确的操作是_____。

    A. "开始" → "选项" → "设置"

    B. "工具" → "Internet 选项" → "常规" → "设置"

    C. "工具" → "选项" → "安全"

    D. "开始" → "选项" → "隐私"

17. 不属于协议的是_____。

    A. FTP   B. HTTP

    C. HTML   D. Hypertext Transport Protocol

18. 在 Internet 基本服务中，Telnet 是指_____。

    A. 文件传输   B. 索引服务   C. 名录服务   D. 远程登录

二、多选题（共 4 小题，每题 5 分，共 20 分）

1. 下列叙述中，正确的是_____。

    A. 在一封电子邮件中可以发送文字、图像、音频等信息

    B. 电子邮件比人工邮件传送更迅速、更可靠且范围更广

    C. 电子邮件可以同时发送给多个人

    D. 发送电子邮件时，通信双方必须都在场

2. 在局域网中，常用的通信介质是_____。

    A. 紫外线   B. 双绞线   C. 光缆   D. 红外线

3. 下列叙述中，不正确的是_____。

    A. 主机的 IP 地址和域名完全相同

    B. 一个域名可以对应多个 IP 地址

    C. 主机的 IP 地址和域名是一一对应的

    D. 一个主机的 IP 地址可以根据需要对应多个域名

4. 计算机网络由两个部分组成，它们是_____。

    A. 计算机   B. 通信子网   C. 数据传输介质   D. 资源子网

三、判断题（共 10 小题，每题 1 分，共 10 分）

1. 个人计算机可以通过 ISDN 接入 Internet。　　　　　　　　　　　　（　　）

2. Internet 解决了不同调制解调器之间的兼容性问题。　　　　　　　　（　　）

3. 信息高速公路是指国家信息基础设施。　　　　　　　　　　　　　　（　　）

4. 计算机网络是将分散的多台计算机用通信线路互相连接起来而形成的系统。（　　）

5. 个人计算机插入网卡通过电话线就可以连网了。　　　　　　　　　　（　　）

6. 在建立局域网时，调制解调器是不可缺少的组成部分。　　　　　　　（　　）

7. 在数据通信过程中，信道传输速率的单位是比特/秒，其含义是 bit per second。（　　）

8. 组成计算机网络的一大好处就是能够共享资源。　　　　　　　　　　（　　）

9. 200.56.78.255 是错误的 IP 地址。　　　　　　　　　　　　　　　　（　　）

10. 使用附件发送文件时，附件可以是文章、文本文件、音频文件、照片、图片和影像。（　　）

四、填空题（共 10 小题，每题 2 分，共 20 分）

1. 计算机网络技术是_____和_____相结合而产生的一门新技术。

2. 计算机网络就是将地理上_____的、具有独立功能的多台计算机（系统）（或由计算机控制的外部设备），利用_____通过_____和_____连接起来，按照特定的通信协议进行_____，实现_____的系统。

3. 开放系统互连模型只对网络层次的划分和各层协议做了一些说明，在实际应用中产生了一种网络通信协议：_____协议。

4. Internet 又称因特网，是_____的英文简称，是世界上规模最大的计算机网络，是由成千上万台具有_____的专用计算机通过_____，把_____的网络在物理上连接起来形成的网络。

5. Internet 是全球最大的计算机网络，因此其最突出的特点是_____。

6. TCP/IP 是_____，其中 TCP 是一个面向无连接的协议，允许一台计算机发出的_____毫无差错地发往网络上的其他计算机，解决了数据传输中可能出现的问题。IP 详细规定了计算机在通信时应该遵守的全部规则，是 Internet 上使用的一个关键的_____，负责_____的传送。

7. IP 地址由_____位二进制数组成，每_____位作为一部分，用"."分开，是计算机网络中各个连接设备的唯一标识。

8. 防火墙是在_____或_____与_____之间增设的一个关卡。

9. 从本质上说，数据加密是将用户要传送的_____按照一定的规则进行_____的过程。

10. DNS 系统是由_____组成的，每个域名服务器是一个资源记录库，存放着辖域内的所有域名与_____的对照表和上一级域名服务器的_____。

五、操作题（共 2 小题，每题 5 分，共 10 分）

1. 访问网易门户网站 www.163.com，在其上申请一个电子邮箱，并给亲朋好友发送电子邮件。

2. 浏览自己喜欢的网站，并把该网站收藏在收藏夹中，允许脱机使用。

测试题 18

一、单选题（共 20 小题，每题 2 分，共 40 分）

1. 发送电子邮件的服务器和接收电子邮件的服务器_____。

　　A. 必须是同一主机　　　　　　　　B. 可以是同一主机

　　C. 必须是两台主机　　　　　　　　D. 以上说法都不对

2. 中国公用信息网是_____。

　　A. NCFC　　　　　　B. CERNET　　　　C. ISDN　　　　D. ChinaNET

3. _____不是电子邮件地址的组成部分。

A. 用户名　　　　　　B. 主机域名　　　　C. 口令　　　　　　D. @

4. 下面关于 TCP/IP 的说法中，不正确的是 _____。

    A. TCP/IP 定义了如何对传输的信息进行分组

    B. IP 专门负责按照地址在计算机之间传送信息

    C. TCP/IP 包括传输控制协议和网际协议

    D. TCP/IP 是一种程序设计语言

5. 以下关于 TCP/IP 的说法，不正确的是 _____。

    A. 这是网络之间进行数据通信时共同遵守的各种规则的集合

    B. 这是把大量网络和计算机有机地联系在一起的一条纽带

    C. 这是 Internet 实现计算机用户之间数据通信的技术保证

    D. 这是一种用于上网的硬件设备

6. 下列关于发送电子邮件的说法，不正确的是 _____。

    A. 可以发送文本文件　　　　　　　B. 可以发送非文本文件

    C. 可以发送所有格式的文件　　　　D. 只能发送超文本文件

7. HTTP 是一种 _____。

    A. 网址　　　　　　B. 高级语言　　　　C. 域名　　　　D. 超文本传送协议

8. 拥有计算机并以拨号方式入网的用户需要使用 _____。

    A. Modem　　　　　B. 鼠标　　　　　　C. CD-ROM　　　D. 电话机

9. 计算机网络系统中的资源可分成三大类：数据资源、_____ 和硬件资源。

    A. 设备资源　　　　B. 程序资源　　　　C. 软件资源　　　D. 文件资源

10. IP 的含义是 _____。

    A. 信息协议　　　　B. 内部协议　　　　C. 传输控制协议　　D. 网际协议

11. 电子邮件到达接收方时，如果接收方没有开机，那么电子邮件将 _____。

    A. 在接收方开机时重新发送　　　　B. 丢失

    C. 退回给发件人　　　　　　　　　D. 保存在因特网服务提供者的 E-mail 服务器上

12. 超文本的含义是 _____。

    A. 该文本中包含有声音

    B. 该文本中包含有图像

    C. 该文本中包含有二进制字符

    D. 该文本中有链接到其他文本的超链接

13. OSI/RM 的含义是 _____。

    A. 网络通信协议　　　　　　　　　B. 国家信息基础设施

    C. 开放系统互连参考模型　　　　　D. 公共数据通信网

14. TCP/IP 的基本传输单位是 _____。

    A. 文件　　　　　　B. 字节　　　　　　C. 数据包　　　D. 帧

15. 在 Internet 上，可以将一台计算机作为一台主机的远程终端，从而使用该主机中的资源，该项服务称为 _____。

    A. FTP　　　　　　B. Telnet　　　　　　C. Gopher　　　D. BBS

16. TCP 的主要功能是 _____。

    A. 进行数据分组　　　　　　　　　B. 提高数据传输速率

    C. 保证可靠传输　　　　　　　　　D. 确定数据传输途径

17. DNS 的含义是 _____。

    A. 域名系统　　　　B. 域名　　　　　　C. 服务器　　　D. 网络名

18. Modem 的主要功能是_____。

　　A. 将数字信号转换为模拟信号　　　　B. 将模拟信号转换为数字信号

　　C. 兼有选项 A 和 B 的功能　　　　　　D. 选项 A 和 B 都是错误的

19. Internet 诞生的标志是_____。

　　A. 建立 NSFNET　　　　　　　　　　B. TCP/IP 研制成功

　　C. ARPANET 的建立　　　　　　　　　D. 首届计算机通信国际会议召开

20. 用于表示商业公司一级域名的是_____。

　　A. .com　　　　　　B. .edu　　　　　　C. .org　　　　　　D. .net

二、多选题（共 4 小题，每题 5 分，共 20 分）

1. 网络通信协议由_____组成。

　　A. 语法　　　　　　B. 语义　　　　　　C. 变换规则　　　　D. 标准

2. 在以下各类型的文件中，可以在 Internet 中传输的有_____。

　　A. 声音　　　　　　B. 图像　　　　　　C. 电子邮件　　　　D. 文字

3. 下列叙述中，正确的是_____。

　　A. 因特网可以提供电子邮件功能

　　B. IP 地址分成 5 类

　　C. 当个人计算机接入网络后，其他用户均可使用本地资源

　　D. 计算机局域网的协议只有一种

4. 网络通信协议的层次结构的特点有_____。

　　A. 最高层为应用程序层

　　B. 除了物理层之外，每一层都是下一层的用户

　　C. 每一层都有相应的协议，都有明确的任务

　　D. 层与层之间通过接口相连

三、判断题（共 10 小题，每题 1 分，共 10 分）

1. 我国的 4 个互联网分别是 CERNET、CHINANET、CHINAGBN 和 CSTNET。　　　（　　）

2. 用户的电子邮件地址就是该用户的 IP 地址。　　　（　　）

3. 计算机网络协议是为保证准确通信而制定的一组规则或约定。　　　（　　）

4. 在计算机网络中，每台计算机都是独立的。　　　（　　）

5. Internet 上使用的协议之一是 TCP/IP。　　　（　　）

6. 调制解调器的作用是对信号进行整形和放大。　　　（　　）

7. 内置式调制解调器位于机箱内，其抗干扰能力比外置式调制解调器强，而且运行速度比外置式调制解调器快。　　　（　　）

8. 使用电子邮件时，不能把视频文件作为附件连同正文一起发送给收件人。　　　（　　）

9. 在 Internet 上用户是自由的，不受任何约束。　　　（　　）

10. Internet 属于美国。　　　（　　）

四、填空题（共 5 小题，每题 4 分，共 20 分）

1. 一般情况下，最右边的子域名为_____。

2. _____是 Internet 提供的最基本、最重要的服务功能，也称电子邮箱，它不受空间条件的限制，同时发送信息的数量、速度、准确性和费用方面都能满足用户的要求。

3. 电子邮件是利用_____的通信功能实现比普通信件传输快很多的一种新技术。

4. 实现计算机网络需要硬件和软件，其中，负责管理整个网络各种资源、协调各种操作系统的软件是_____。

5. 一座办公大楼内各个办公室中的微型计算机进行连网，这个网属于_____。

五、操作题（共 2 小题，每题 5 分，共 10 分）

1. 通过浏览器下载迅雷（Thunder）软件。
2. 安装迅雷软件，然后使用该软件下载自己喜欢的软件和文章等。

测试题 19

一、单选题（共 20 小题，每题 2 分，共 40 分）

1. 保障信息安全最基本、最核心的技术性措施是_____。
   A. 信息加密技术　　　B. 信息确认技术　　　C. 网络控制技术　　　D. 反病毒技术

2. 通常所说的"病毒"是指_____。
   A. 细菌感染　　　　　　　　　　B. 生物病毒感染
   C. 被损坏的程序　　　　　　　　D. 特制的、具有破坏性的程序

3. 计算机病毒造成的危害是_____。
   A. 使磁盘发霉　　　　　　　　　B. 破坏计算机系统
   C. 使计算机内存芯片损坏　　　　D. 使计算机系统突然断电

4. 计算机病毒的危害性表现在_____。
   A. 能造成计算机器件永久性失效
   B. 影响程序的执行，破坏用户数据和程序
   C. 不影响计算机的运行速度
   D. 不影响计算机的运算结果，不必采取任何措施

5. 下列有关计算机病毒分类的说法，正确的是_____。
   A. 病毒分为 12 类　　　　　　　B. 病毒分为操作系统型和文件型
   C. 没有病毒分类之说　　　　　　D. 病毒分为外壳型和入侵型

6. 计算机病毒对于操作计算机的人，_____。
   A. 只会感染，不会致病　　　　　B. 会感染，会致病
   C. 不会感染　　　　　　　　　　D. 会有厄运

7. 不能防止计算机病毒的措施是_____。
   A. 软盘未写保护
   B. 先用杀毒软件将从其他计算机上复制的文件清查病毒
   C. 不使用来历不明的磁盘
   D. 经常关注防病毒软件的版本升级情况，并尽量使用最高版本的防病毒软件

8. 防病毒卡能够_____。
   A. 杜绝病毒对计算机造成侵害
   B. 发现病毒入侵迹象并及时阻止或提醒用户
   C. 自动消除已感染的所有病毒
   D. 自动发现并阻止病毒的入侵

9. 计算机病毒主要是造成_____损坏。
   A. 磁盘　　　　　　　　　　　　B. 磁盘驱动器
   C. 磁盘及其中的程序和数据　　　D. 程序和数据

10. 文件型病毒感染的对象主要是_____。
    A. .DBF　　　　　　B. .PRG　　　　　C. .COM 和 .EXE　　　D. .C

11. 文件被感染病毒后，其呈现的基本特征是_____。
    A. 文件不能被执行　　　　　　　B. 文件长度变短

C. 文件长度加长　　　　　　　　D. 文件能照常运行

12. 在计算机网络的应用中，有意制造和传播计算机病毒是一种_____行为。

A. 不规范的　　　B. 违法的　　　C. 不道德的　　　D. 失职的

13. 在计算机网络中，数据传输的可靠性可以用_____测评。

A. 传输速率　　　B. 频带利用率　　　C. 信息容量　　　D. 误码率

14. 以下特性中，不属于计算机病毒特性的是_____。

A. 传染性　　　B. 隐蔽性　　　C. 长期性　　　D. 潜伏性

15. 有些计算机病毒可以使计算机_____。

A. 过热　　　B. 自动开机　　　C. 耗电量增加　　　D. 丢失或损坏数据

16. 密码发送型特洛伊木马程序将窃取的密码发送到_____。

A. 电子邮件　　　B. 电子邮箱　　　C. 邮局　　　D. 网站

17. 设置网上银行密码的安全原则是_____。

A. 使用有意义的英文单词　　　　　　B. 使用姓名缩写

C. 使用电话号码　　　　　　　　　　D. 使用字母和数字的混合

18. 以下不属于网络安全防范措施的是_____。

A. 安装个人防火墙　　　　　　　　　B. 设置 IP 地址

C. 合理设置密码　　　　　　　　　　D. 下载软件后，先杀毒再使用

19. 属于计算机犯罪的是_____。

A. 非法截取信息

B. 复制与传播计算机病毒、禁播影像制品和其他非法活动

C. 借助计算机技术伪造或篡改信息、进行诈骗及其他非法活动

D. 以上皆是

20. 用于表示教育一级域名的是_____。

A. . com　　　B. . edu　　　C. . org　　　D. . net

二、多选题（共 4 小题，每题 5 分，共 20 分）

1. 计算机病毒通常易感染扩展名为_____的文件。

A. . hlp　　　B. . exe　　　C. . com　　　D. . bat

E. . bak　　　F. . sys

2. 下列属于计算机病毒引发的症状是_____。

A. 找不到文件　　　　　　　　　　　B. 系统的有效存储空间变小

C. 系统启动时的引导过程变慢　　　　D. 打不开文件

E. 无端丢失数据　　　　　　　　　　F. 死机现象增多

3. 下列关于计算机病毒的论述中，正确的是_____。

A. 计算机病毒是人为地编制出来、可在计算机上运行的程序

B. 计算机病毒具有寄生于其他程序或文档中的特点

C. 只要人们不去执行计算机病毒，就无法发挥其破坏作用

D. 在计算机病毒执行过程中，通常可以自我复制或制造自身的变种

E. 只有在计算机病毒发作时，才能将其检查出来并加以消除

F. 计算机病毒具有潜伏性，仅在某些特定的条件下才会发作

4. 下列关于计算机病毒的叙述中，正确的是_____。

A. 严禁在计算机上玩游戏是预防计算机病毒入侵的唯一措施

B. 计算机病毒只破坏内存中的程序和数据

C. 计算机病毒可能破坏软盘中的程序、数据以及硬盘

D. 计算机病毒是一种人为编制的、特殊的程序，会对计算机系统软件资源和文件造成干扰和破坏，使计算机系统不能正常运转

三、判断题（共 10 小题，每题 1 分，共 10 分）

1. 不得在网络上公布国家机密文件和资料。 （ ）

2. 电子商务发展迅猛，但困扰它的最大问题之一是安全性。 （ ）

3. 用户的通信自由和通信秘密受到法律保护。 （ ）

4. 在网络安全方面给企业造成最大财政损失的安全问题是黑客。 （ ）

5. 计算机病毒可通过网络、U 盘、光盘等各种媒体传染，有的病毒还会自我复制。 （ ）

6. 远程登录，就是允许用自己的计算机通过 Internet 连接到很远的另一台计算机上，利用本地的键盘操作他人的计算机。 （ ）

7. 各级党政机关存储国家秘密文件和资料的计算机系统必须与互联网彻底断开。 （ ）

8. 用查毒软件对计算机进行检查，报告结果称没有病毒，说明这台计算机中一定没有病毒。 （ ）

9. 在网络上发布和传播病毒只受道义上的制约。 （ ）

10. 当计算机出现一些原因不明的故障时，可通过 Windows 的安全模式重新启动计算机，便可能更改系统错误。 （ ）

四、填空题（共 9 小题，每题 2 分，共 18 分）

1. 防火墙的_____功能用来记录它所监听到的一切事件。

2. 在已经发现的计算机病毒中，_____病毒可以破坏计算机的主板，使计算机无法正常工作。

3. 计算机病毒具有_____、潜伏性和破坏性这 3 个特点。

4. 计算机病毒可分为引导型病毒和_____病毒两类。

5. 引导型病毒通常位于_____扇区中。

6. 感染文件型病毒后系统的基本特征是_____。

7. 计算机病毒是_____。

8. 计算机病毒传染性的主要作用是将病毒程序进行_____。

9. _____程序通过分布式网络来传播特定的信息或错误，进而造成网络服务遭到拒绝并发生死锁。

五、操作题（共 2 小题，每题 5 分，共 10 分）

1. 在自己的计算机上进行杀毒软件的安装练习（如 360 杀毒、小红伞、瑞星杀毒软件、金山毒霸软件等）。

2. 对硬盘或 U 盘中指定的文件夹进行查杀病毒练习：

（1）按照文件类型进行查杀病毒练习。

（2）利用定制任务设置功能，将杀毒软件设置为定时扫描，扫描频率为"每周一次"。

（3）对计算机系统进行及时升级。

测试题 20

一、单选题（共 20 小题，每题 2 分，共 40 分）

1. 网络信息系统常见的不安全因素包括_____。
   A. 设备故障　　　　B. 拒绝服务　　　　C. 篡改数据　　　　D. 以上皆是

2. 可实现身份验证的是_____。
   A. 口令　　　　　　B. 智能卡　　　　　C. 视网膜　　　　　D. 以上皆是

3. 计算机安全包括_____。
   A. 操作安全　　　　B. 物理安全　　　　C. 病毒防护　　　　D. 以上皆是

4. 信息安全需求包括_____。

    A. 完整性　　　　　　　　B. 可用性　　　　　　　　C. 保密性　　　　　　　　D. 以上皆是

5. 下列关于计算机病毒的说法中，错误的是_____。

    A. 有些病毒只能攻击某一种操作系统，如 Windows

    B. 病毒通常附着在其他应用程序后面

    C. 每种病毒都会给用户造成严重的后果

    D. 有些病毒会损坏计算机硬件

6. 下列关于网络病毒的描述中，错误的是_____。

    A. 网络病毒不会对数据传输造成影响

    B. 与单机病毒相比，网络病毒加快了病毒传播的速度

    C. 传播媒体是网络

    D. 可通过电子邮件传播

7. 下列计算机操作中，不正确的是_____。

    A. 开机前查看稳压器的输出电压是否正常（220 V）

    B. 硬盘中的重要数据文件要及时备份

    C. 计算机通电后，可以随意搬动计算机

    D. 关机时应先关闭主机，再关外部设备

8. 拒绝服务的后果是_____。

    A. 信息不可用　　　　　　　　　　　　B. 应用程序不可用

    C. 阻止通信　　　　　　　　　　　　　D. 以上皆是

9. 网络安全方案（除增强安全设施的投资外）应该考虑_____。

    A. 用户的方便性　　　　　　　　　　　B. 管理的复杂性

    C. 对现有系统的影响及对不同平台的支持　　D. 以上皆是

10. 下列关于计算机病毒的描述中，正确的是_____。

    A. 计算机病毒只感染后缀为 exe 或 com 的文件

    B. 计算机病毒是通过电力网传播的

    C. 计算机病毒通过读写 U 盘、光盘或因特网传播

    D. 计算机病毒是由于软盘表面不清洁而引起的

11. 最基本的网络安全技术是_____。

    A. 信息加密技术　　　　　　　　　　　B. 防火墙技术

    C. 网络控制技术　　　　　　　　　　　D. 反病毒技术

12. 防止计算机传染病毒的方法是_____。

    A. 不使用带有病毒的盘片　　　　　　　B. 使用计算机之前要洗手

    C. 提高计算机电源的稳定性　　　　　　D. 联机操作

13. 计算机病毒_____。

    A. 都具有破坏性　　　　　　　　　　　B. 有些可能并不具备破坏性

    C. 都破坏可执行文件　　　　　　　　　D. 不破坏数据，只破坏文件

14. 计算机病毒_____。

    A. 是生产计算机硬件时不经意间产生的　　B. 是人为制造的

    C. 都必须清除才能使用计算机　　　　　D. 都是人们无意中制造的

15. 以下措施中，不能防止计算机病毒的是_____。

    A. 经常清洁计算机

    B. 先用杀毒软件对从其他计算机上复制来的文件查杀病毒

C. 不使用来历不明的磁盘

D. 经常进行防病毒软件的升级

16. 属于计算机犯罪类型的是_____。

    A. 非法截取信息   B. 复制和传播计算机病毒

    C. 利用计算机技术伪造信息   D. 以上皆是

17. 下列情况中，_____破坏了数据的完整性。

    A. 假冒他人地址发送数据   B. 不承认提交过信息的行为

    C. 数据在传输中途被窃听   D. 数据在传输中途被篡改

18. 属于计算机犯罪的是_____。

    A. 窃取各种情报

    B. 复制与传播计算机病毒、禁播影像制品和其他非法活动

    C. 借助计算机技术伪造或篡改信息、进行诈骗及其他非法活动

    D. 以上皆是

19. 知识产权包括_____。

    A. 著作权   B. 专利权

    C. 商标权   D. 以上皆是

20. 应尽量避免侵犯他人的隐私权，不能在网络上随意发布、散布别人的_____。

    A. 照片   B. 电子邮箱

    C. 电话   D. 以上皆是

二、多选题（共 4 小题，每题 5 分，共 20 分）

1. 下列选项中，属于计算机安全策略的是_____。

    A. 威严的法律   B. 先进的技术

    C. 高安全等级的防火墙   D. 严格的管理

2. 在使用计算机时，应该注意_____。

    A. 机房清洁无尘

    B. 机房保持良好的通风

    C. 供电电源应尽量保持稳定

    D. 开、关机时接通电源有先后顺序

3. 防治计算机病毒使用的方法主要有_____。

    A. 防止写操作，如软盘启用写保护功能，不乱用来历不明的软盘、盗版光盘等

    B. 及时使用防病毒软件检查并清除病毒

    C. 在计算机上安装防病毒软件或防病毒卡

    D. 使用目前市面上流行的防病毒软件《360 杀毒》、《小红伞》、《金山毒霸》、《瑞星杀毒软件》等

4. 计算机启动时，进入磁盘扫描程序，说法_____是合理的。

    A. 计算机上次使用时没有正常关闭，导致文件读写错误，再次启动时自动进入磁盘扫描程序

    B. 计算机突然死机，热启动或复位启动也会引起这种现象

    C. 硬盘出现物理故障，导致系统启动后找不到启动文件

    D. 突然断电或强行关机引起 Windows 非正常退出

三、判断题（共 10 小题，每题 1 分，共 10 分）

1. 当发现计算机病毒时，它们往往已经对计算机系统造成了不同程度的破坏，即使清除了病毒，遭受破坏的内容有时也不可恢复。因此，对计算机病毒必须以防范为主。   （   ）

2. 不得在网络上公布国家机密文件和资料。 （　　　）

3. 计算机病毒只会破坏磁盘上的数据和文件。 （　　　）

4. 计算机病毒是指能够自我复制和传播、占据系统资源、破坏计算机正常运行的特殊程序块或程序集合体。 （　　　）

5. 通常所说的"黑客"与"计算机病毒"是一回事。 （　　　）

6. 计算机病毒不会破坏磁盘上的数据和文件。 （　　　）

7. 造成计算机不能正常工作的原因若不是硬件故障，就是计算机病毒。 （　　　）

8. 用防病毒软件可以清除所有的病毒。 （　　　）

9. 计算机病毒的传染和破坏主要是动态进行的。 （　　　）

10. 防病毒卡是一种硬件化的防病毒程序。 （　　　）

四、填空题（共 10 小题，每题 2 分，共 20 分）

1. 信息的安全是指信息在存储、处理和传输状态下均能保证其_____、_____和_____。

2. 实现数据动态冗余存储的技术有_____、_____和_____。

3. 数字签名的主要特点有_____、_____、_____。

4. 防火墙位于_____和_____之间，实施对网络的保护。

5. 常用的防火墙有_____防火墙和_____防火墙。

6. _____防火墙是网络安全最基本的技术。

7. 操作系统安全隐患一般分为两部分：_____和_____。

8. 清除病毒一般采用_____和_____的方法。

9. 计算机病毒的特性有_____、_____、_____、_____、针对性、隐蔽性、衍生性。

10. HTTP 是一种_____。

五、操作题（共 1 小题，共 10 分）

（1）在自己的计算机上进行防火墙的安装练习（如 360 个人版防火墙、诺顿个人防火墙、瑞星个人防火墙等）。

（2）对安装好的防火墙进行安全设置：

① 设置开机后自动启动防火墙。

② 将防火墙的安全级别设置为中级。

③ 利用防火墙修补系统漏洞。

第7章　新一代信息技术测试题

一、选择题（共 5 小题，每题 2 分，共 10 分）

1. 下列（　　）选项不是大数据的特征。
   - A. 数据量大
   - B. 类型繁多
   - C. 价值密度高
   - D. 速度快、时效高

2. 大数据的应用领域有（　　）。
   - A. 交通领域
   - B. 医疗领域
   - C. 教育领域
   - D. 以上都有

3. 云计算的"云"指的是（　　）。
   - A. 白云
   - B. 互联网络
   - C. 服务器
   - D. 计算机

4. 云计算是基于（　　）的服务。
   - A. 计算机
   - B. 服务器
   - C. 互联网
   - D. 大数据

5. 下列（　　）选项关于物联网的说法是错误的。
   - A. 物联网的本质还是互联网，是互联网的一种延伸
   - B. 智慧家电系统是物联网的一种具体应用
   - C. 利用物联网可以建设智慧城市
   - D. 物联网就是要把所有的物品连接到网络

二、判断题（共 10 小题，每题 2 分，共 20 分）

1. 云计算中的"云"指的是"网络"的意思，是互联网的一种比喻说法。（　　）
2. 云计算相比传统的网络具有高性价比和高可靠性优势。（　　）
3. 天猫的"双十一交易"只是用到了云计算技术。（　　）
4. 大数据就是将大量的数据收集在一起。（　　）
5. 大数据具有很高的价值密度。（　　）
6. 大数据的数据类型繁多，包括网络日志、音频、视频、图片、地理位置信息等等。（　　）
7. 物联网的连接终端不再是计算机。（　　）
8. 只要能把各种物品连接起来，就能构成物联网。（　　）
9. 物联网其实是一种建立在互联网上的泛在网络，是互联网的一个延伸。（　　）
10. 大数据、云计算和物联网这三者是相辅相成的，三者会继续相互促进、相互影响。（　　）

三、简答题（共 7 小题，每题 10 分，共 70 分）

1. 什么是云计算技术？

2. 什么是大数据技术？

3. 什么是物联网技术？

4. 云计算技术、大数据技术、物联网技术三者之间的关系是什么？

5. 云计算技术的应用案例有哪些？

6. 大数据技术的应用案例有哪些？

7. 物联网技术的应用案例有哪些？

参考文献

［1］教育部考试中心．全国计算机等级考试一级教程［M］. 北京：高等教育出版社，2013.

［2］眭碧霞．计算机应用基础教程［M］. 北京：高等教育出版社，2013.

［3］李杏林．Word/Excel/PPT 2016 办公应用实战秘技 250 招［M］. 北京：清华大学出版社，2017.

［4］李早水，赵军．计算机应用基础［M］. 北京：中国铁道出版社，2013.